女性電信手の歴史

ジェンダーと時代を超えて

トーマス・C.ジェプセン 著
高橋雄造 訳

法政大学出版局

目次

図表一覧

本書は、*Thomas C. Jepsen, My Sisters Telegraphic: Women in the Telegraphic Office, 1846-1950*, Ohio University Press, Athens, 2000 の全訳である。

「電信手」と「電信オペレーター」は同義である。原書が ‘telegrapher’ と ‘telegraph operator’ の両方を使用しているので、訳書でもこれにならった。

‘telegraph office’ の訳語としては「電報局」がなじみであろうが、これは電報を打ちに行く一般人から見た用語であり（「郵便局」と同様に）、本訳書では電信オペレーターの職場という意味を考慮して「電信局」、「電信所」、「電信オフィス」、「オペレータールーム」を使用した。「電信局」は国の中央官庁である電信庁と、個々の電信オフィスという二通りの意味があるので、誤解を生じる可能性がある。米国の場合は、電信業は国営ではなく私企業であったので、官庁の組織を思わせる「局」という表現には難点もある。米国の telegraph office のうち多くが田舎の町や村にあり、また、鉄道駅の一部分であった。その大多数は、電信手が一人で運営する小さなところであった。「電信局」と呼ぶとこのような実態とかけ離れるので、やや見慣れない語であるが「電信所」を用いた。都市の大きな電信所オフィスほかには、「電信局」も使った。電信手にとって実際に働く空間という場合は、「電信オフィス」、「オペレータールーム」を使用した。（訳者）

日本の読者へ

本書のための研究を始めてから二〇年が経過し、この間に通信テクノロジーの世界に多くの変化があった。この仕事の初めのころには、参照する資料を見せてもらうのにアーカイブスまで行かなければならないことが多かった。今日では、インターネットのおかげで、これらの資料はたいていはオンラインで自分のパソコンの画面に出すことができ、出かけていく必要がない。これは、インターネットがわれわれの仕事や生活において重要な役割を演ずるようになった、そのほんの一例である。こうして、いまやわれわれはインターネットによって結ばれた「世界村」に住んでいる。電信網がこの「世界村」の祖先であった。電信網からこの「世界村」への変遷を知るのは、意味のあることであり、また大変に興味深い。

日本の電信は、二六〇年前に独特の幕開けで始まった。米国から来航したマシュー・ペリー提督が徳川幕府の役人に電信を実演して見せた。日本人は、この電信という新発明の価値をすぐに理解した。一八七一（明治四）年には海底ケーブルによって日本の電信が世界の電信網に接続され、このときまでに日本全国の電信線建設が始まっていた。この時代に、人々の通信の様態に革命的変化が生じたのである。

今日のわれわれも、通信革命を経験しつつある。コンピューターとモバイル機器の普及、およびネットワーク化社会によるテクノロジー革命という変化が起きている。この変化は、電信が「距離と時間の征服」を実現した一九世紀後半の変化と共通点が多い。一九世紀の場合も、テクノロジーの変化は社会の変化につながった。技術を使う職業の女性が出現したことは、その例である。一九世紀後半および二

○世紀前半に電信手として働いた女性は――日本を含む全世界で――今日の女性科学者・技術者・技能工（コンピューターのプログラマーやアナリストを含む）の祖先であるということができる。彼女たち電信手の仕事と生活の体験から、われわれは多くを学ぶことができるにちがいない。「温故知新」のことわざ通りである。

本書が日本の読者のために高橋雄造氏の訳によって法政大学出版局から刊行されることを、私は大変うれしく思う。電信手というテクノロジーのパイオニアたち（女性も男性も）について日本の方々が興味を持って下さるよう、心から願っている。

二〇一四年一月

（ノースカロライナ州チャペル・ヒルにて）

トーマス・C・ジェプセン

謝辞

情報提供の依頼の書状、電話およびeメールでの質問にていねいに答えて下さった方々や、「電信研究ネットワーク」というべきグループに参加された方々に感謝申し上げる。この助力によって、私は研究を進め、新たなそして実りのある方向へ研究を展開することができた。これらの方々（個人と機関）を次に挙げる。マンケート州立大学のメロディー・アンドルーズ（ミネソタ州マンケート）、ハグレー博物館・図書館のクリストファー・T・ベア（デラウェア州ウィルミントン）、ミズーリ州歴史協会のエリザベス・ベイリー（ミズーリ州コロンビア）、ガーンジー記念図書館のキャスリーン・L・バートン（ニューヨーク州ノリッジ）、ユタ開拓者の娘会のイーヴェリン・ベルクナップ（ユタ州ソルトレイクシティ）、ルロイ歴史協会のリン・ベッルーシオ（ニューヨーク州ルロイ）、チャールズ・A・キャノン記念図書館のキャスリン・L・ブリッジズ（ノースカロライナ州コンコード）、「女性と米国の鉄道」キュレーターのシャーリー・バーマン（カリフォルニア州サクラメント）、アダムズ郡歴史協会のエルウッド・W・クライスト（ペンシルベニア州ゲティズバーグ）、公立ニューベッドフォード図書館のポール・シール（マサチューセッツ州ニューベッドフォード）、アイオワ州図書館のマール・デーヴィス（アイオワ州アイオワ市）、シェナンゴ歴史事務所のエイミー・ドリヴァー（ニューヨーク州ノーウィッチ）、ナイアガラ郡歴史協会のメリッサ・L・ダンラップ（ニューヨーク州ロックポート）、ミフリン郡歴史協会のチャールズ・L・イーター（ペンシルベニア州ルイスタウン）、マイン・オー・ブルトン歴史協会のマリー・エドガー（ミズーリ州ポトシ）、メリーランド大学のエドウィン・ゲブラー（メリーランド州カレッジパーク）、公立アレクサンダー・ハミルトン記念図書館のルース・B・ゲンブ（ペンシルベニア州ウェーンズボロ）、ローウェル歴史保存協会のエレン・ハグニー（マサチューセッツ州ローウェル）、国立アメリカ歴史博物館アーカイブスセンターのロバート・S・ハーディング（ワシントンDC）、家系研究家アリス・ヘンソン（ミズーリ州ジェファーソンシティ）、シエナ・カレッジのカレン・W・マーハー（ニューヨーク州ラメーサ）、電信手エレイン・ポロック・ランドクウィスト（カリフォルニア州ラ特別コレクションのマーサ・メイヨー（マサチューセッツ州ローウェル）、ウィスコンシン＝ミルウォーキー大学のジュネヴィエーヴ・G・マクブライド、家族史研究のキャロリン・J・ノリス（イリノイ州スプリングフィールド）、家系研究家コーラリー・ポール（ミズーリ州セントルイス）、ジョンズタウン遺産博物館のロビン・ランメル（ペンシルベニア州ジョンズタウン）、ウェルズ・ファーゴ銀行のウィリアム・F・ストローブリッジ（カリフォルニア州サンフランシスコ）、チェスター郡歴史協会のマリオン・ストロード（ペンシルベニア州ウェストチェスター）、グラウト博物館のジャン・テーラー（アイオワ州ウォータールー）、ブリッジポート公共図書館のメアリー・K・ウィルコフスキ（コネチカット州ブリッジポート）。オハイオ州立大学出版局の上席編集者ジリアン・バーコヴィッチにも、お礼申し上げる。本書刊行のプロジェクトが実現したのは、彼女のおかげである。また、妻マーシャに特別な感謝をささげたい。彼女は私を支えて助けてくれただけでなく、彼女のおばでありアイオワ州オスカルーサの電信手であったヴァージニア・ブラーム・ターナーのもとへ私を連れて行き、インタビューを実現させてくれた。

第1章　電信業ではたらく女性

電信手として働く女性がどんな存在であったか、一九世紀にひろく読まれていた文献を見てもその位置は定まらない。一九世紀に描かれた女性像には二つの典型があったが、彼女たちはそのどちらにもあてはまらないのである。典型の一つは家庭という空間にとじこもって妻として母として献身する女性であり、もう一つは工場労働者として搾取され、長時間労働と生存ぎりぎりの生活を強いられる女性である。女性電信手は、このどちらともちがう。彼女たちの歴史を描き出すのはたやすいことではない。電信オペレーターの文化はわれわれの記憶にはなく、この仕事をしていた女性たちの存在はとうに忘れ去られてしまったからである。しかし、百年前には女性の電信オペレーターはありふれた存在であった。フランシス・ウィラードは一八九七年に、「電信局や駅の電信所の長である女性の姿」はふつうであって、「これを見て誰ももう驚かない」と書いている(1)。

電信オフィスの女性は、最初期には、例外的で珍奇な事象として描かれた。『エレクトリカル・ワールド』誌の記者は一八八六年に、西部の砂漠地帯のへんぴな土地の駅で旅行者は「素敵な服を着て白いエプロンをつけた女性がドアまで来て、列車と乗客をみつめている。そのまなざしには喜びと悲しみが入り混じっている」のを見る、と書いている。彼女は、列車と乗客が無事に到着した――彼女が電信で連絡したおかげでもある――のを喜んでいるのであろうし、列車が出発すると彼女はまた孤独にもどり、悲しむのであろう。記者はさらに、「これが、セージの藪とアルカリ土の砂漠地帯で孤独な生活を送る田舎の電信オペレーターである。この土地以外の世界――ここに来る前に知っていた世界――を再び彼女が垣間見るのは、日に二、三回の列車が来るときだけである」と続けている(2)。

一九世紀中葉に、女性電信オペレーターは男性に直接挑戦し男性と競合する技術分野に参入した。彼女たちは、男性と同一の賃金を要求し、ときには管理職や上級技術職にまでなった。女性電信手は、技術教育を受けていて独自の文化を持ち、当時の働く女性一般とちがって熟練労働に従事し、職場の選択も可能で、自立した生活ができた。このような女性電信手のことは、いままで語られてこなかった。電信自体が過去のものになり忘れられてしまったからであり、また、女性電信オペレーターの文化があまりにも時代に先んじていたからである。

一九世紀中葉における電信オペレーターの役割は、今日のコンピューター・ソフトウェアのプログラマーやアナリストに似ている。業界が急激に拡大・成長して、熟練作業者への需要が突然に現れ、男性だけでなく、やる気のある女性にとって機会が生じた。電信とコンピューターは、この点で共通である。電信手になるには、読み書き能力に優れ、字が正確できれいであり、モールス符号を習得していて、電気と電信について知識を持っている必要があった。多くの女性がこの条件をクリアして、電信手になった。

一八四〇年代以降、電信業において女性は重要な役割を果たした。しかし、彼女たちの活動について書かれた記録は非常に少ない。発明王トーマス・エジソンや鉄鋼王アンドルー・カーネギーのように貧しい境遇から身を起こして成功した男性については多くの話が通俗本に書かれているのに、女性の場合にはこれがほとんどないのである。

本書は、電信オフィスにおける女性電信手の日常生活を記述し、彼女たちが社会と文化に与えたインパクトを論じる。米国だけでなく、外国の場合も扱う。電信産業の労働運動における女性の位置を論じ、また、何人かの女性電信手の生活の詳細を述べる。最後に、女性電信手という先駆者の活動と今日の技術労働における女性との関連について考察する。

最初の章では、米国ほかにおける電信業の進展を年代順に述べ、女性電信手の役割が時代につれてどう変化したかを明らかにする。つづく三つの章では、電信オフィスにおける日常、社会における女性電信手の位置、電信オフィスにおける女性の諸問題を扱う。第5章は、女性電信手を描いた文学を紹介・分析し、同様に、映画についても見る。第6章は労働運動における女性電信手の立場を年代順に概観し、最終章では女性電信手と今日の女性の技術労働者との関連について考察し結びとする。

米国の電信業への女性の進出

米国とヨーロッパにおける電信は、鉄道網の発展と同時に始まった、電信と鉄道は、工業化社会の到来と交通および通信の速度の革命的増大を告げるものであった。この結果として社会の構造にも変化が生じ、書記、管理職、事務労働者といった新中産階級、および技術関係の労働に従事する新しいタイプの労働者が出現した。

こういった新技術職の一つである電信手は、性別に限定されない職業であった。女性が電信に参入したとき、電信手にはジェンダーの区別がなかった。これは、一九世紀中葉にあらわれた女性の職業のうちでは、珍しいことであった。一九世紀のほとんどの期間、電信業では男性と女性は同じ仕事をして、同じ機械装置を使い、協力して仕事をした。それだけでなく、電信線の送信受信の両端でオペレーターが互いの性別を知らない場合も多かった。それゆえ、カナダの歴史家シャーリー・ティロットソンが書いているように「われわれ（女性電信手）は電信送受に上達して〝一級電信手（first-class men. men は男性を含意）〟になれるだろう」という状況であり、女性電信手にも昇進の機会があった。女性が男性と肩を並べて仕事をすることは電信以外に類のないことであり、性別と技術の熟練との関係を研究する立場から見て興味深い(3)。

電信が発明されてから一〇年ほどのあいだは、電信業で働く女性は一般の注意をほとんど引かなかった。一八四六年二月二一日に、セーラ・G・バグリーがニューヨーク・アンド・ボストン・マグネティック・テレグラフ社のマサチューセッツ州ローウェル局の主任（superintendent）になった。サミュエル・モールスとアルフレッド・ヴェールが発明した電信の最初の公開実験から、まだ二年もたっていない時であった。これが、女権拡張運動家およびローウェル女性労働改革協会（Lowell Female Labor Reform Association）設立者としてのバグリーの歩みの初めとなった。バグリーが主任になったことは、女性という点よりも社会階級の出自の点から、当時の人々から注目された。ローウェルの改革派新聞『ヴォイス・オブ・インダストリー』は、ニューヨーク・アンド・ボストン・マグネティック・テレグラフ社の経営者ポール・R・ジョージが労働者階級の人をこの地位につけた「民主主義」を称賛し、「ミス・バグリーは一〇年も工場ではたらいていた人であり、これこそ〝民衆の民主主義〟である」と書いた(4)。

一八四〇年代後半に米国全土に電信網が延び始めて、電信手への需要が供給を越えた。これはとくに地方で甚だしかった。初期の電信会社の企業家たちはすぐ、女性をオペレーターとして雇うことを考えついた。これには、彼らの家族の女性も含まれた、家族の女性は電信という新発明にすでに実際にさわった経験があったからである。エリー・アンド・ミシガン電信線の建設者ジョン・J・スピードは、一八四九年七月にミシガン州デトロイトからエズラ・コーネル（モールスの初期の協働者で、のちコーネル大学を設立した）あてに、女性をオペレーターとして雇うよう提案している。コーネルは「無理な企てはしない方がよい」と警告したが、スピードは「もう一度やってみる」と答えた。ミシガン州ジャクソンの電信局を運営するのに、彼はミセス・シェルドンを雇ったことがあり、コーネルの姉妹であるフィービー・ウッドをミシガン州アルビオン電信局に雇おうとしたのである。彼は、経験を積んだオペレーターが不足していることと資金不足を理由として挙げ、この仕事をやる能力が女性にあることを確信していると述べた。彼によれば、「これらの地域でわれわれが賃金を支払える男や少年のだれよりも、彼女たちの方が電信局運営の能力がある」のであった。(5)

フィービー・ウッドは、アルビオンの電信オペレーターになることを承諾した。彼女はその少し後に、ニューヨーク州イサカにいる兄弟エルザあてに次のように書き、彼女の電信機の性能について述べ、電気についてもっと教えてほしいと頼んだ。

入手できる限り最上の良いリレー（継電器）を私のために送って下さい。M・B［彼女の夫］は、あなたに手紙で頼むとよいと言っています。私の持っているリレーは動作が不確実で、彼はこれをひどい代物だと言っています。これがどれくらいひどいのか、私にはわかりません。良い機械が使えるのならば、私は電信の操作が好きです。私たちと会いに、こちらへ来て下さい。電気について少し教えてもらえればうれしく思います。

私は、まもなく一人前の良い電信オペレーターになれると思います。上手でない仕事をやるのは好みません。下手なオペレーターが電信送受の非常な邪魔になることを、私は見て良く知っています。(6)

リレーの品質や同僚オペレーターたちの腕前について、フィービー・ウッドと同じ意見がその頃よくあった。電信機はまだ、多かれ少なかれ手作りの実験機であり、オペレーターは全員が電信の大好きな熱中症のアマチュアのようなものだったからである。電信はまだ揺籃期にあり、電信がそれまでの女性の職業に比較して女性にとって好都合であることをウッドは理解していた。彼女は兄弟あての一八四九年一二月の手紙で、女性向けの他の職業について述べ、電信の仕事によって女性は収入だけでなく精神の向上を得ることができると、次のように述べている。

ジェーンは仕立屋の仕事を習おうとしていますが、電信の方が良いと私は思う。東部の仕立屋は女性を店で使うようですが、ここではそうではありません。メアリーのように家から家へと巡回して針仕事をし、体を壊してしまうなんて、良くないと思います。

針仕事を一〇時間もするとは、考えられません、電信局で給料を稼ぐ仕事は一日九時間以下です。それに、メアリーの職業では衣装を納期までに仕上げて心も成長するということがあるのでしょうか?(7)

電信という新発明の将来をみこんで電信操作を身につけて電信オペレーターとなる女性が、一八五〇年代に増えた。ペンシルベニア州のグリーンヴィルでは、一八五〇年ころにヘレン・プラマーが電信オペレーターになった。彼女の兄弟であるP・S・プラマーが、電報配達と電信線の修理を引き受けた。ペンシルベニア州ウェストチェスターのエマ・ハンターは、一八五一年にアトランティック・アンド・オハイオ・テレグラフ社の電信オペレーターとなった。のちにウェスタン・ユニオン社は彼女を「最初の女性電信オペレーター」としたが、彼女よりも前に何人もの女性電信オペレーターがいた。一四歳のエレン・ロートンは、一八五二年にニューハンプシャー州ドーヴァーで電信オペレーターになった。彼女は非常に有能であったので、四年後に同州ポーツマス局のマネジャーに昇任した[8]。

一九世紀の最初の二大テクノロジー・システムである鉄道と電信に相乗効果があることは、初めの数年間にはほとんど注目されなかった。これは、今日から見ると驚くべきことである。電信線の多くは鉄道線路の敷地内に建設されたのに、鉄道信号の制御に電信を使うことは試みられなかった。一八五一年になって、エリー鉄道の主任チャールズ・マイノットが、列車運行を監視し制御するのに初めて電信を使った[9]。

図1　ペンシルベニア州ウェストチェスターの電信手エマ・ハンター．1851年．リード『アメリカの電信』(*The Telegraph in America*)，170頁．

列車運行に電信が使われるようになって、女性は鉄道電信オペレーターとしても働くようになった。鉄道電信士としてわかっている最初の例は、一八五五年のペンシルベニア州ルイスタウンのエリザベス・カグリーである。彼女はもと、ルイスタウンの

図2　ペンシルベニア州ルイスタウンの鉄道電信手エリザベス・カグリー．1855年．『テレグラフ・エイジ』1897年9月16日号，382頁．

アトランティック・アンド・オハイオ・テレグラフ社の電信オペレーターであった。同年から翌年にかけての冬にこのルイスタウン局がペンシルベニア鉄道の電信局と統合されて、彼女は鉄道電信オペレーターとなったのである。彼女は、電信オペレーターとなる前は電報配達人であった。電報配達人から電信オペレーターになることは一九世紀には男性の場合はよくあったが、女性では稀であった(10)。

一八五〇年代に電信オペレーターとして働いていた女性の数や比率を知るのは、女性労働者統計が不備であるので、困難である。何人かの女性オペレーターの名前と生活について、当時の電信雑誌や新聞に逸話風の記事がある。一九一〇年の『テレグラフ・エイジ』誌で、P・S・プラマーは、電信オペレーターであった姉妹ヘレンの経歴を回想しながら、一八五三年にはオハイオ州コニオート局の電信オペレーターは女性であったとしている。同誌にはまた、ニューヨーク州フィッシュキル・ランディング局でセーラ・カーヴァーが一八五七年ころに電信オペレーターになったという記述がある。『ボストン・ヘラルド』は、ネリー・リカーズがどのようにマサチューセッツ州リンのおじの靴店で電信オペレーターとして働き始めたかを書き、さらに一八六〇年の靴工ストライキのあいだそこでオペレーターを続けたと書いている(11)。

最初期の女性電信手がなぜこの職業についたか、その理由はさまざまであるが、電信という新発明の可能性に気づいたこと、電信操作の術を習得する便宜があったことでは共通している。セーラ・バグリーはもともとジャーナリズムで書いていたので、電信の持つ可能性について知ることができたし、『ヴォイス・オブ・インダストリー』の仕事でマサチューセッツ州ローウェルの電信業者たちとコンタクトすることができた。フィービー・ウッドがアルビオンの電信局に入ったのは、兄弟であるエルザ・コーネルが電信業と関係していたからであり、また、西部のフロンティア近くでは訓練を積んだ電信オペレーターが不足していたからである。エマ・ハンターは、親戚の筋で職を得た。ペンシルベニア州ウェストチェスターへの電信線は、彼女の親戚であるユーライア・ハンター・ペインターが建設したものであり、電信操作に必要な技術は彼が彼女に教えた。エリザベス・カグリーは、もとルイスタウンのオペレーターでカグリー家に下宿していたチャールズ・C・スポッツウッドから電信を教わった。当時は、電信というふしぎな新機械を操作する人は、男性であっても女性であっても、数少なかった。最初期の女性電信オペレーターの大部分は、特に後世に知られることもなく終わった。

電信局における女性は、ヴァージニア・ペニーの百科事典風の本『どのようにすれば女性は金を儲けられるか』にも出てくる。この本の初版は一八七〇年であるが、その材料は一八六〇年代に集められた。ペニーによれば、一八六〇年代前半に米国東北部のニューヨーク・アンド・ボストン・マグネティック・テレグラフ社で五〇人以上の女性が働いていて、そのうちの何人かは初級電信手以上の地位に昇進している。女性が電信手として雇われて昇進する可能性について、ペニーは「オハイオ州ニューリスボンで数年前に若い女性が主席電信オペレーターとして雇われた。前任の男性と同じ額のサラリーをもらっている」と報告している。この職業についた女性は「雇用が減るであろうと感じる男性オペレーターからの敵意」に出会うと、ペニーは述べている。彼女は、有能な女性が男性の同僚をしのぐ成績を上げるのは当然であると主張し、「正字法に熟達していて勤め人として勤勉な女性ならばだれでも良い電信手になれるし、三〇〇ドルから五〇〇ドルのサラリーを容易に得るであろう。そのうえ、経営者から見ると、男性電信手よりも女性電信手を雇う方が――その場合も電信オフィスを模様替えする必要はない――利益につながるであろう」と述べている(12)。

「男女それぞれが居るべき場」と男女オペレーターの性別役割の議論が、南北戦争が終わって男性が復員する以前からあった。男性電信手は、女性が低賃金で雇われると自分たちの生計の途がなくなると危惧した。しかし、実際はそうならなかった。「女性を電信業から追い出そう」と言った男性もいたが、これは実現せず、女性電信オペレーター数が減少することもなかった。南北戦争が終わっても電信業で女性が働き続けた背景には、電信会社――とくにウェスタン・ユニオン社――の支持があった。自らの仕事と立場を守ろうとする女性電信オペレーターたちの活動も、有効に作用した。女性オペレーターの大多数は低賃金の地方局の職場で働く者が多かったが、長く勤務し昇進して男性と同じ（男女の賃金差別はあったが）管理職や上級職につく女性オペレーターもいた。電信操作が女の仕事とみなされるようになるのは、テレタイプが導入されて、テレタイピストという女性の職種ができてからである。

カナダとヨーロッパにおける女性電信手

カナダにおける電信業の発展は米国における電信網の拡大とほぼ歩調を合わせてすすみ、両者は密接に結びついていた。北米・ヨーロッパ間の最初の海底電信線（一八五〇年代と一八六〇年代に敷設された）の北米端は、カナダに陸揚げされた。カナダの電信業は、民間の電信および鉄道会社と国営のガバメント・テレグラフ・サービス（Government Telegraph Service / GTS）から成っていた。GTSは主として、地方と船舶の電信を運営した。女性電信オペレーターは、一九世紀中葉からありふれた存在で、鉄道電信と商業電信局の両方にいた[13]。

ヨーロッパのほとんどの国では（世界の他の地域でも）、電信は民間でなく政府の郵便電信庁が運営していた。イングランドでは、一八五〇年代に小さな電信会社で女性電信士が働くようになった。一八七〇年に電信網がイギリス郵政庁の管轄になって、多数の女性が電信手として雇われた。スカンジナヴィア諸国とスイスでも、一八五〇年代に女性オペレーターが雇われた。フランス、ドイツ、ロシアでは、一八六〇年代に電信業における女性雇用が始まった。一九〇〇年には、ヨーロッパ諸国のほとんどの電信業で女性が働いていた。例外はボスニア・ヘルツェゴヴィナ、ギリシャ、ルクセンブルク、モンテネグロで、宗教および文化の理由で女性は電信業から排除されていた[14]。

非欧米世界における電信と女性

一九世紀後半の非欧米世界における電信の発達は、植民地主義の隆盛と密接に結びついていた。ヨーロッパ列強には、地球上の遠隔地にひろがった領土を統御する必要があった。多数の領土を統括するのに、電信は中心的役割を果たした。海底電信ケーブルが、ヨーロッパの列強本国と植民地政府の直接の連絡を可能にした。

アジアとヨーロッパ間の電信は、一八六〇年代と一八七〇年代に陸上線および海底ケーブルの両方で結ばれた。イギリスのブリティッシュ・インディアン・テレグラフ社は、地中海をスエズまで行き、紅海とペルシャ湾を通り、イギリス領インド（パキスタン）に陸揚げされる電信システムを建設した。イギリス以外の国にとって、一部分でもイギリス所有の電信線を経由すると通信の秘密がもれる。そこで、ドイツのジーメンス社は、ポーランド、ロシアから中央アジアに達する陸上電信線を建設した。電信線がアジア大陸を横断してひろがり、一九〇〇年までに日本、セイロン（スリランカ）、オランダ領東インド、フランス領インドシナで女性電信手が雇われるようになった。一九〇七年には、インドとビルマ（ミャンマー）で女性が電信に勤務することが許された。しかし、トルコとチュニジアをふくむイスラム圏のほとんどとシャム（タイ）では、電信局の女性雇用は法律で禁じられていた。[15]

一八七一年に、イギリス領インドのカルカッタからの海底ケーブルがオーストラリアまで延長された。これと同時に、オーストラリアに分散しているコロニーを結ぶ陸上線が拡張された。一九〇〇年までに女性電信手が、オーストラリアのサウスオーストラリア、ニューサウスウェールズ、クイーンズランド、ヴィクトリア、およびタスマニア、ニュージーランドで雇われるようになった。[16]

アフリカは、イギリスの海底電信ケーブルとフランスの海底電信ケーブルの両方によって、ヨーロッパと結ばれた。イギリスのケーブルはエジプトのアレクサンドリアに陸揚げされ、フランスのケーブルはフランス領西アフリカ（セネガル）からブルターニュのブレストまで通っていた。フランス領西アフリカおよびイギリス領のケープ植民地（南アフリカ共和国）では、陸線の電信網が張りめぐらされた。一九〇〇年までに、女性電信手が、イギリス領ケープ植民地、ポルトガル植民地、フランス領西アフリカで雇われるようになっていた。エジプトではこの雇用は禁止されていた。[17]

メキシコ、南および中央アメリカ

メキシコの鉄道および電信システムの建設は、ポルフィリオ・ディアス独裁政権（一八七六〜一九一一年）の重点政策であり、多くを外国からの投資に依存していた。米国から来た数名の女性が、ディアス政権時代の鉄道で電信手として働いた。その一人アビー・ストルーブル・ヴォーンは、夫J・L・ヴォーンの死後、一八九一年にメキシコ国有鉄道の電信オペレーターになり、二〇年以上もメキシコにとどまった。ディアスが一九一一年に失脚すると、彼女はカリフォルニア州ロングビーチにもどり、第一次世界大戦中には同地で電信を教えた。もう一人は「マ・カイリー」（マティー・コリンズ・ブライト）で、メキシコのサビナス、C・P・ディアス、トレオン、デュランゴで一九〇二年から一九〇五年まで鉄道電信手をつとめた。これが、彼女の鉄道電信オペレーターとしての長いキャリアの初めであった。[18]

チリでは、米国生まれの企業家ウィリアム・ウェインライトのチリ全国電信システム建設の提案（一八五二年）にもとづいて、電信網が建設された。これは南米における電信網の最も早い例の一つである。

図3　鉄道電信手「マ・カイリー」（マティー・ブライト・コリンズ）．1903年にメキシコで．『レイルロード・テレグラファー』1907年8月号，1256頁．

チリの電信網は、すべてチリ資本によって賄われチリ人によって運営された。チリの電信は、女性をオペレーターとして雇った点でも南米で最初の一つである。一八七〇年ころに、女性に電信を教える学校が国立学院につくられ、まもなくチリ全土で女性電信オペレーターが働くようになった。一九〇〇年頃に、アルゼンチンでも女性が電信オペレーターとして働くようになった。[19]

二〇世紀における電信業と女性

商業通信と鉄道の列車運行への電信使用は、一九〇〇年頃にピークを迎えた。その後、電信に代わって個人の通信に電話が使われるようになり、列車の集中制御が導入されて、二〇世紀初めには電信手の数は減り始めた。世界の僻地ではモールス電信機が用いられていたが、商業通信にはふつうにはテレタイプを使用するようになった。

一八六七年に発明されたタイプライターが、「テレタイプライター」または「テレタイプ」の開発につながった。テレタイプはタイプライター状のキーボードを押すと文字に対応する信号が送出されるもので、これにより送受信はほとんど自動化され、オペレーターは手でモールス符号を送ったりスイッチを操作する必要がなくなった。送信側ではふつうのタイプライターと同じキーボードを押し、受信は自動印刷である。一九〇〇年ころからさまざまなテレタイプが開発され、電信会社は一九一五年までにテレタイプをひろく採用するようになった。

テレタイプの発達にともなって、電信オペレーターの仕事はタイピストに似てきた。電文はタイプライターによって機械に入力され、受信側では文が自動印刷される。トンツーのモールス符号を解読するオペレーターの熟練は、不要になった。テレタイプ導入によって電信手という職業の中身は性別で区分されるようになり、テレタイプ・オペレーターはほとんど女性だけになった。二〇世紀中葉には、電信手の総数は減少し、電信業における女性労働者の割合が増大した[20]。

第2章　電信オフィスにおける毎日の業務

鉄道駅の電信所の場合

米国の電信業について一八七三年に『ハーパーズ・マガジン』に掲載された記事は、鉄道の駅の電信受付窓口は小さな町の住民にとって絶好の退屈しのぎになっていると書いた。「ぶらぶらしている数人のグループが集まって、受付窓口からのぞき込んでいる」のであった。のぞき見男にとって興味の的は電信オペレーターで、「電信室に入ることができたとすれば、電信オペレーターが送信文を手にして、モールス符号を送信する電鍵に向かっているのを見るであろう」とある。一八七三年には女性が駅の電信所のオペレーターとしてはたらいているのは珍しくはなくなっていたので、『ハーパーズ・マガジン』はオペレーターの性別を特にことわっていない(1)。

電信受付オフィスのようすは、そこの電信オペレーターによってちがった。エラ・チーヴァー・セアーの一八七九年の小説〈電信線に結ぶ恋〉のヒロインであるナティー・ロジャーズは、彼女の電信オフ

図4　ターミナル駅の電信所．1873年．『ハーパーズ・ニュー・マンスリー・マガジン』（*Harper's New Monthly Magazine*）1873年8月号，332頁．

ィスの調度を列挙している。「日の射し込まない細長い暗い部屋で、ぐらぐらの木の椅子、高い丸椅子、デスクと電信機――それで全部です――ああ！　それに私もいる！」これと対照的に、一八七五年のジョージー・スコフィールドの小説〈電信線による求愛〉の女主人公ミルドレッド・スニーデールは、着任したとき自分の電信オフィスを

図5　鉄道電信手キャリー・パール・サイドのオフィス．1907年にペンシルベニア州サンベリーで．『レイルロード・マガジン』1950年5月号，69頁．米国議会図書館のコレクションから再使用．

初めて見て「小ぢんまりした気持ちのよいところ」と思った。彼女はじゅうたんを敷き、インクのシミは緑のラシャで隠し、窓にゼラニウムの鉢を置いた。数週間のうちに、オフィスはかつての男所帯とちがってこぎれいで明るい雰囲気になった[2]。

鉄道に電信がひろく使用されるようになると、電信会社は鉄道と組んで事業を拡大する可能性に気づいた。電信会社は、電信線を鉄道の敷地まで引いて保守も行い、駅に電信機を提供した。鉄道会社の従業員である電信手（電信会社が賃金を払う）が、鉄道電信だけでなく個人および商業電報を取り扱った。このようにして、鉄道は電信会社が管理する信号システムを使用し、電信会社は、ふつうならば経済的に引き合わないような多数の小さな町や鉄道の分岐地にまで電信所を設けることができた。

電信オフィスの調度は電信オペレーターの好みに応じて変えられ、それぞれの個性を表していた。しかし、電信の仕事自体は男も女もなく同じであった。電報を送信し、受信し、列車運行指令を書き取って駅に来る列車に「渡す」のである。

取り扱う電報には、いくつもの種類があった。「デイレター」は昼間の通常電報であり、「フルレート」メッセージは特別優先の「至急」電報であった（電信用語で「レター」とは五〇語程度の決まった長さで定額料金の電報を意味し、「メッセージ」は長さ不定で語数によって料金が決まるものであった）。フルレートのメッセージは政府の電報以外のすべての電報に優先した。政府電報は最優先であった。「ナイトレター」と「ナイトメッセージ」は、通信の少ない夜間に送られるので、低料金であった。夜には受信局でオペレーターが起きていて電信を操作しているとは限らないので、ナイトレターの配達は翌日になる可能性があり、ナイトメッセージはたいていの場合は翌日配達であった[3]。

アン・バーンズ・レイトンは、ユタ州ウッズクロスの鉄道電信所で一八八〇年代初めに電信オペレーターとして働いたことを一九五〇年代に回想している、送信文の語数を電報依頼人が正確にかぞえているとは限らないので、依頼人から渡された送信文を彼女が直さなければならなかったことを、彼女は次のように書いている。「当時は、今の一五語以下とちがって、一〇語以下の電報が定額料金であった。ウッズクロスに列車が停車すると、乗客が電信所に突進し、送信文を書き、定額料金を払って、列車に飛び乗った。発車までに語数を数える時間はなかった。そこで私が文の内容を変えずに短くするほかなかった(4)」。

鉄道電信オペレーターは、列車運行指令を受信して、列車の乗務員に渡した。列車運行指令は、列車が時刻通り次の駅に到着するよう速度を上げるか落とすようにとか、反対方向から来る「優先」列車をやり過ごすために待避線で停車して待つように、あるいは、貨物や乗客を乗せるので予定外の駅に停車するようにといったことを指示した。

中央駅の指令発信手は、いくつもの列車の運行を制御し、電信線につながっている駅に列車運行指令を送った。指令発信手のほとんどは男性であったが、少数ながら女性もいた。メドラ・オリーブ・ニューエルは、シカゴ・グレートウェスタン鉄道のアイオワ州デュランゴ電信所で一四歳のときに電信を学び、一八九〇年代にアイオワ州のドゥビュークとデモインで列車運行指令発信手をつとめた。レベッカ・S・ブラッケンは、一九〇五年に退職するまで四〇年間もミシガン州ナイルズでミシガン・セントラル鉄道の列車運行指令発信手であった。鉄道小説に描かれた姿から見ると、男性の指令発信手は粗野で気難しく、受信オペレーターが指令を正確に書き取ったか常に疑って怒っていた。しかし、レベッカ・ブラッケンは、いつも気持のよい人として記憶されていた。『テレグラフ・エイジ』誌の訃報によれば、「彼女は愛すべき性格で、鉄道員たちから〝エンジェル〟と呼ばれていた(5)」。

図6　列車運行指令の手わたし．1930年代の『レイルロード・ストーリーズ』(*Railroad Stories*) の表紙．シャーリー・バーマン (Shirley Burman) の「女性と米国の鉄道」(Women and the American Railroad) コレクション．『レイルロード・ストーリーズ』(現在は『レイルファン・アンド・レイルロード・マガジン』) から複製．

電信オペレーター側からは、あいまいで間違いやすい指令を出す発信手は尊敬されなかった。指令は文字通りに受け取って別な解釈の余地のないように、しかも順序を踏んだものでなければならなかった。言葉のまちがいは列車の遅延、衝突、人命の損失につながった。マ・カイリーは、一九四〇年頃にネヴァダ州のサザンパシフィック鉄道で働いていたときに、指令発信手の重大な過ちを指摘した。「私は、彼の指令の一つを相当長いあいだ保存しておいた。その指令には〝西行き臨時列車××はファーンレイの待避線にとどまり〔この箇所に「列車△△の通過後に発車して」という指示が入るはず〕ティスベーで列車〇〇と接続せよ〟とあった。のちに私がこの件を彼に質したとき、彼はどこがおかしいのかときいた。そこで私は、いったいぜんたい、待避線に入っている列車がその場所から何マイルも遠くの場所で他の列車に接続できるのか」と問うた。(6)

指令のうち、「31号」は列車を停車させて指令受取証を書かせる必要があり、「19号」は「フープ」か「手わたし」で通過する列車にわたす。五フィート長の棒を輪にして、指令書をつけてわたす〔機関車の助手が輪に腕を通してこれをすくい取る〕。この作業はうまくやらないと危険であり、スー・R・モアヘッドは一九四四年に『レイルロード・マガジン』でこれについて次のように回想している。

それから、私は外へ出て、手を挙げた。

指令をわたすのにどうやるのかを、私は本当に何も知らなかった。何かの明かりを持つのがよいだろうと考え、私は古いヘイバーナー・ランタンを探しあてた。車両検査係が汚れを見つけるのに使うものと同じタイプであった。

私が外に出た時、列車は駅のすぐそばまで来ていて、私は線路に近づきすぎていた。ランタンを足元に置き、フープを高く掲げた。その臨時列車はさらに近づいてきた。私の腕は痛み、体は震えた。巨大な五〇〇〇型機関車が私の前に現れて、ヘッドライトの光が大きくのしかかってきた。私は恐怖ですくみそうになったが、ランタンを掲げてつとめを遂行しようとした……

私は、指令フープをしっかり握った。結果は、私が列車に近寄りすぎていたのでブレーキマンはフープをつかみ損ねた。列車が停止して、チーフ機関手が指令を受け取りに来た。彼は大変驚いていた。こういう時は列車にあまり近づかずに、フープが見えるようにランタンで照らすのだと、彼は教えてくれた(7)。

図7　標準的なモールス電鍵．ポープ『最新電信術』(*Modern Practice of the Electric Telegraph*) から．

モールス電鍵と「バグキー」

モールス信号を送るのに電信オペレーターたちが使った電鍵（キー）には、さまざまな種類があった。一九世紀にはモールス電鍵がふつうで、これは一八四〇年代にサミュエル・モールスとアルフレッド・ヴェールが発明したものであった。標準的なモールス電鍵では、スプリングの付いたレバーがピボット二つで支えられている。硬質ゴムのつまみがレバーについていて、これをオペレーターが親指と人差指と中指で握って操作するのである。電信回路を断続させるには、つまみでレバーを上下に小さく動かす。モールス電鍵にもいろいろあって、ほとんどがまっすぐなレバーであった

図8　バイブロプレックスあるいは「バグ」自動キー．ホレス・G. マーティン（Horace G. Martin）製．『テレグラフ・エイジ』1913年2月1日号，93頁．

が、「ラクダのこぶキー」は、図7のように、レバーが湾曲していた。[8]

　一九〇〇年頃に、ヴァイブロプレックスあるいは「バグ」自動キーが、オペレーターに負担をかけずに高速送信するために使用されるようになった。バグキーのレバーは、標準電鍵が上下に動くのとちがって、左右に動いた。レバーの両側におもりつきの接点があって、レバーを左右のどちらかに押すとモールス符号のドットがいくつもつづけて自動的に生じ、反対側に押すとダッシュがいくつも生じる。高速送信を長時間続けると、オペレーターの手は「ガラスアーム」と呼ばれる一時的な麻痺状態に陥る。バグキー使用によって高速送信時の手の酷使は軽減され、オペレーターの麻痺が防止された。バグキー使用は、一九〇〇年頃に一般化した。ヴァイブロプレックスの特許は、一九〇四年に成立した。電信オペレーターの多くは自分のバグキーを所有し、勤めを変えるときにはバグキーを持参した。バグキーは一級電信オペレーターのシンボルであった。練達の電信手マ・カイリーは彼女のバグキーに非常な愛着があり、一九五〇年に『レイルロード・マガジン』に掲載された自伝に「バグキーと私」（The Bug and I）という題をつけたほどであった。彼女は次のように書いている。「このバグキーと一緒に私はたくさんの場所に行った。このバグキーのおかげで、私は鉄道でもウエスタン・ユニオン社でも一級モールス電信オペレーターとして認められた。今日では、一級オペレーターはテレタイプほかの自動送信装置に置き換え

図9　オハイオ州シンシナティのポスタル・テレグラフ社の電信オフィス.『コマーシャル・テレグラファーズ・ジャーナル』1907年10月号, 1036頁.

られてしまって、記憶に残るだけになってしまったのであるが(9)」。

商業電信局の場合

大きな町では電報の数が駅の電信オペレーターではこなせないほど大きくなり、商業電信局が開設された。とくに、都市のビジネス街では、銀行、会社、新聞社による利用が多かった。このような電信局では、数人から数百人のオペレーターがいて、オペレーターには職階があり、マネージャーがオペレーターを監督し、オペレーターは事務員と配達員を監督した。大きな電信局ではさらに細かい階層があって、チーフ・オペレーターは技術管理を担当し、一級オペレーターは新聞と経済市況の電報を取り扱い、二級オペレーターは市内電報と個人電報を扱った(10)。

図10　ウェスタン・ユニオン社のペンシルベニア州ジョンズタウン電信所長ヘッティー・オーグル，1889年．マクローリン（McLaurin）『ジョンズタウン物語』（*Story of Johnstown*），178頁．

マネージャーのつとめ

電信局のマネージャー（大きな局ではオペレーター室長、小さな局では局長）は、スタッフの雇用・解雇、給料、記録管理、業務割り当てと昇進、および会社本部との連絡を行った。マネージャーの大部分は男性であったが、女性マネージャーも珍しくなかった。

マネージャーは、電信オペレーターから昇進した者がふつうであった。一八八〇年代にペンシルベニア州ジョンズタウンでウェスタン・ユニオン社の電信局のマネージャーであったヘッティ・オーグルは、一八六九年に同局のただ一人のオペレーターとして働き始めて、同局が大きくなってオペレーターが増加するとともに昇進した。彼女は、女性であることが目立たないように、電信では「H・M・オーグル」と名乗っていた。ウェスタン・ユニオン社の多くの人が、ジョンズタウンの局長は男性であると思っていた[11]。

女性オペレーターのなかには、転勤が出世への道と考える者もいた。ファニー・ホイーラーは、アイオワ州のブレアズタウン局のオペレーターとして働き始め、最後は一八六九年にシカゴの電信局でレディーズ・デパートメントのマネージャーになった。

このレディーズ・デパートメントはシカゴ市内を担当する部で、シカゴ市の個人電報と市内電報を取り扱った。この部は、シカゴ中央電信局の建物にいるオペレーターだけでなく、市内のホテルや商店にいる電信オペレーターも監督していた。一八七〇年代には、多くの都市で市内部のスタッフのほとんどが女性になった。当時、男性オペレーターが市内部に入ろうとすると、女性からのいじめとからかいにあったという。『テレグラファー』誌によれば、一八七五年にサンフランシスコの市内部の女性オペレーター五人が、「マーケット・ストリート局でただ一人の男性オペレーターであるジョン・A・スミスをヘアピンをしてない娘と呼んでからかった[12]」。

チーフ・オペレーターのつとめ

チーフ・オペレーターは、電信オフィスの上席技術者であり、電信線と電信機の正常な動作に責任を持ち、部下のオペレーターの業務割り当てをした。チーフ・オペレーターは電信技術のすべてに通じていなければならず、電信線と電信機のいかなる問題にも対処して解決しなければならなかった。ヘッティ・オーグルの娘であるミニーも、チーフ・オペレーターになった。彼女は、一八八〇年代にジョンズタウンのウエスタン・ユニオン電信局でチーフ・オペレーターをつとめた。エリザベス・コーディも、一九〇五年にマサチューセッツ州スプリングフィールドのウェスタン・ユニオン電信局でチーフ・オペレーターであった。『テレグラフ・エイジ』誌の記事は、エリザベス・コーディについて次のように書いている。

図11　エリザベス・コーディ．ウェスタン・ユニオン社のマサチューセッツ州スプリングフィールド電信オフィスのチーフ・オペレーター，1905年に同オフィスで．『テレグラフ・エイジ』1905年5月1日号，180頁．米国議会図書館のコレクションから再使用．

チーフ・オペレーターは、市から半径二五マイル以内のさまざまな電信線すべてのトラブルに対処し速やかに復旧することを求められた。彼女は、電信送受の全部を実際に見て監督し、電報が速やかに送られるようにした。また、火災報知と夜警サービスの責任者でもあった。市庁の金庫は電信線の警報装置で安全を確保されており、電信線の警報で大きなゴングが鳴ると、チーフ・オペレーターが対策人員を大至急で派遣することになっていた。

この記事によれば、スプリングフィールドのウェスタン・ユニオン電信局は世紀の変わり目のころの中規模の商業電信局の典型であった。この局はニューヨーク＝ボストン幹線につながっていて、電信線一二〇本が通り、証券通信の大部分はこの局が扱っていた。ミセス・コーディと彼女の部下である一一人のオペレーター、五人の事務員および一五人の配達員が、毎日おおよそ千の電報を処理していた。

エリザベス・コーディは、ハイスクール卒業後の一八九一年に電信の世界に入った。実地訓練と一二年にわたる勤務ののち、彼女は電信オペレーターのトップポジションであるチーフ・オペレーターになった。『テレグラフ・エイジ』誌はミセス・コーディの地位を「女性としては異例」としているが、学歴と実務訓練からすると彼女は上級電信手となるオペレーターの典型であり、それに十分な資格と能力を有していた(13)。

電信オペレーターのつとめ

電信オペレーターのつとめは、電文をモールス符号で送信・受信することであった。受信では、オペレーターはモールス符号のドットとダッシュに応じてサウンダー（音響受信機）が出すクリック音をきき取り、その文を受信紙に書きとめた。そしてこの文を校正して、電文付属の語数表示と照合した。受

Miss Remington's "73"
She Advises You to Buy
a Visible Model 10
Remington
The fast mill,
The strong mill,
The reliable mill,
The convenient mill,
The One Best mill
for every telegrapher.
Write to us or to the nearest Remington office for our easy payment terms
Remington Typewriter Company
(Incorporated)
New York and Everywhere

図12　1912年のタイプライターの広告.『テレグラフ・アンド・テレフォン・エイジ』(*Telegraph and Telephone Age*), 1912年6月16日号, 480頁.

信時刻を受信紙に記録し、同時にこの時刻を受信電報日誌に記入した。こうしてできた受信紙（送達紙）は、配達部の事務員にわたすか、あるいは配達員に直接わたされた。

受信文は送達紙にそのまま書き込まれたので、初期の電信手は字がきれいであることが必須であった。アルファベットを連続して書く独特の電信手書体があり、これが送達紙にも好まれた。受信文をまず鉛筆で書き、誤りをなくしてからインクで上書きする方法をとった電信局もあったが、ニューヨーク市のウエスタン・ユニオン中央局のように通信量が多くてスピードを求められたところではこれは禁止されていた。

一八九〇年ころに、タイプライターが電信局に導入され、受信しながらオペレーターが送達紙にタイプライターで直接打ち込むようになった。すぐに、送達紙記入にはもっぱらタイプライターが用いられるようになった。字が下手なせいで昇進できない者にとっては、タイプライターは天の恵みであった。一九一五年ごろに、タイプライターからテレタイプへの転換が始まった。

新米オペレーターは、入信の文字をいくつか受けそこねることが多かった。再送信を依頼するには、スイッチを倒して、進行中の通信を「ブレーク」して割り込まなければならなかった。これは、その通信を受信している者に大変迷惑であった。それゆえ、新米は、通信のスピードについて行けるか、時間のロスで迷惑がられる再送信依頼をしないように、といったプレッシャーにさらされていた。送信するときは、受信時に閉じておいた電鍵短絡スイッチを開いて、電鍵を操作できるようにする。このように、一本の電信線にはいつでも一人のオペレーターしかつながっていないようになっていた。

送信側の手順は、次のようになっていた。電報依頼者が電文を頼信紙に書き込み、オペレーターはこれを送信し終わったら、自分の「サイン」(名前かその頭文字)、宛先の受信局名、送信時刻、「チェック」(字数)を頼信紙に記入する。そして、送信日誌に記入し、頼信紙を送信済みファイルに綴じる。

流れるように優美な送信スタイルを持つことが、電信オペレーターに求められた。初心者はしばしば、ぐらぐらのぎこちないスタイルを非難された。ドットやダッシュのあいだに適切な間隔を置かないくせを「クリッピング」と言った。女性電信手にはクリッピングが多いと言って、男性電信手は女性電信手を嫌った(14)。

多くのオペレーターは、初めて電報を送信する「初舞台」ではすっかりあがってしまう。一八七〇年代に電信オペレーターであったユタ州トゥエレのバーバラ・ゴーワンズの経験は、その典型であった。「私は、最初の送信文を忘れられない。……私はひどく神経過敏になっていた。私は必死で送信した。しかし、私が送信した先で受信できたのは宛先とサインだけだったという(15)」。

「サイン」は、電信オペレーターのアイデンティティにかかわり、電信手集団のメンバーのしるしであった。ペンシルベニア州ウェストチェスター局（この局の識別符号はS）のエマ・ハンターは。「Sのエマ」（Emma of S.）として電信手仲間に知られていた。女性オペレーターは、ちょっと秘密めかしたり、ただの遊び心から、しゃれた名前をサインとして使うこともあった。一八六七年にユタ州で、メアリ・エレン・ラブ、エリザベス・クラリッジ、エリザベス・パークス〔後述のデザレット電信の最初の女性電信オペレーター三人〕は、それぞれ「エステル」、「リゼット」、「ベル」とサインした。こういうサインはニックネームとなって長年使われ、家族も彼女たちをこの名で呼ぶようになった。電信ジャーナルに寄稿するときも、彼女たちはこの名をよく使った。ことにジェンダー〔性別。生物としての性別でなく、社会における男女別を指す〕に関わる議論の場合には、そうであった。女性電信手が個人情報を開示しないで自分のアイデンティティをオペレーター仲間に示したいときに、サインは有用であった[16]。

一級オペレーターとして認められるには、一分間に三〇～四〇語をエラーなしで送受信できなければならなかった。この技量に到達するには、ふつう、五年程度の実働経験が必要であった。一級オペレーターには、重要で正確さを求められる商業通信や新聞報道の仕事が割り当てられた。この仕事は高速ノンストップ送受であり、給料が高かったが、退屈で単調であった。

図13　アメリカ商業電信手労働組合（CTUA）副委員長のメアリ・マコーリー，1919年.『コマーシャル・テレグラファーズ・ジャーナル』1919年9月号，529頁. 米国議会図書館のコレクションから再使用.

女性一級オペレーターの例を挙げておこう。メアリ・マコーリーは、ニューヨーク州のオーバーン、ロチェスター、シラキュースで新聞電信オペレーターとして働いたあと、一九一九年にアメリカ商業電信手労働組合（Commercial Telegraphers' Union of America / CTUA）の副委員長になった。また、一級オペレーターのミニー・スワンのキャリアは、ウェスタン・ユニオンのシンシナティ局から始まって、ボルチモア・アンド・オハイオ鉄道のニューヨークのオフィスへと続き、最後に一八八〇年代前半に証券会社で電信オペレーターをつとめた。これは、人もうらやむ最高給のポストであった[17]。

オペレーターの階層における初心者は、たいていは二級オペレーターと称された（電信会社によっては四級オペレーターまでの階層があった）。ふつう、二級オペレーターは、一分間に一〇～二〇語を大したエラーなしに送信できた。二級オペレーターは、条件が厳しくなく高速を求められない通信を担当した。一九世紀における女性電信オペレーターのほとんどは、二級オペレーターであった。

事務員

「チェックボーイ」とか「チェックガール」と呼ばれた事務員の仕事は、電報依頼者である客とオペレーターとの間の電文（頼信紙）の取り次ぎであった。大きな電信局では、事務員は客から頼信紙を受け取って、オペレーター別に分けて、送信オペレーターにわたす。また、事務員は、受信した電文の送達紙をオペレーターから集め、配達員にわたす（図14を見よ）。電信局の事務員という職は、オペレーターになる道でもあった。電信オペレーターの多くが、もとチェックボーイやもとチェックガールであった。

配達員

配達員は、電報を宛先の客に届ける。配達員はほとんどが男性であった。しかし、大きくない町や地

図14　ウェスタン・ユニオン社の電信事務員と配達員，1912年にノースカロライナ州ローリーで．スミソニアン・インスティチューション国立アメリカ歴史博物館アーカイブスセンターから，SI neg. #94-1819.

方には少女や成人女性の配達員もいた。エリザベス・カグリーは、一八五二年からペンシルベニア州ルイスタウンで配達員を始めた。一九〇年後に、アイオワ州ペラでヴァージニア・ブロムが配達員であった。配達員の給料は安く、配達先でもらうチップで生活を支えることが多かった。

労働環境

一九世紀には、米国の巨大都市にある大きな電信局では、オペレーターは性別に隔離されていた。これは、一つには、女性オペレーターの父親や夫の心配――男性オペレーターと同室することによって娘や妻が堕落するかもしれない――に対する配慮であった。男性電信手には、下品な言葉、タバコと飲酒、放《ほう》埒《らつ》な生活という評判があったからである。女性オペレーター室は男子禁制であった。一八七六年に『オペレーター』誌に掲載された風刺詩には、次のようにある。

そんなに見つめると失礼だよ
そこにいるのはレディなのだから、
ばちあたりなことをするんじゃない
通報されてクビになるよ。(18)

小さな電信局では、女性オペレーターのプライバシーを守るのに、間仕切りしたり収納棚を置いたりした。『アトランティック・マンスリー』誌に掲載された電信小説〈ソースデール電信物語〉では、「レディーズ・コンパートメント」は次のようにユーモラスに描かれている。駅長兼電信手のジャン・ソアは礼儀について厳格な人で、新入りの部下メアリー・ブラウンのためにロッキングドアのついた個室を設けた。「私（メアリー・ブラウン）は、六フィート×八フィートほどの個室を初めてのぞき込み、おそるおそる中に入った。彼（ジャン・ソア）はドアを静かに閉めた。そこは簡単に組み立てた囲いにすぎなかったが、気持ちの良い場所にしようとする努力もたしかに認められた。石でできた水差し、錫製の洗面器、姿見、花束、それにエールまで一本置いてあった(19)」。

この性別による隔離は、意図したかどうかは別として、電信オペレーターとしての習熟度による隔離でもあった。一八六五年に『テレグラファー』誌の編集者ルイス・H・スミスは、「若い娘に電信の初歩を教えたあと、一人だけか同性の何人かと狭い部屋に閉じ込めて、それ以上の知識を得たり熟練者を見習ったりする機会をなくすこと」は、彼女から上達や昇進の道を奪い、女性オペレーターという固定した「下級者」をつくり出す効果があると指摘した[20]。

イングランドでは、男性と女性のオペレーターが一緒に働き、女性オペレーターの隔離はなかった。一八七一年に郵便電信総監はこの点について誇らしげに「男女が一緒に働くという実験を非とする理由は存在しない」と言明した。電信総監の見解では、この方式の利点として「男性オペレーターが一日の長い労働時間を通じて品のよい言葉遣いと行いのみに接する効果」もあり、これは「男性だけが働くところでは必ずしもふつうではなかった」のである。さらに彼は「男性スタッフは、相互に仕事を助けあうよりも、女性スタッフを助けるのに熱心であることがわかった。さらに彼は「男性スタッフは、相互に仕事を助けあうよりも、女性スタッフを助けるのに熱心であることがわかった。この熱意と協同によって、仕事の重圧が和らげられ、困難な局面が乗り越えられることが多い」と述べた[21]。

ウェスタン・ユニオンのシカゴ支社では、性別の隔離は一九七一年になくなった。これは、同年のシカゴの火事でラサール街の同社オフィスが焼失する少し前であった。『テレグラファー』誌一八七一年一一月一八日号は、次のように書いている。「このオフィスの独立したレディーズ・デパートメントは廃止され、部屋はどこも自由に出入りできるようになった。……これは、大きな変化である。この方式はメリットが大きく、利潤増大にもつながるので、他の大きなオフィスにも波及するであろう。女性であるというだけの理由で女性オペレーターを一室に閉じ込めるようなおかしなことは、ように止めてしかるべきであった」。

『テレグラファー』誌の編集者は、さらに次のように述べた「女性が電信オペレーターになる場合、同じ仕事をする男性――能力も地位も同じ――と同一の条件で雇われ、賃金も同僚男性と同じでなければならない」。『テレグラファー』誌の編集者によれば、このようにした場合、「上級監督者のお気に入りで〝レディーズ・デパートメントのマネジャー〟に任命された女性が女性オペレーターに圧政をふるうことがなくなる。他のオフィスから隔離されていると、こういうマネジャーは女性オペレーターたちに辛く当たりやすいのである」[22]。

このコメントは、ニューヨークのウェスタン・ユニオン社の市内部門でマネジャーであったリジー・スノーのことを匂わせている。暴君のような彼女のうわさは、すでに『テレグラファー』誌の編集者の耳に届いていた。彼女は「会社の規則に従わなかった」として、一八七五年に解任される[23]。スノーの後任者はずっと寛容なフランシス・デーリーで、ウェスタン・ユニオン社はその後も一八九〇年代までニューヨーク本社でデーリー指揮下の女性だけの市内部を維持した。一八九〇年代までに、女性オペレーターを男性オペレーターから隔離するドアなどの障害物は徐々になくなって行った。

一八七五年の春にウェスタン・ユニオン社のオペレーター室がブロードウェイの一四五番地から一九五番地へ移転したとき、男性オペレーター一五〇人と女性オペレーター六〇人は新オフィス七階の一室にまとめられて入った。新しいオペレーター室はきれいにしつらえてあった。『テレグラファー』誌によれば、この部屋の壁は薄いライラック色、天井は手の込んだ趣味の良い枠模様で薄い黄褐色と青と金色に仕上げてあった。『テレグラファー』誌はしかし、オペレーター室は「残念なことに、見苦しいスクリーンが部屋の三分の二を一直線に横切り、操作卓の列を分断していて、芸術の香りのする部屋をだいなしにしている」と書いた。このスクリーンは、女性の労働空間と男性のそれを分けるために設けられた。同誌は、「部屋の中にレディーズ・デパートメントと他の部分との間の隔壁を置く必要などないはずである。他の大きな会社のオフィスと同じようにこの隔壁を取り除くならば、会社首脳の良識が示され、部屋もずっと上品になるであろう」と続けた[24]。

図15　ウェスタン・ユニオン社のニューヨーク市ブロードウェー195番地の中央オペレーター室.『スクリブナーズ・マガジン』(*Scribner's Magazine*) 1889年7月号, 8頁.

一八八一年より前に、このオペレーター室の隔壁はなくなったようである。この年に、電信オペレーターであるアンブローズ・エリオット・ゴンザレスが故郷サウスカロライナに書き送った手紙には、次のようにある。

仕事場であるオフィスは、きれいで大きなビルの七階にあり、エレベーター——蒸気の力でビルの最上階まで引き上げられる大きな箱——でそこまで上ります。オペレーター室は長さ二五〇フィート、幅七〇フィートもあるから、どんな大きな部屋であるかわかるでしょう。この部屋一つに男三〇〇人と女七五人がオペレーターとして働いていて、七〇〇台の電信機があります、その機械の立てるノイズを考えてみて下さい。オペレーターのなかにはきれいな女の子もいますが、私はそんなことに関心がありません。

ここで、アンブローズ・ゴンザレスは分離隔壁に言及していない。彼の席からは女性オペレーターが見えたにちがいないが、彼は女の子を意識しなかったと述べている。『スクリブナーズ・マガジン』の一八八九年七月号掲載の写真を見ると、ブロードウェイ一八五番地のオペレーター室では男女が隣り合って並んで働いている[25]。

男女一緒の労働場所をつくるには、男女別の洗面所と女性用の「休憩室」を設ける必要があった。鉄道の電信所では、女性電信オペレーターは女性旅客用の洗面所——たいてい屋外の簡単なトイレ——を使用した。大きな電信オフィスでは、専用の洗面所を設けて、勤務時間中に入れるようにした。女性従業員に月経期間があることを、管理者男性は知っていなければならなかった。これについて、『オペレーター』誌の一八八二年四月一五日号は次のように書いている。

女性オペレーターは、生理についての無配慮や無視に非常に悩まされてきた。これに抗議するのは、デリカシーの点からも、はばかられた。彼女たちのためにプライバシーの保証された洗面休憩室を設けることは、女性を雇用している電信管理監督者の義務であり、彼女たちがいちいち断ることなくそこに行けるようになっているべきである[26]。

一九世紀にはこのような話題を語ることははばかられたが、一九〇七年のストライキに際しては洗面所の設備と清潔さが争点になった。シカゴの女性オペレーターたちは、「洗面所とその設備は人間性への侮辱というべき状態にある」と述べて、ウェスタン・ユニオン社株主ヘレン・グールドへの公開の手紙の中でその改善を要求事項の上位に掲げた[27]。

労働時間

労働時間は、電信オフィスの種類によってまちまちであった。大きなオフィスの代表例を見ると、一八八〇年代のウェスタン・ユニオン社では一日一〇時間労働であった。電信オフィスは連続操業であったから、オペレーターは交代で夜勤と日曜日の勤務（「トリック」と呼んだ）をした。夜勤は日勤よりも短く、ふつうは七時間半であった。夜勤や週末勤務には割増手当はなく、これがいくつかの労働争議で論点になった。二〇世紀初頭までに、電信オペレーターたちは男性には週五四時間労働・女性には週四八時間労働を要求して、これを実現した。

女性はふつう夜は働かないものとされていた。堅気の女性は夜に一人では外出しなかった。自動車が登場するまでは、夜は多くの女性にとって交通手段がなかったからでもある。一九一五年に米国労働関係委員会（U.S. Commission on Industrial Relations）は、女性に夜勤させることを不当行為とした[28]。

女性電信手は、いろいろな場合に夜にも働いた。鉄道電信オペレーターには決まった労働時間など、ないも同然で、贅沢な夢に過ぎなかった。彼らは、列車が駅に来るときには必ず電信所にいなければならなかった。オペレーターが一人しかいない電信所では、列車が遅れたらオペレーターは夜遅くまで残るほかなかった。女性オペレーターも、病欠そのほかの欠勤を埋め合わせるために夜勤をする場合があった。一八七六年の『テレグラファー』誌の記述は、これを裏づけている。

いままで、シカゴの女性電信手は夜勤をしたことがなかった。しかし、最近、ウェスタン・ユニオン社の女性オペレーターは、病欠などで給料が減るのをなんとかしようと、男性オペレーターと同じような特別勤務を許すよう、マネジャーに求めた。結局この要求が通って、ある女性オペレーターは週のうち二夜か三夜を働き始めた。土曜日の夜には別の女性オペレーター——このオフィスの最も腕利きのオペレーターの一人——が一緒に働くようになった。これにはナイチンゲール〔小夜《さよ》鳴鳥《なきどり》〕も驚いたことであろう。(29)

イングランドでは、一九〇〇年には郵便電信省規則で女性オペレーターの勤務時間が午前八時から午後八時までに限られていた。チャールズ・ガーランドは、「女性オペレーターが夜は勤務する能力がない」というのは「いわれなき社会偏見」に過ぎないと述べ、病院で看護婦が夜に働いているのに誰も反対しないことを指摘した。同じ年に、パリでは電信オフィスで女性が朝七時から夜九時まで働いており、ベルリンでは午後一〇時までの女性オペレーター雇用が許されていた。一九〇〇年には、ヨーロッパの電信業で女性の夜間勤務が制限されているのはオランダだけであった。(30)

女性オペレーターは、日曜日の勤務もすることになっていた。宗教に熱心な人はこれに不満であった。安息日〔日曜日やユダヤ教の土曜日〕に休みたいオペレーターが代わりにだれかに勤務してもらうことは、多くの電信会社が許していた。『オペレーター』誌の一八八二年四月一五日号掲載の「ミズパ」名の手紙〔ミズパは聖書にある物見やぐら〕は、女性オペレーターが日曜日に休んで代わりの人に勤務してもらうことをボルチモア・アンド・オハイオ電信社が禁止したので、日曜日にも働らかなければならなくなったと苦情を述べている。(31)

電信オフィスの始業時間・終業時間は、大体のところ普通のビジネス・オフィスと同じであった。電信手が一人しかいないオフィスでは、労働時間はオペレーターの都合によって変わり、仕事がほとんどない日があったり、一五時間も続けて電信キーを打たなければならない日があった。証券会社での仕事はオペレーターに最も好まれた。そこでは、株や商品の相場を送受信すればよく、労働時間は短く、日に五時間半程度であった。

一九一〇～一五年に、多くの州が女性の労働時間を制限する法律を制定した。改革論者と労働組合と全国消費者連盟（National Consumer's League）との連携活動が効果をあげ、女性の労働時間を一日八時間に制限する規則を州政府が定めたのである。この規則は、工場の女性労働者には歓迎されたが、労働時間が長く不定な鉄道電信所の場合は女性オペレーターの雇用を困難にした(32)。

テレタイプの導入

テレタイプは、電文をタイプライターで入力してそのまま自動的に電信線を経て送信する機械であり、一九一五年頃に大きな電信オフィスにひろく導入されるようになった。テレタイプという呼び名は、「テレグラフ」と「タイプライター」の合成である。テレタイプを使うと、オペレーターはタイプライターのキーボードに打ち込むだけで電文を送信できた。初期のテレタイプ（マルチプレックス式）では、キーボード入力した電文をボードー五点符号――ボードー符号は現在のコンピューターのアスキーコードの祖先である――のパンチテープで出力した。このパンチテープをマルチプレックス送信機に入れて送信した（最大で八つまでの電文を同時に一本の電信線で送信できた）。受信局では、八つの電文を分離（デ

図16　ウェスタン・ユニオン社のニューヨーク市ハドソンストリート30番地のマルチプレックス（テレタイプ）部，1930年代．ウェスタン・ユニオン電信社コレクション（1848～1963年）の許諾により，スミソニアン・インスティチューション国立アメリカ歴史博物館アーカイブスセンターから，SI neg. #89-12929．

マルチプレックス）して、電文別に自動印刷機でシートかテープに印字した。初期のテレタイプの別の型モルクラムでは、パンチテープが介在することなく電文を送ることができた。のちには、テレタイプ自体が電信線へ信号を送出するようになって、パンチテープは一切不要になった(33)。

テレタイプには熟練オペレーターが不要であったので、モールス符号を使っていたオペレーターたちはテレタイプに脅威を感じた。テレタイプのせいで職を失ったベテラン電信オペレーターは、一九一七年に次のように言った。「高効率の悪魔機械（テレタイプ）」が彼のモールス音響機の音を呑み込んでしまい、「きれいに印刷された何メートルもの受信文を、蒸気ローラーのようないやなきしみ音を立てて出してく

図17 1　ウェスタン・ユニオン社の印刷電信部オペレーターの休憩時間，テキサス州ダラス，1912年．ウェスタン・ユニオン電信社コレクション（1848～1963年）の許諾により，スミソニアン・インスティチューション国立アメリカ歴史博物館アーカイブスセンターから，SI neg. #94-1818．

る。この音につれてタイプ印字された文が白いロール紙に自動的にあらわれ、それは疲れ知らずで、「永久に続く」のであった。[34]

テレタイプでは電信の速度は送信オペレーターの入力タイピングの速度だけで決まったので、テレタイプを使用するとモールス・キーの場合に比較して電信は飛躍的に速くなった。ニューヨークのウェスタン・ユニオン社で一九一七年にモールス・キーでは平均として一時間に六〇の電文を送っていたのが、前述のモルクラム・テレタイプを使用してリリアン・ワーゲンハウザーというオペレーターが一時間に一七三電文を送るという記録をつくった。[35]

マ・カイリーが述べたように、テレタイプは彼女のような在来のモールス・オペレーターたちを「お払い箱」にした。しかしまた、テレタイプは電信業における大量の女性雇用をもたらした。テレタイプ・オペレーターの多くは、男性よりも安い賃金で雇われた女性であった。テレタイプは一九一五年頃からひろく使われ、女性従業員の増加をもたらしだ。女性テレタイプ・オペレーターは、一級のモールス電信オペレーターよりも送信受信速度がはるかに上で、しかも賃金が安かったからである。

職業上の事故・病気

一九世紀の工場労働に比較して、電信機操作は筋力を必要としなかった。電信オフィスは健康に悪い労働環境ではなかったが、なにがしかの危険は存在した。雷撃は電信手という職業につきものの危険であり、電信線に落雷すると多量の電気（電荷）が電信線を伝わって電信オフィスに到達し、そこで最短経路で大地へと流れる。これは、しばしばオペレーターの身体を経由して流れる。二〇世紀への変わり目のころ、アイオワ州アクロンの電信オペレーターであったアイリーン・ヴァン・オールスティンは、駅の電信所で気象通信を転送中に、電信線への雷撃にあい、ショックで椅子から放り出された。大きな負傷はしなかったが、コルセットの鋼線の下にあたる胴部に焼け跡がのこった。明らかに、この鋼線が電荷の通り道になったと考えられる(36)。

マサチューセッツ州レッドヴィルでボストン・アンド・プロヴィデンス鉄道のオペレーターをしていた一八歳のリジー・クラップは、もっと不運であった。一八七六年に、彼女は嵐の最中に電信所の窓際に座っていて亡くなった。葬式をとり行った聖職者は、彼女の死は「彼女が制御できる範囲を越えた」電気によるものだと語った。リジー・クラップの死は電信オペレーターたちの心を打ち、雑誌で何ヶ月も熱心に議論された。それには、ヴィクトリア朝特有の哀悼の調子があった。この事故の結果、安全への関心が高まった。レッドヴィル局では接地が不十分であることが指摘されたが、他の電信局でも同様の不備があった。以後、嵐の最中には電信機に近寄らない習慣になった。一八七〇年代からは避雷器の使用が始まって雷撃事故は減少したが、電信機を使用しない場合には接地しておくこと、嵐のときには電信機から遠ざかることが安全策として有効であった(37)。

オペレーターの病気もあった。しばしば、肺病（結核）が電信手の職業病であると言われた。換気のよくないところで長時間にわたって勤務したからである。ナルシソ・ゴンザレスは一八七七年にジョージア州サバンナのアトランティック・アンド・ガルフ鉄道の「蒸し暑い電信オフィスから外に出て凍りつくような空気にあたることは、昔の私の病気である肺病が復活するのにもってこいであった」と書いた。幸いゴンザレスの病気は再発しなかったが、結核はシカゴの電信手であるアニー・ケーシー・ティプリングの命を奪った。彼女は、暖かい気候を求めて南部へ転地したにもかかわらず、一八九三年八月に亡くなった(38)。

換気不良と座ったままの勤務が結核の温床であったが、汚染された給水が結核以上にチフスによる死亡をもたらした。一八七六年にミシガン州デトロイトでウェスタン・ユニオン社の電信オペレーターとして働いていた二六歳のジョージー・C・アダムズは、チフスで亡くなった。マ・カイリーは一九〇二年に二〇歳のとき、メキシコのサビナスでチフスで死にかけた。彼女の自伝「バグキーと私」は次のように説明している。「私は病気になったが、それを認めたくなかった、解雇されて、次の職場を見つけられなくなると恐れたからである。夜中に気を失って倒れて列車の乗務員に見つけられるまで、私は駅の電信所でがんばった。病院にどう運ばれたかは、覚えていない。その後、私は列車でデルリオまで行って、九〇日間もそこにいた。チフス性のひどい肺炎で死にかけたのだった[39]」。

死に至る病ではないが、電信オペレーターをよく見舞う災厄は、「ガラスアーム」あるいは「電信手けいれん」であった。これは今日では「反復動作症候群」とか「手根管症候群」と呼ばれ、モールス符号を高速で送る連続動作を続けると手に起きる障害であった。一八九三年にマーサ・レインは、その症状を次のように説明している。

電信手けいれんという病気があった。その原因は、医者にもよくわからなかった。オペレーターが腕を伸ばしてキーのつまみを押そうとすると、突然に腕がいうことをきかなくなって、麻痺したままでいる。手首の腱を切ると、症状は悪化しない。どんなにがんばっても、指先を動かすことができない。この病気になった電信オペレーターは、もう仕事ができない[40]。

これに対する唯一の治療法は、症状が消えるまでキー操作を休むことであった。一八九〇年代から、腕を固定する器具の広告が電信雑誌に現れた。ヴァイブロプレックス（バグキー）が一九〇〇年頃に導入されて、キー操作による腕の酷使がずっと緩和され、ガラスアームは減った。

電信オペレーターの仕事は、事務と熟練技能の複雑なコンビネーションであった。一九世紀には、これは類例の少ない職業であった。電信オペレーターは、モールス符号に熟達するだけでなく、電信機を調整し保守し、タイプライターで文書をつくり、記帳し、ファイルで整理しなければならなかった。鉄道線路の信号を操作する場合もあった。電信オフィスにも階層組織があって難しい技術操作は上級オペレーターが担当することがあったが、女性も男性と同じ仕事を割り当てられた。ただし、女性オペレーターの賃金は電信よりも安く、昇進の機会も少なかった。電信業で技術・管理職に女性は少数であったので、ここから女性電信オペレーターもわずかしかいなかったという誤解が生じた。

郵便局や駅の電信所は二〇世紀になっても存在したが、電信の通信量が増大し電信の工業化がすすむと、商業電信局という新しい労働環境が現れた。それは、モダンな会社の組織でありビジネスの様式であった。新しい労働環境に女性を組み込むのに、いくつかの戦略が適用された。その一つは、女性を男性から物理的・空間的に隔離することであった。一八八〇年代までは男性と女性のモールス・オペレーターたちは一緒の部屋で働いていたが、二〇世紀初頭にテレタイプが導入されると女性テレタイプ・オペレーターが出現し、電信業に性別の階層が確立した。

第3章　社会における電信オペレーターの位置

電信オペレーターは、一九世紀中葉に出現した技術エリート職の代表例であり、電線を通じて言語を伝える能力をもったプロメテウス〔ギリシャ神話中の巨人神で、天の火を盗み人類に与えた〕であった。電信手は、男性オペレーターも女性オペレーターも、畏敬の念で見られた。電信手は、後年のマクルーハンならば「グローバル・ヴィレッジ」と呼んだであろう電子メディア・ネットワークの最初のメンバーであり、地域を商業と政治の大きな世界に接続する人々であった。電信手のネットワークは電信線に接続されているすべての場所にひろがっていて、彼らは世界中の有名人のゴシップをきいていた。たとえ〈電信線に結ぶ恋〉のナティー・ロジャーズが彼女のオペレーター室を「狭くてみすぼらしい」と思ったとしても、彼女はそこから電信線という細い道を通って電気の翼で遠くの大都市や町まで出ていくことができた。一九三七年にミニー・スワンは、五〇年前の電信手としての職業生活を回想して、「電信オペレーターは、当時、何か特別な存在と思われていた。彼らは、ふつうの人々とちがう知識を持った者として驚異の目で見られた」と述べている。(1)

電信手の社会階層

一九世紀に電信手の周りにあったオーラは、社会における彼らの位置から来るものでもあった。社会のヒエラルヒーにおいて、電信手は新顔であり、他とはちがったニッチな位置にあった。それは、二〇世紀後半であれば「情報労働者・技能者」という分類に該当したであろうが、一九世紀にはとらえどころのないものであった。エドウィン・ゲブラーが一九八八年に研究書『米国の電信手』(*The American Telegrapher*)で述べたように、「一九世紀中葉になるまでは、社会に電信のようなものはなかった」からである。[2]

米国の電信オペレーターのほとんどにとって、電信という職業は生計のためであるだけでなく、社会階層を上向する手段であった。このことは、当時の電信雑誌や電信手の回想にしばしばあらわれている。電信オペレーターとして働き、無名の存在から身を起こした人として、トーマス・エジソンやアンドルー・カーネギーの名がよく挙げられる。この二人ほど有名ではなく、多数でもないが、女性にも勤勉と努力による成功——少年読物の作家ホレイショー・アルジャーが説いたような——を目指した者がいた。ウェスタン・ユニオン社ニューヨーク・オフィスの市内部長リディア・H・(リジー)スノーは、その例である。彼女について、ウェスタン・ユニオン社の『ジャーナル・オブ・ザ・テレグラフ』は一八六九年に「米国の電信オペレーターの最高ランクまで着実にのぼりつめた女性で、有能な電信教師」と評している。[3]

電信手という職業は社会階層の上向をめざす新興の下層中産階級に属していた。「中産階級」という語は、今日におけるのとは大いに異なり、当時のこの階級のメンバーから見ると新しさとモダンさを意味した。とくに女性にとってこの語は、教育の機会、独立の生計、家庭の外での有意義な仕事の可能性といったことにつながった。

マサチューセッツ州の前知事アレクサンダー・H・ブーロックが一八七六年にマウント・ホールヨーク・セミナリー校でおこなった講演「女性の置かれた状態の百年」は、一九世紀における中産階級という語の意味を、女性の場合について、次のように述べている。

昔は、女性には淑女と下層の女の二種類しかいなかった。淑女は下層の女に世話してもらい、下層の女は淑女あるいは主人である男性に従属していた。女性の自立——理想としても現実としても——ということは、あり得なかった。電信も電信手という職業もまだ存在しなかった。中産階級の勃興につれて、事務管理や繊維産業が刺激となって、女性のみじめな生活レベルが変化した。中産階級がさらに成長してどの国でも巨大な社会勢力になり、産業構造が変化し、個人の主張と自立の機会が増大した。ヨーロッパの最良の場所においてでさえ女性はひどい状態あったのが、これを脱するようになった。それまでは、自活しようにも女性には職がなかったし、娘たちは気に染まない結婚を拒むと修道院入りを迫られたのである。(4)

ブロックの講演を聴いていたマウント・ホールヨーク・セミナリー校卒業生とちがって、米国の電信手のほとんどはそれまでのふつうの労働者階級の出であった。彼らの父親はたいてい肉体労働者か工場労働者であった。『米国の電信手』のエドウィン・ゲブラーによれば、アメリカ合衆国の女性電信手の六五パーセントがブルーカラー家庭の娘であった。読み書き能力があり、技能を有し、社会で尊敬されるべき存在であるという電信手の自負は、彼らが生まれた家庭の「労働者風のあらっぽい」気風（労働史研究家スティーブン・マイヤーによる表現）とはちがったものであった。[5]

セーラ・バグリーは、マサチューセッツ州ローウェルで織維工場につとめたあとすぐ、電信オフィスに入った。彼女は労働者階級出身としては高い読み書き能力持った例で、同様な者多数が彼女に続いて電信オペレーターとなった。トーマス・エジソンの最初の妻となった電信手メアリー・スティルウェルは、木挽《こび》き職人の娘であった。鉄道労働者の娘の多くも、電信オペレーターになった。[6]

電信手になった女性にとってさらに望み得る道は男性電信手にくらべて限られていて、経営者や発明家になろうとする女性電信手は少なかった（男性オペレーターには、こういう人がエジソンほか何人もいた）。それでも、電信手という職業は女性が社会階層のはしごを登る可能性をひらいた。地方の小さな電信所で何年かつとめれば、大きな町での勤務に昇進するかもしれなかった。勉強と根気によって一級オペレーターになったりマネージャーの職につける可能性もあった。それに、たくさんの電信小説にあるように、上級の独身男性オペレーターと知り合って結婚できるかもしれなかった。

ジェフリー・カイヴによれば、イングランドでは女性電信オペレーターの多くは中産階級出身で、聖職者、商人、政府官吏の娘であった。チャールズ・ガーランドは、次のように述べている。とくに電信が政府の郵政庁の管轄になってからは「郵政庁が女性オペレーターを多数雇うようになり、割合に軽い労働でしかも報酬が良いので、郵政職員の親族女性がオペレーターになった。彼女たちは、職員による推薦があるだけで郵政庁の従業員になることができた[7]」。

多くの国で、電信業に雇われるときに試験があった。それゆえ、高い教育を受けた女性が採用される傾向があった。ノルウェーの歴史家グロ・ハーゲマンによれば、一八五八年にノルウェーの電信に女性を雇ったときには上層家庭の娘だけを採用した。電信の仕事に必要な中等レベルの学校を卒業した女性は、ほかにいなかったからである。ノルウェーでは電信は高級な職業であった。「電信が登場してからの数十年間には、女性がつくことのできる高級な職業は電信のほかにはほとんどなかった」とハーゲマンは指摘している(8)。

米国の電信手は、自分たちは技術を持っているので在来の労働者とはちがうと考えていた。他の労働者に対するこういった見方には、エリート主義の臭いがある。このエリート主義は、出自（労働者家庭から）と彼ら自身の現在の位置とのギャップが小さいことから感じる不安から来るのであろう。ギャップが十分大きければ、在来の労働者とのちがいをことさら強調する必要はなかったであろう。〈電信線に結ぶ恋〉に出てくるナティー・ロジャーズは故郷から出てきて、「人々が電信について無知なのに驚き、腹立たしかった」という。一八八三年のストライキ中にある女性電信手は、『ニューヨーク・ワールド』紙のインタビューで、労働組合会館を訪れたけれどもすぐ出てきてしまったと、次のように語った。

「会館ホールには女性は少数しかおらず、気持ちの良い場所ではありませんでした。ホールはストライキ中にマント縫製工とタバコ工が使っていて、汚くて気分が悪くなるようなところでした。女性オペレーターのほとんどは、電信オペレーターの要求を実現するために何でもするつもりでしたが、街頭デモンストレーションにはおよび腰でした」。

「なぜですか?」

「そうね、女性ほとんどが良い家庭の出で、上品だったからでしょう。立派な電信オペレーターでありたいと願っていたのです。それしか理由は考えられません。……電信オペレーターをつとめている女性は、きちんとした教育を受けていて、頭の回転が速く、眼も輝いていました。他の娘たちとはちょっとちがったのです(9)」。

電信手のエスニック構成

米国では、初期の電信手のほとんどは英語を母国語とする人々の子で、米国生まれであった。英語の読み書きに熟達している必要があったから、これは自然なことであった。のちにはさまざまな国からの移民が、米国の中流階級入りを目指して、電信で働き始めた。このような人々には、アイルランド系が多かった。他の移民よりも英語の能力が高かったからであり、また、アイルランド系女性は結婚年齢が高く、職に長くとどまったからである。エドウィン・ゲブラーによれば、一八八〇年にニューヨーク市の女性オペレーター七〇人のうちで七一パーセントがアイルランド系であった(10)。

電信手という職業では人種差別は比較的少なかったが、働き口確保のために労働組合が非白人と外国人を排除しようとしたこともあった。経済が好況で電信オペレーターが不足していたときには、電信手たちは、必要な技能を持つ者ならば誰でも受け入れる民主主義を奉じた。ナショナル・テレグラフィック・ユニオン（National Telegraphic Union / NTU）の一八六五年の大会では、女性オペレーターの加入を認めるかどうか討議された。この大会では、南部で数人の黒人オペレーターが働いていることも報告されたが、これは特別なことだとは受けとめられなかった。一八七〇年代に、キューバ系米国人アンブローズとナルシソのゴンザレス兄弟がサウスカロライナ州で電信オペレーターとなった。この兄弟はのちに、人種差別デマゴギー屋ベンジャミン・R・ティルマン――「ピッチフォーク・ベン」（刺股《さすまた》のベン）と呼ばれた――に反対する新聞『ステート』をサウスカロライナ州コロンビアで発刊した。カリフォルニア州サクラメントのウェスタン・ユニオン社で中国系のアービーンはモールス符号の電文送受に熟達していると、一八七三年の『テレグラファー』誌にある。同誌はまた、サクラメントのセントラル・パシフィック鉄道には配達係として雇われていて「相当に電信術を身につけた有色男性」が一人いると書いている。(11)

一八九〇年の国勢調査には、電信オペレーターの出身エスニシティに関して有用な情報がいくつかある。ただし、この国勢調査報告自体に人種差別があるので、それを考慮して読む必要がある。この報告は、「白人女性電信オペレーター」と「ニグロ女性電信オペレーター」を区別し、前者が八四一一人、後者が六三人としている（男性オペレーターについては、黒人系でない「有色人」というカテゴリーがあって、これに中国系、日系、および「文明化されたインディアン」が含まれた）。白人とされた女性オペレーターのうちで、七六五五人が米国生まれで、七五六人（すなわち約一〇パーセント）が外国生まれであった。(12)

この国勢調査（一八九〇年）によれば、女性の電信および電話オペレーターのうち、三五〇九人が外国生まれの母親を持っていた。そのうちの最大多数（一九〇七人すなわち五三パーセント）がアイルランド生まれの母を持ち、第二位はドイツ系の母で（六五〇人、一八パーセント）、さらにイングランドおよびウェールズ系母（四五八人、一三パーセント）、スコットランド系母（一四五人、四パーセント）、スカンジナヴィア系母（六九人、二パーセント）、フランス系母（三一人、一パーセント）と続いた。フランス語

圏カナダ、イタリア、ハンガリー、ボヘミア生まれの母を持つ女性オペレーターは一パーセント以下であった。(13)

電信手の学歴と訓練

電信の仕事には高い読み書き能力が必要であったから、電信オペレーターとなった女性はたいてい正規の学校教育を受けていた。ほとんどがグラマースクール（中学校）を終えていて、ハイスクール卒業生も多かった。一九世紀後半には米国のハイスクール卒業生のうちで女性の数が男性の数を越えていて、この学歴のある女性の集団が事務員だけでなく電信オペレーターの予備軍となった。オフィスで働く女性事務労働者については、マージョリー・デーヴィスの研究書『女性の居場所はタイプライター机』（*Woman's Place Is at the Typewriter Desk*）（一九八二年）がある。(14)

電信オペレーターの多くは、初等および中等教育のほかに、電信コースのある商業学校や電信会社付属の電信学校で電信術を学んだ。

クーパー・インスティテュートの女性電信学校

女性が電信手として働くのを促そうとして、ウェスタン・ユニオン社はニューヨーク市で女性に電信を教える学校のスポンサーになった。女性のための電信学校の設立というアイディアはウェスタン・ユニオン社が最初ではなく、アメリカン・テレグラフ社（一八六六年にウェスタン・ユニオン社に吸収された）がすでに女性オペレーターの訓練を開始していた。ウェスタン・ユニオンの学校は、クーパー・インスティテュートとして知られ、ウェスタン・ユニオン社とクーパー・ユニオンによる共同運営であった。これは約五ヶ月のコースで、モールス信号の送受のほか、記録管理、電池の保守、報告書作成を教えた。

ウェスタン・ユニオン社系の電信雑誌『ジャーナル・オブ・ザ・テレグラフ』の一八六九年一月一五日号は、この学校の使命と目的を述べている。ウェスタン・ユニオン社が同校を開設する主要な動機は経済性にあり、記事はこれを以下のように説明している。「電信会社は料金を下げるようにという圧力を不断に受けており、利益の多い区域では競争会社が電信線を敷設して参入してくる。工場と基幹電信局を結ぶ短い電信線の重複が増えている。多数の電信局の増設が求められており、これに応じるのに女性オペレーターが必要であるとわれわれは考える」。男性よりも低い賃金で女性を雇うことを、女性オペレーターの多数が恒常的な労働力ではなく、結婚退職までの一時的な労働者であるからとして、電信会社は正当化した。「彼女たちにとって結婚して持つ家庭こそが居るべきところであり、生活の糧を得るゴールである。結婚して生活が保障されるまでのあいだ必要な金だけを得るのであるから、彼女たちは男性より少ない賃金を受け入れるのである」。しかしまた、ウェスタン・ユニオン社は、電信を生涯の仕事にする女性もいることを認めていて、このような女性にはしかるべき賃金を出すとした。記事には、「もちろん、例外もある。上級管理職につく能力を有する女性もいて、男性の給料を得ている」とある。『ジャーナル・オブ・ザ・テレグラフ』は、この学校の開設は男性電信手の働き口を脅かすものではなく、オペレーター室における男性の優位もゆるがないであろうとして、次のように述べ、読者の多数派である男性を安心させている。「男性の方が女性よりも仕事において信頼できることが、すでに明らかになっている。男性はビジネスの仕組みが本能的にわかる。それゆえ、男性オペレーターは女性オペレーターが決して気づかないような誤りも見逃さずに発見する」[15]。

『ジャーナル・オブ・ザ・テレグラフ』の二月一五日号は、この電信学校の規則を掲載している。この女性教育コースは、一八六九年の七月一日までの一八週間に行われることになっていた。読み書き能力と字がきれいであることがわかるように、入学願書は本人が書くこととされた。応募者は、一七歳以上・二四歳以下で、品行についての推薦状が必要であった。合格に必要な水準は非常に高く、同誌によれば「教育と身体の健康においてこの職業に最も適した者を優先」した。入学者からは授業料はとらなかった。しかし出席を厳格に求められ、「しかるべき理由」なしに三度欠席すると退校になった。「勤勉でない、品行に欠ける」者も、退校の対象になった。教習は毎日午前九時半から午後三時半までであった。生徒は日中の外出を禁じられ、訪問者は金曜日だけで特別な許可がある場合とされた。

卒業してもすぐに町の電信局に配置されないと、生徒たちは申し渡されていた。「卒業直後にはニューヨーク市の外で勤務するつもりの者だけ、入学を許す」のであった。応募者は、ニューヨーク市外のへんぴなところで勤務を始めると覚悟する必要があった。だれもがつとめたがる都会の大きな電信局に配置されるには、その前に数年の勤務が必要であった[16]。

女性のための電信学校というこの試みの結果が、『ジャーナル・オブ・ザ・テレグラフ』の一八六九年一一月一日号に報告されている。ウェスタン・ユニオン社のニューヨーク市内部門でマネージャーであったリジー・スノーが、この学校の校長に任命された。ウェスタン・ユニオン社は、生徒が彼女を手本として真似するよう望んだ。疑いもなく、同社はこの学校が目ざましい成功を収めることを期待していた。『ジャーナル・オブ・ザ・テレグラフ』は、次のように書いている。「この学校は一六人の生徒を入学させて、三ヶ月前に開校した。そのうち二人が退校し、四人は教習について行けなかった。五人は課程を終了し、そのうち三人がオペレーターとしてすでに配置されている。残りの生徒も、今後短期間のうちにふつうの電信オペレーターの仕事ができるレベルに到達するであろう。この学校が非常な成功であることは、誰の目にも明らかである」。この最初の卒業生五人は、イザベラ・セルー、エリザベス・O・ブランチャード、フローレンス・コーリア、アーミニア・フレージー、ファニー・オリヴァーであった。教習はきつく、落伍者が多いことから見て、生徒間の競争は激しかった。校長リジー・スノーの過酷さはすでに有名で、この評判がのちに彼女のキャリアを台なしにした。しかし、試練に耐えた生徒は報われた。「女性オペレーターへの需要は供給よりも多く、給料は若い女性が快適に暮らすのには十分であった。彼女が勤勉な熟練オペレーターになれば、電信手の職をしばらく離れても困らないようなたくわえを持つことも可能であった。……この結果は、電信を教える学校が有用であることを示している」(17)。

ピーター・クーパー自身も、一八七一年後半にこの電信コースの開講式に出席している。彼は、米国の初期の蒸気機関者製造者で、大西洋横断海底電信ケーブルへの出資者でもあり、一八五九年には出身を問わず学生を無料で教える高等教育機関クーパー・ユニオンを設立した。『ジャーナル・オブ・ザ・テレグラフ』の一八七一年一〇月一六日号は、クーパー・インスティテュート電信コースの一年間の結果を数字で次のように記している。応募者二七五人のうちで九六人が入学を許可された。生徒一五人が自主退学し、四人が退校処分になった。卒業者五五人のうちの四〇人がすでに職場に配置され、一二人が「配置を待機中」であるという(18)。

クーパー・ユニオンとウェスタン・ユニオン社合作による女性のためのこの学校は、二〇年以上存続し、年に八〇人もの若い女性がここを卒業するようになった。卒業生は末端の小さな電信所に配置され、技術が上達した者はニューヨーク市に呼びもどされてブロードウェイ一九五番地のウェスタン・ユニオン中央局に勤務した。

一八六九年の第一回卒業生であるアーミニア・フレージーは、ニューヨーク市にもどってウェスタン・ユニオン中央局に配置された一人である。一八七五年に、彼女はブロードウェーのこの新築の電信局のオペレーターになり、九年後にもそこに勤務して一級オペレーターになっていた。[19]

電信学校

一八六〇年代後半および一八七〇年代には、電信術を教える商業学校があらわれた。一八六〇年代後半のクリーヴランドでは、電信手になろうとする者は、クリーヴランド・ビジネス・アンド・テレグラフィック・カレッジかブライアント・アンド・ストラットン・ビジネス・アンド・テレグラフィック・カレッジのクリーヴランド校のどちらかを選ぶことができた。後者はいわばチェーン・スクールで、三三の都市に学校を開いていた。

電信手たちのあいだでは、こういう電信学校の評価は低かった。彼らは、電信を学ぶには熟達したオペレーターにつくのがいちばんであると考えていた。一八六五年に『テレグラファー』誌の編集者は、ブライアント・アンド・ストラットン校に言及して、「これらの学校で電信を学ぶのは、畳の上の水泳と同じで、肝心なことは何も身につかない」と述べている。[20]

これら電信学校出身の女性は、女性が職業を持つことに対する偏見だけでなく、電信学校卒業生に対する反発にも直面した。一八七三年にネッティ・ブロンソンは、電信学校を卒業してから職を見つけるのに困難があったと、『テレグラファー』に次のように書いている。

私は、ある学校で約七ヶ月電信術を学んだあと、電信会社に入ろうとした。電信会社にいれば電信術を早く習得できるし、ビジネスがどんなであるかわかると考えたからである。しかし、会社の返事は「電信部主任の方針で、学生は採用しない」であった。採用担当社員は電信部主任の言葉をそのまま口にし、婉曲な表現さえ使わなかった。もし私が男であったら採用されていたかもしれない、でも私は女だから（私の電信志望を許したお父さんが悪いのかしら?）。私を拒絶した本当の理由は、オペレーター室に女性がいると、椅子に座った電信部主任が足をストーブに乗せたまま、嚙みタバコを部屋の向こうまでペッと吐いたりできなくなるからだ。葉巻をくゆらせようとしても「煙草を吸ってもいいでしょうか」とか「ご迷惑ではありませんか」と言わねばならなくなるからだ（主任がジェントルマンであるとしてのことであるが）[21]。

電信術を身につけたい女性には、学校に行くかわりに、電信教えますという新聞の個人広告を見て応募する方法もあった。これは、たいてい、電信オペレーターの夜間の副業であった。一八七四年に『クリーヴランド・リーダー』に、次のような広告が載った。「募集——電信を学びたい女性数名。問い合わせはハイツ地区ハワード三七番地へ。授業料は月払い。低額の費用で速習できる」[22]。こういった広告はインチキであることが多く、たとえば『オペレーター』一八八二年四月一五日号は次のように報じている。女性何人かのグループがシカゴ警察署に行き、「つやのある黒い頰ひげを生やした小ぎれいに見える男」E・G・チャップマンを逮捕するよう求めた。チャップマンは、彼女たちに電信術を教えてオペレーターの職を見つけると約束し、一五〜五〇ドルの謝礼をとったが、「何も教えなかった」[23]。

電信オペレーターの多くは、正規の訓練のほかに、キーとブザーの練習セットを買って、家で余暇にモールス符号の練習をした。電信手の昇給と昇進には送信の速度と正確さが第一条件であったので、このように費用をかけるだけの理由があった。たとえばマ・カイリーは、一八九〇年代後半にテキサス州デルリオの両親の家に練習機を取り付けた。これが、彼女のオペレーターへの道の第一歩であった。彼女は次のように回想している。「母が私のキーをまな板に付けてくれた。そのそばにモールス符号を書いておいた。……私は母の手伝いをしながら、手が空くと必ずキーの練習をした。私はそれが楽しかった。新聞でも本でも何かを読んでいるときには、キーに手を置いてモールス符号を打った。読みながらその文を打とうと努力した」[24]。

仕事そのものが、良い訓練になった。電信手は、世界のニュース、商業取引、物資の価格、地域社会の日常の出来事などの情報に毎日接していた。小さな町の女性電信手は、たぶん、そのコミュニティでいちばん情報に通じた人であった。

個人教授

女性電信手の職業生活において、身近の先輩が指導してくれることが重要であった。電信手に必要な技を身につけるには、ある程度の期間、熟練オペレーターについて教えてもらう必要があった。この「実地」によってのみ、仕事がどんなものかがわかった。エリザベス・カグリーが一八五〇年代に鉄道電信に入ったのには、ペンシルベニア州ルイスタウンでオペレーターをしていたチャールズ・スポッツウッドが彼女の家に下宿したのがきっかけになった。彼が彼女に電信の初歩の手ほどきをしてくれたのである。同様に、五〇年近くのちの一九〇〇年頃にマ・カイリーは、テキサス州デルリオで彼女の両親が経営しているホテルに泊まっていたヘンリー・ホールから電信術を教わった[25]。

教える側が女性である場合もあった。ユタ州のデザレット電信の女性オペレーターは、電信術を次の世代へ伝えた。ユタ州の歴史家ケート・カーターはデザレット電信のオペレーターについての著書『電信物語』（*The Story of Telegraphy*）で、ジョンソン一族のことを次のように書いている。メアリー・アン・ジョンソンは、スプリングビルに最初に住み着いたモルモン教徒の一人であるアロン・ジョンソンの四番目の妻であった。デザレット電信が開通して、何人かの女性が電信オペレーターとしてコミュニティに奉仕するために電信術を学ぼうとした。彼女はその最初の一人であった。彼女は電信を習得したのち、それを娘アイナに教えた。アイナは、ユタ州リーハイで電信所を任された。彼女は、娘のセレスティア（Celestia）とティーナ（Tina）および姪エイダ（Ada）に電信を教え、コミュニティの女性たち（バーバラ・エヴァンズ、イザベラ・カレン、ハリエット・ジマーマンほか）にも同様に教えた。セレスティアとティーナも、家族の伝統に従ってオレゴン・ショートラインの鉄道電信オペレーターとして長年勤めた。ティーナは、兄弟のブルース（Bruce）とミッチェル（Mitchell）にも電信を教えた[26]。

女性電信オペレーターたちが教え合うのは、デザレット電信のモルモン教徒にかぎったことではなかった。ベテラン電信オペレーターでアメリカ商業電信手労働組合（CTUA）の役員でもあったメアリー・マコーリーは、一八七八年に一三歳のときニューヨーク州ルロイの鉄道電信所のオペレーターであったネリー・チャドックから電信術を習った[27]。

テレタイプ・オペレーターの訓練

一九一五年頃にテレタイプの使用が一般化すると、ウェスタン・ユニオン社はテレタイプ操作を教える学校をニューヨーク市につくった。この学校はウォーカー・ストリート二四番地のテレタイプ操作室の二階上にあって、タイピングとプリンター操作のほか、地理、正書法、校正を教えた。テレタイプ・プリンター・オペレーターになるには、ここで養成員として六ヶ月の訓練を受けなければならなかった。

ウェスタン・ユニオン社は、その後、テレタイプ操作を教える学校を他の地方にもひらいた。その一つがインディアナ州クローフォーズヴィルにあり、ヴァージニア・ブロムはここで学ぶために一九四四年にアイオワ州ペラから鈍行列車（「ドゥードルバグ」と呼ばれた）に乗ってクローフォーズヴィルまで来た。この学校を終えてから、第二次世界大戦中に、彼女はアイオワ州のペラ、エームズ、キャロルトンでオペレーターとして働いた。第二次世界大戦中は男性のオペレーターが少なかったので、多数の女性がオペレーターになったのである。[28]

米国以外の電信オペレーター訓練

一九世紀後半のイングランドにおける電信オペレーター訓練はクーパー・ユニオンの電信学校と似ていたが、教習期間は短かった。エレクトリック・テレグラフ社の学校がロンドンのムーアゲート地区テレグラフ・ストリートにあって、一五歳から一八歳までの者を対象とした。同社の新入者は、ここで無給で六週間の訓練を受けた。訓練の終わるまでに標準送受信能力である毎分八語に到達しないと、退校させられた。[29]
フランスでは、パリのリュー・ドゥ・グルネルにある電信中央局で電信オペレーターとして働きたい女性に、一八七七年に入所試験が課せられた。試験課目は、正字法、習字、算数、メートル法と地理であった。この訓練生は、年齢が一六歳から二五歳までで、独身者または子どものない寡婦に限られた。入所試験合格者の初任給は年八〇〇フランで、毎年昇給があった（給料上限は年一五〇〇フラン）[30]。

ヨーロッパの多くの国では、昇進には上級資格への試験に合格する必要があった。一九〇〇年頃のイタリアでは、各電信局から女性を二名ずつ「助教」（assistant あるいは supervisor）として選抜した。これになるには試験があって、試験科目はイタリア語とフランス語、地理、物理、地政学、電信の理論と実際、電信規則であった。この試験に合格した女性は、電信庁の常勤正規職員と見なされ、結婚後も職にとどまることを許された。助教でない女性電信手は、結婚したら退職しなければならなかったのである[31]。

チリ国立学院では、一八七九年より前から、女性のための電信教習を始めていた。このコースの修了者は、電信庁で欠員があると優先的にそこに配置された。国営電信のオペレーターがこのコースに応募することもできた。応募者は、一八歳以上であることと、電信機器使用の試験に合格することが必要であった。合格してコースに入ると二ヶ月間は教習生であり、そのあとは雇用が保障されていた[32]。

電信手として働くようになった理由

一九世紀には女性はふつう、子ども時代は父親に養われ、結婚すると夫に養われた。電信手となった女性の多くはこのパターンとは異なり、父親がいないか、父親がいても正規の職についていない場合があった。ほとんどの女性オペレーターは数年間だけ働き、結婚して子どもを育てた。しかし、電信を生涯の仕事としてずっと職にとどまる女性もいた。彼女たちのなかには、家族を養った者もいた。たとえば、エマ・ハンターは寡婦となった母と弟を養った。ファニー・ホイーラーのように、一人で暮らす道を選んだ者もいた。

多くの女性にとって、電信は魅力のある仕事であった。電信の仕事はきれいで、工場労働や家事奉公よりも社会的評価は高かった。一八九三年に発行された『何が女性にできるか?』(*What Can a Woman Do?*)で、マーサ・レインは次のように述べている。

電信の仕事は、服を汚さないし、立ちっぱなしでもない。社会的に不体裁でもない。電信オペレーターの社会的地位は、彼女たちの言い分によれば、学校の先生や家庭教師よりも高い。……それに、ウエスタン・ユニオン本社の若い女性オペレーターは、主任——電信に熟達した若い女性である——によって敬意をもって扱われる。主任は女性オペレーターをファーストネームでなくファミリーネームで」しかも「ミス」をつけて呼ぶ。ここでは、オペレーターも相互に同様にていねいに呼び合う。……電文の送受処理が済むと、オペレーターたちは次の電文処理までのあいだは編み物や縫い物をしてゆっくり過ごすことができる。(33)

一九世紀のヴィクトリア朝時代には、若い女性が一日中座らないで立ったままでいるのは危険で、不妊のもとになると考えられていた。それゆえ、将来は結婚して子どもを産もうと考えている女性にとっては、座ってできる仕事である電信は好ましかった。

イングランドでも、電信は女性にとって魅力のある仕事であった。ジェフリー・カイヴによれば、一八六九年のあるとき、朝刊紙に掲載された電信オペレーターの募集広告を見て「身なりの良い婦人」四〇〇人がつめかけた。この出来事についてすぐに別の新聞が、「これほどたくさんの裕福で地位のある若い女性」が電信手の職を求めるとは社会がどこかおかしくなっている」と書き立てた。[34]

そのほかの国では、女性が電信手になるよう国家が政策によって奨励した場合があった。スウェーデンでは一八六三年に、結婚適齢の男女数を比較すると女性が男性よりずっと多く、「その結果、多数の女性が女性固有の職業である結婚から排除される」と国家最高会議が国王に報告した。国家最高会議はこれらの女性のために職を見つけるのが政府のつとめだと考え、女性が電信手として働けるようにすることを提言した。スウェーデン政府は、これに同意し、政府の電信庁に女性を雇用するよう指示した。一九世紀には、同様にプロイセンとオーストリアで女性電信手雇用の促進策が実施された。[35]

統計に見る労働力としての電信手

米国国勢調査によれば、女性電信手の数は三五五人（一八七〇年）から一万七〇〇〇人（一九二〇年）の間にあり、一九二〇年がピークであった。電信手として雇われた女性の数は、家事使用人や教師といった従来からあった職の女性数にくらべてずっと少なかったが、女性法廷代理人の数よりも多かった。一八七〇年には女医の数が女性電信手よりも多かったが、一九二〇年にはこれが逆であった。表1に、米国でさまざまな職業についた女性の数を年代別に示して比較してある。[36]

表1　さまざまな職業で働く米国女性の数，1870 〜 1920 年

職　業	1870 年	1880 年	1890 年	1910 年	1920 年
家事奉公人	867,354	938,910	915,927	1,309,549	1,012,133
教　員	84,047	154,375	237,508	478,027	639,241
電信手	355	1,131	8,474	8,219	16,860
医　師	525	2,432	4,557	9,015	7,219
法律家	5	75	208	558	1,738

表2　米国各地域の女性電信オペレーター数，1870 〜 1960 年

年	北東部および大西洋岸中部		南　部		中西部		大平原地帯および西部		米国合計	
	男性	女性	男性	女性	男性	女性	男性	女性	男性	女性
1870	4,510	277	647	1	2,115	45	689	32	7,961	355
1880	11,217	785	1,765	43	6,494	236	2,202	67	21,678	1,131
1890	18,791	5,089	4,704	442	13,192	1,912	7,053	1,031	43,740	8,474
1900	20,621	3,794	6,127	532	14,761	1,885	7,134	1,018	48,623	7,229
1910	23,919	3,643	8,522	752	16,974	2,084	12,319	1,740	61,734	8,219
1920	23,815	6,312	8,525	1,950	16,315	4,291	13,419	4,307	62,574	16,860
1930									51,699	16,122
1940									31,554	8,228
1950									27,090	7,290
1960									15,980	4,496

一八七〇〜一九六〇年の米国国勢調査に見る地域別女性電信手の数

一八七〇年の米国国勢調査は、職業の性別を初めて示した。これによれば、電信手の四パーセントが女性であった。一九二〇年には、この割合は二〇パーセントを越えていた。一九三〇年以後は、テレタイプ・オペレーターの過半が女性であった。表2に、一八七〇〜一九六〇年の米国の各地方における電信オペレーターの数を示す。

国勢調査の信憑性

一九世紀後半の通俗小説や電信雑誌を現代人が読むと、国勢調査が示すよりもずっと多くの女性電信オペレーターがいたような印象を受ける。一九世紀の国勢調査の数字は、一般にあまり正確でなく、とくに女性の雇用につい

てこれが言える。一九九二年にマーゴ・アンダーソンは、論文「女性の歴史と統計の歴史」(The History of Women and the History of Statistics) で次のように書いている。「一八七〇年の国勢調査は、一〇歳以上の人口二八五〇万人のうちの半数以下について職業を記載しているに過ぎない。女性については、一六パーセントが収入のある職についていると記載しているが、これはあまりにも低い数字であり、八〇〇万人以上の女性が調査からもれてしまった(37)」。

一九世紀後半についてのこされているエピソードから見ると、国勢調査による数よりもずっと多くの女性が電信手として働いていた。電信手友愛会(Brotherhood of Telegraphers)の会長ユージーン・J・オコーナーやウェスタン・ユニオン社の主任電信手ウォルター・C・ハムストーンは、一八八三年のストライキ中のころには女性電信手は国勢調査による数よりもずっと多かったと認めている。オコンナーは、一八八三年八月に連邦上院の労働・教育小委員会で証言し、全電信手の二〇パーセントが女性であると述べた。ハムストーンは、同年七月に『ニューヨーク・ヘラルド』紙の記者に、電信オペレーターの約二五パーセントが女性であると語った(38)。

鉄道電信オペレーターの場合

一九世紀における鉄道電信オペレーター数についての統計は、あてにならないことで有名である。それは、国勢調査自体が不正確であったからであるし、また、鉄道電信オペレーターが職場をしょっちゅう変える「ブーマー」と呼ばれる行動パターンのせいでもあった。アーチボルド・M・マクアイザックは、鉄道電信オペレーターについての研究(一九三三年)のなかで、一八三三年に米国の電信オペレーターのほぼ三分の二が鉄道電信オペレーターであったと推定している。一八八〇年の国勢調査では電信オペレーター数は二万二〇〇〇であるから、マクアイザックの推定を使うと一八八〇年台前半には一万四六〇〇人の鉄道電信オペレーターがいたことになる。この国勢調査は一八八〇年には電信手のうちの五パーセントが女性であるとしており、同様の推定をすると七三〇人の女性鉄道電信手がいた勘定になる（これらの数字が人数でもパーセンテージでも過小評価であることは、ほぼまちがいない）。調査のあいまいさは、鉄道電信手は自分たちが商業電信手と別の職業だとは考えていなかったことからも生じた。鉄道電信手だけの労働組合である鉄道電信手騎士団（Order of Railway Telegraphers / ORT）が結成されたのは、一八八〇年代後半になってからであった（第6章参照[39]）。

二〇世紀初めには、国勢調査の数字が正確になり、職業がはっきりと区分されるようになった。米国労働局による統計は、一九世紀末と二〇世紀初めには鉄道電信手として働いている女性の数が増加を続けたこと、一九二〇年代前半にピークに達したことを示している。一九二〇年に米国とカナダで雇用されていた鉄道電信オペレーター七万八〇〇〇人のうち、二五〇〇人——三パーセント強である——が女性であった。[40]

米国内の地域分布

一九世紀中葉に米国内で女性電信オペレーターが最も多かったのは、北西部と中部大西洋岸であった。この地方では電信業の発達が早かったただけでなく、商工業が成熟していたからである。同世紀の後半に米国の南部および西部の発展が始まり、電信網がこれらの地方へひろがった。これにともなって、女性電信オペレーター数の分布も変化した。国勢調査によれば、一八七〇年には全女性電信オペレーターのうちの七八パーセントが北西部と中部大西洋岸で働いていた。一九〇〇年にはこの割合は五二パーセントまで低下し、さらに一九二〇年には三七パーセントになった。

南部における女性電信オペレーター　一八四〇年代および一八五〇年代に、モールスの電信線がワシントンから南方へ、ヴァージニア州リッチモンド、ノースカロライナ州ローリー、サウスカロライナ州チャールストン、ジョージア州サバンナ、アラバマ州モビールを経て、ルイジアナ州ニューオーリンズまで伸びた。北部の場合と同様に、南北戦争中に男性が徴兵されたり志願兵になったので、女性の電信局勤務が増加したと推定される。

南北戦争が終わると、南部の白人女性が電信手になる数が増加した。南部では戦後に経済が不況であったし、一家の働き手である男性が少なくなったからである。南部の男性のなかにはこの変化を好ましくないと思う者もいた。たとえば、ノースカロライナ州ウェーズボロの新聞『アンソン・タイムズ』の編集者ロバート・M・コーワンは、次のように書いている。「戦争によっていろいろなことが変わったが、真摯にして勇敢なわれわれのご婦人方が生計のために外界と接するようになった事態ほど、嘆かわしいことはない」。続けて彼は、南北戦争後に女性がつくようになった職業を列挙している。「ご婦人方は、タイピスト、筆耕、電信、速記をしたり、習ったりした。今では、大の男がやっていた仕事までやろうとしている」。しかし、コーワンも文章の末尾で進歩的な意見を披露している。「小さな町では、女性が働けるところはかぎられていて、事務員ていどしかない。高貴な彼女たちはプライドをいったん隠して、荒っぽい男にまじって生活のためにけなげにたたかっている。これに賛成し支持して援助を与えて、彼女たちの自立と満足が得られるようにしようではないか」(41)。

電信を生涯の職業として選んだ女性は、南北戦争中には、田舎の町から町へと移動した。南部あるいは南部以外の地域でも、これは同様であった。メリーランド州生まれのアリス・F・ジョンストンは、サウスカロライナ州エイケンで電信手として働いてから、一八八二年にサウスカロライナ州ウェーズボロのウェスタン・ユニオン社に来た。『アンソン・タイムズ』は、彼女の到着と、人が振り向くほどの抜群の容姿を次のように報じている。

> ウェスタン・ユニオン社は、わが友ジェームズ・イーソンを他の地に送り出したが、サウスカロライナ州エイケンのミス・アリス・ジョンソン《［ママ］》が働くことになった。土曜日に到着したミス・ジョンソンは、月曜日から仕事をしている。われわれは、彼女がここを気持ちの良い場所であると思うと信じるし、彼女がここで長く楽しく働くと信じている。彼女は仕事をよく理解している。美人の彼女が来たので、若い綿取引業者が出す電報が増えるかもしれない(42)。

一九世紀後半には、女性向けの電信学校が南部ではじまった。アラバマ女子ポリテクニックの電信コースも、その例である。一九世紀の終わる頃、アラバマ州イープスのオーラ・ディライト・スミスは、自宅に練習機を置いてモールス符号を独習し、モンテヴァッロのアラバマ女子ポリテクニックの電信コースで学んだ。彼女は、一九〇〇年にクイーン・アンド・クレセント鉄道に勤めた(43)。

西部における女性電信オペレーター　一八四〇年代後半と一八五〇年代前半に、プレーリー地帯への電信網の拡大がすすんだ。電信線が西方へ、オハイオ州クリーヴランドからミシガン州デトロイトへ、さらにシカゴへと、ほぼ五大湖の南縁に沿って伸びた。ほぼ同時に、電信線が南方へイリノイ州を通ってセントルイスに達した。大草原を横断する電信線伸長は一八六一年に始まり、ネブラスカ州オマハからネブラスカ州、ワイオミング州、ユタ州、ネヴァダ州を通ってカリフォルニア州サンフランシスコに達する大陸横断電信線を電信会社の共同事業体が敷設した。

　西部には巨大都市が少なかったので、女性オペレーターが働くことのできるのはほんどが田舎の鉄道電信所であった。一八八六年に『エレクトリカル・ワールド』は、「西部の平原のはずれで鉄道の駅のあるところでは、旅客は必ずと言ってよいほどきれいな窓にモスリンのカーテンを見るであろう」と書いている。これは、女性電信オペレーターがそこで働いているしるしであった。(44)

図18　ユタ州トゥエレのデザレット電信のエミリー・ウォバートンとバーバラ・ゴーワンズ，1871年．『われわれの開拓者からの遺産』（*Our Pioneer Heritage*）所収（561頁）のカーター「電信物語」（The Story of Telegraph）から．ユタ開拓者の娘会の許諾による．

　一八六一年に大陸横断電信線がソルトレイクシティに到達し、これが刺激となって、ユタ州、ネヴァダ州、アイダホ州にひろく散在するモルモン教徒居住地を結ぶ電信網をつくろうとする動きがモルモン教徒のコミュニティに起きた。モルモンのリーダーであるブリガム・ヤングは大陸横断電信線建設に積極的に参加し、電信柱用の木や、これを立てる工事労働隊を提供した。こういった配慮が功を奏して、電信会社は東西から来る電信線の接続点をソルトレイクシティにした。モルモンのリーダーたちは、大陸横断電信線建設への協力の経験から、離れ離れになっているモルモンの居住地を結び合わせる電信線の値打ちを悟ったのである。

こうしてデザレット電信が計画され、すぐに着工した。各モルモン居住地からソルトレイクシティの本部まで、柱が立てられ電信線が張られた。デザレット電信は、一八六六年に完成した。モルモンの各コミュニティは、電信オペレーターとなる若い男女をえらんで、訓練のためにソルトレイクシティに送った。

これらの女性は、最初から電信オペレーターとして雇われた。彼女たちは、デザレット電信のオペレーターのうちで相当の数を占めていた。モルモンのコミュニティは家父長制の組織であり、女性にはふつうは副次的な役割しか与えられず、一九世紀の米国一般と同様に「女の居場所」という教義が支配的であった。しかし、モルモンの場合は、コミュニティ内部の奉仕活動重視が「女の居場所」イデオロギーよりも強力で、従来は存在しなかった新しい活動に奉仕するためなら女性たちも従事できた。こうして、電信の仕事は「一家の伝統」になり、女性たちは三世代にもわたって電信オペレーターになった。(45)

西部の女性たちに対しては、東部におけるよりも、性差別はひどくなかったようである。たぶんこれは、西部では社会規範がゆるかったことによる。その結果、従来は存在しなかった新しい活動には女性も参加できたのである。また、西部では女性の数が少なく、女性が働いても、東部の場合とちがって、男性の働き口を脅かすとは見られなかったからであろう。

電信手中の女性の比率は、西部では東部よりもやや低かった。一八七〇年の国勢調査は、職業者の性別を初めて記録した。これによると、電信手の場合、全国では四パーセント、中西部と西部の平原地帯合計では三パーセントが女性であった（表2を参照）。一九〇〇年の国勢調査では、この全国比率は一三パーセントに上昇したが、西部では東部よりも依然低く、一二パーセントだけが女性であった。しかし、西部への人口移動が大きかったので、全国の女性電信オペレーター数に占める西部の割合は一八七〇年の約二〇パーセントから一九〇〇年の四〇パーセントへと上昇した。

諸外国における電信オペレーターの統計

カナダでも、米国の場合と同じく、女性電信オペレーター中で女性の比率の高いのは東部の大きな電信局であった。シャーリー・ティロットソンの記述によれば、一九〇二年にトロントのグレート・ノースウェスタン・テレグラフ社の電信オペレーターの四二パーセントが女性で、また、同じくトロントのカナディアン・パシフィック鉄道の電信オペレーターの二八パーセントが女性であった。カナダ西部では、女性電信オペレーターの比率は低く、とくに一九〇〇年以前はこの傾向が強かった。ウィニペグでは、一八九四年には電信オペレーターのわずか五パーセントが女性であったが、一九一七年にはこれが一八パーセントになった[46]。

電信オペレーター中の女性の比率は、一九世紀後半のイングランドとヨーロッパ大陸では米国の場合よりもやや高かったようであり、これは都会について確実に言えることである。イングランドでは、女性電信オペレーターは、ロンドンの大きな商業電信局と、小さな町や田舎の電信所の両方にいた。電信がイギリス政府の郵政庁（British Post Office）に統合された直後の一八七〇年には[47]、イギリスに四九一三人の電信手がいて、そのうち一五三五人すなわち三一パーセントが女性であった。

フランスでは、女性電信オペレーターは主要都市の大きな電信局と田舎の小さな電信局で働いていた。一八八一年にパリの中央電信局には、電信オペレーターが六二四人いて、そのうち二三〇人すなわち三七パーセントが女性であった。二年後には、この女性電信オペレーター数は三〇〇人に増大し、これは同局電信オペレーターの約半数であった。(48)

米国におけるのと同様に、ヨーロッパの女性電信オペレーターの割合は二〇世紀前半には増加を続けた。オーストリアでは一九三〇年に電信庁の全職員五九〇〇人のうち二七三五人すなわち四八パーセントが女性であった。この数字は清掃係から上級管理者までの電信庁職員を含んでいる。電信オペレーターに限ってみると、二五〇人（全電信オペレーターの四七パーセント）が女性であった。女性電信オペレーターのうち、二人だけが管理職であった。(49)

女性電信オペレーターの年齢

エラ・チーヴァー・セアーが一八七九年に書いた小説〈電信線に結ぶ恋〉に、電信手の年齢の話がある。主人公ナティー・ロジャーズが彼女の男友達クレムに電信で年齢をたずねたところ、彼は「年寄りの電信オペレーターなんて見たことあるかい？　電気が老化防止薬になるのかな、それともオペレーターも年を取ると利口になって電信の仕事をやめてしまうのかもしれない」と返事した。一九世紀中葉の電信は若者の仕事場であり、特に女性オペレーターには若い独身者が多かった。一八八〇年にニューヨーク市の女性電信オペレーター一〇二人の平均年齢は二一・八歳であった。しかし、一八八〇年代には電信で働いている女性の年齢の幅はひろく、一八八六年のカリフォルニア州ポイントアレナ局のネリー・ウェルチが一一歳であったし、一八八九年にペンシルベニア州ハリスバーグ局で働いていたエリザベス・カグリーは五五歳であった。カグリーは、米国の電信オペレーターで最高齢の部類であっただろう。電信は割合に新しい産業であり、一八八〇年代にはエリザベス・カグリーより年長の女性は電信局で働いていなかったであろう。後年には、多くの女性が定年まで、あるいは定年後も電信オペレーターとして働いた。アビー・ストルーブル・ヴォーンは、米国とメキシコで五〇年近く電信に従事したあと、一九一二年に六七歳で退職した。彼女は、その後も、第一次世界大戦中に電信術を教えた。この時、彼女は七二歳になっていた[50]。

少年であろうと少女であろうと、一三歳や一四歳で電信オペレーターという職業につくのは珍しいことではなかった。児童労働禁止法が存在しないかあるいはゆるかった頃には、電信に興味があって持続力もあると認められた若者が、臨時に正規の電信オペレーターの代わりをすることがあった。こうして志願した若者は、結局はオペレーターとして雇用されるのであった。メアリー・マコーリーは、のちに新聞電信オペレーターを職業とし、アメリカ商業電信手組合（ＣＴＵＡ）の副委員長を務めた人物であるが、一八七八年に一三歳でニューヨーク州ルロイの電信所から始めて、電信の仕事をした。同様にメドラ・オリーブ・ニューエルは、一四歳のときにアイオワ州デュランゴの電信所で電信術を習った。彼女は、これを振り出しに、のちには優れた送信手となって一級電信オペレーターとして勤務するようになった。管理職についたり一級電信オペレーターになった女性には、年少のときに電信を始めた人が特に多かったようである[51]。

職業を持つ女性の大多数は、数年間働いたのちに結婚して退職した。一八九九年にイングランドで電信から退職した女性一九六人は、平均年齢が二七歳で、電信に従事した年数は平均して八〜九年であった。ほぼ同じ頃にベルギーでは、女性電信オペレーターの勤続年数は五年半であった[52]。

女性電信オペレーターの賃金——米国の場合

初期には、電信オペレーターの給料の額には決まった基準はなく、場合に応じて適宜決められた。電信がどれほどの経営利益をもたらすかわかっていなかったからであり、また、初期の電信会社は電信線の拡張に血眼で、利益を上げようといつも財布のひもを締めていたからである。エマ・ハンターは、初め、一八五一年にアトランティック・アンド・オハイオ電信社のペンシルベニア州ウェストチェスター電信局で年五〇ドルで雇われた。同じ頃、ヘレン・プラマーは年一二五ドルの給料でペンシルベニア州グリーンヴィル局を任された。ヴァージニア・ペニーによれば、一八六〇年頃には女性電信オペレーターのほとんどは月給六ドルから二五ドルを得ていた(53)。

南北戦争中には、電信オペレーターが不足して、給料は急上昇した。その後は、物価が相当に変動したにもかかわらず、名目上の賃金は一八六〇年代後半から二〇世紀初頭までほぼ一定であった。一般的に言って、電信所長は月給一〇〇～一五〇ドル(ただし、小さな町の電信所長の給料は大都市のオペレーターより高くはなかった)、チーフ・オペレーターは月給七五～一〇〇ドル、一級オペレーターは六〇～一〇〇ドル、二級あるいは初歩のオペレーターは一五～六〇ドル、事務員は一五～三〇ドル、電報配達員の少年は一〇～一五ドルであった。賃金は大都市では高く、地方では安かった。給料は個人別に決められた。たいていの女性オペレーターの月給は五〇ドル以下であったが、一九一〇年頃になるとマ・カイリーやメイジー・リー・クックのような「スーパースター」は月給一五〇ドルから一六〇ドルを得ていた。リゾート地やホテルで働く電信オペレーターには無料の部屋とまかないがつき、月給はふつう一五ドルか二〇ドルで安かったが、一人で仕事ができ、自由に遊ぶこともできるし、これは夏休みのちょっとした仕事でもあった。証券会社は、女性電信オペレーターにとっていちばん高給を得られる場所であって、管理職でないオペレーターでも最高九〇ドルの月給を得ることができた[54]。

ペンシルベニア州ハリスバーグのウェスタン・ユニオン社の台帳がスミソニアン・インスティテューション・アーカイブスのウェスタン・ユニオン・コレクションにあり、一八六一〜七九年の従業員の給料がわかる。その賃金の一八六七年五月の分を、表3に示す。これは、南北戦争後の米国で中程度の電信局における賃金の典型であると思われる。

表3で、「ミセス」の無い名はすべて男性であろう。ミセス・ランガーは、前月の賃金表にあったミス・スプリンガーの後任者であろうが、あるいは結婚して姓が変わった同一人物かもしれない。ミセス・ランガーは、一級電信オペレーターであるジーグラーおよびチンダルよりずっと給料が少ないが、ウィルソンおよびキーファー（たぶん新米のオペレーター）よりずっと高給を得ている。ミセス・サンボーンは事務員としては相当に高い給料をもらっている。おそらく、彼女は電信術を心得ていて、必要があればオペレーターの仕事もしたのであろう[55]。

表3　ペンシルベニア州ハリスバーグのウェスタン・ユニオン社電信局の月給表．1867年5月

名前	肩書	月給
W. D. サージェント	マネージャー	110.00
R. P. B. ジーグラー	オペレーター	75.00
J. B. チンダル	〃	65.00
ミセス・ランガー	〃	30.00
W. G. ウィルソン	〃	20.00
A. R. キーファー	〃	16.66
ミセス・サンボーン	事務員	30.00
W. S. ラップ	配達員	12.00
ジョージ・ワイツマン	〃	12.00
ミセス・D. リード	用務員	10.00

初歩の女性電信手の月給は、一五〜四五ドルであった。初任給は男性でも女性でもだいたい同じであったが、男性の方が速く昇進して二級電信オペレーターの最高給である六〇ドルに到達した。一級電信オペレーターの賃金にも、性差別があった。一八八〇年代に、男性の一級電信オペレーターは月給八〇〜八五ドルであったが、女性であると仕事は同じでも月給は七五ド

ルしかなかった。

他の女性の職業との比較

一八六〇〜九〇年の時期に米国では、女性電信手の賃金はおおよそのところ女性教師や女性事務員と同じであり、女性工場労働者の月給一〇〜一五ドルや家事奉公人の月給五〜一〇ドルよりもずっと高かった。一八六〇年には女性電信手の月給は看護婦とほぼ同じであったが、一八九〇年には看護婦の月給よりも低くなった。前者が低下したのに、後者は上昇したのである。一八六八年にウィリアム・シャンクスは、代表的な女性の職業の週給を次のように記している。製本工一〇ドル、縫い子四・五ドル、電信オペレーター一〇ドル、学校教師一二ドル、女優一八ドル(56)。

電話業が興ると、電話交換手という新しい職業ができた。電信オペレーターが電話交換手へ「進化」したと思うかもしれないが、それは誤りであって、両者の仕事は非常に異なる。電話交換手には電信オペレーターほどの技術は必要でなく、主としてスイッチ盤を見て操作するだけでよい。電話交換手は、電話をかけてきた加入者の「××番に」という声を聴きながらスイッチ盤を見てプラグコードをすばやくつなぐように訓練されており、この操作のようすを監督者が厳しくチェックした。すぐに電話交換手は性別の職業になり、一九〇〇年には電話交換手ほとんどが女性であった。

一九世紀には、電信手の賃金は電話交換手よりもずっと高かった。一九二〇年代までに、電話交換手の賃金は上昇し、電信のモールス・オペレーターは低賃金のテレタイプ・オペレーターで置き換えられ、この賃金の差は縮まった。「電機産業センサス」によれば、一九〇二年の平均賃金は電信手が年五四四ドル、電話交換手が年四〇八ドルであり、一九二二年には両者の差は小さくなって電信手が年一一〇〇ドル、電話交換手が年一〇六四ドルであった。電信手労働組合による数字では、一九四四年には電信手の平均賃金は電話交換手よりも低くなっており、電信手の週給が三七ドル、電話交換手が三九ドルであった。[57] 労働組合幹部から見ると、これは電信手の地位が経済面でどんなに悪化したかの証拠であった。

一般に、女性電信手の賃金は同じ仕事をしている男性よりも低かった。米国では、同一労働に対し女性には男性の三分の二から四分の三しか支払われなかった。南北戦争終結後の一八七〇年代前半の経済停滞期に、ウェスタン・ユニオン社は新規雇用者の賃金を前任者よりも少し減らす方針――スライディング・スケールと呼ばれた――をとった。同社は、女性の雇用も積極的にふやした。熟練の男性電信手のかわりに、新米の女性電信手を安い給料で雇ったのである。[58] これのどこまでが性差別か識別するのは難しいが、性による差別があったのはたしかである。

女性電信オペレーターの多くは、数年で仕事をやめた。仕事を続けてマネージャーや一級電信オペレーターに昇進・昇格した女性は、同職の男性に近い給料を取った。しかしこれは例外に近く、「同一労働同一賃金」はずっと米国のいくつかのストライキと労働係争の重要な争点であり続けた。

独身女性ならば電信手の賃金で生活できたが、蓄えができるまではいかず、ことに初級レベルの賃金では苦しかった。女性電信手の服は自前であった。電信手になったばかりの女性は、給料の相当部分を仕事のためのドレスと靴と帽子に使わなければならなかった。マーサ・レインは、これを次のように説明している。

一八歳で電信オペレーター二年目の女性がいるとしよう。月給はたった三五ドル程度であるはずだ。この給料だけで生きていくと、生活を切り詰める余地は一セントもなく、一セントの貯金もできないだろう。下宿は最低でも毎週六ドルするし、ルームメイトとシェアするにしても五ドルはかかるであろう。ささやかなぜいたくまで我慢しても、昼食代、交通費、洗濯代を入れて、給料の半分は飛んでしまう。仕事のとき着る服は自前である。自分で縫うとしても、八ドルかかるだろう。ほかにも衣類、靴、帽子が要る――支出は週一〇ドル以上になってしまうのに、収入は週九ドルもないのである。

マーサ・レインが初級で新入りの電信オペレーターのみじめな収支状態を書いたのは、一八九三年であった。彼女は、女性が電信オペレーターを職業とすることを勧めていないが、数年前には賃金は高く、出費は安かったと書いている。一八九三年は経済恐慌と不況の年であり、電信産業は人員過剰で、職は少なく賃金は安かった。初めて電信手になる女性のうち相当数は、実家に住んで出費を節約した。衣服の費用については、レインの記述はややあいまいで、合計金額を明示していない。一九一五年に行われた研究によれば、この職種では衣服の費用は年に一二〇ドル程度であった。これは、初めて電信オペレーターになる女性の三～四ヶ月の給料に相当した。(59)

モールス電信オペレーターの賃金に性別の差があったのは確かであるが。その差を明確に述べるのは困難である。地域や熟練度によるちがいや、就職時の個別交渉でどれだけ粘ったかといったことによっても給料の額は変ったので、男女の給料差は識別しにくい。テレタイプ導入によって電信オペレーターの仕事が次第に女性一色になってくると、性別の不平等が制度化された。一九三七年にアメリカ商業電信手組合（CTUA）がユナイテッド・プレス（United Press）社と締結した賃金協約では、ほとんどが男性であるモールス・オペレーターには週給五二・五〇～五五・〇〇ドルであり、ほとんどが女性である自動機（テレタイプ）オペレーターには週給四五・〇〇〜四七・五〇ドルであった。[60]

諸外国における女性電信オペレーターの賃金

カナダでは、鉄道や商業電信会社で働く女性電信オペレーターの給料の額は、米国の場合と似ていた。海に面した地方の国営電信局では、一八八〇〜一九二〇年代のあいだ、女性電信オペレーターの賃金は年に五〇ドルであった。これは生存可能レベル以下の額であったが、電信オペレーターの家族は菜園や魚釣りほかからの収入があるとされていた。[61]

イングランドでは、一八六〇年代と七〇年代に、電信手になったばかりの女性の週給は一〇シリング程度で、これは約二・五〇ドルである。毎分二七語を送受信できる熟練オペレーター（大体のところ米国の一級オペレーターに相当する）は、週給三〇シリング（約七・五〇ドル）を得ることができた。ヴィクトリア時代に女性電信手の賃金は上昇を続け、一八七二年に週給一七シリングであったのが、一八九七年には二六シリングになった。[62]

フランスでは一八八〇年に、中央電信局の女性電信手の給料は年に一〇〇〇フランから二〇〇〇フランの間（約一四〇〜二八〇ドル）で、これは男性オペレーターのほぼ半額であった。[63]

インドでは、二〇世紀初めに、四年の経験を持つ女性電信オペレーターの給料は年に四〇ルピーであった。年に二ルピー八アンナの昇給があり、最高給者は年八〇ルピーであった。このころビルマ（ミャンマー）のラングーン（ヤンゴン）では、女性電信手の給料は年五〇〜九〇ルピー（男性電信手の約半分）で、男性電信手の最高給者の給料は年一五〇ルピーであった。[64]

電信手のレジャーライフ

電信手には、職場関係のレクリエーションもあった。電信会社や労働組合主宰のピクニックやパーティである。電信手たちは大変なパーティ好きで、とくにダンスパーティを喜んだ。一八六五年四月二二日に、ナショナル・テレグラフィック・ユニオン（NTU）主催のニューヨーク地区電信手ダンスパーティがあった。翌日の午前五時に最後のカドリールを踊るまで、終夜のダンスが続いたという。会場ホールは、マキシミリアンという「有名なインテリアデザイナー」によって、赤・白・青の幔幕とサミュエル・モールスの円形模様で派手に装飾された。三〇〇〜四〇〇枚のチケットが売れ、収益二七〇ドルがNTUの会計に入った。『テレグラファー』は、女性オペレーター五人がこのパーティに参加したと書いている。ミセス・ルイス、ミス・スノー（たぶんリジー・スノー）、ミス・エイヴリー、ミス・ハインズ、ミス・ターナーで、五人ともアメリカン・テレグラフ社の従業員であった。この記事によれば、このうちの少なくとも一人は四時半まで踊っていた。

ダンスは、電信手たちにとって重要な娯楽であった。彼らは仕事のあいだ人と会うことがなく、管理職からもこれを禁止されていたからである。とくに女性オペレーターにとって、ダンスパーティはきちんとした場で付添いつきで人（男性を含む）とすごすことのできる——ときには一晩中も——よい機会であった。

ときには、鉄道会社が、電信手の協力への感謝のしるしとして無料の遠足を開催した。鉄道運行には、電信が欠かせないほど重要であったからである。こういう遠足の一つが一八七六年二月一九日にあり、ニュージャージー・セントラル鉄道がニューヨーク市の電信手たちを列車でニュージャージー州ロングビーチに連れていった。電信手たちは、ニューヨーク市リバティストリート端のフェリー乗り場に一一時に集合し、船でジャージーシティまで行き、そこから楽団の乗った特別列車で運ばれたのである。

このとき、電信オペレーター四三人とその配偶者たちは、列車旅行中に楽団に合わせて歌った。夫妻が七組、独身女性が九人、既婚婦人二人とそれぞれ一人の子どもがいた。『テレグラファー』の編集者であるフランク・ポープとJ・N・アシュリー、および、ウェスタン・ユニオン社のニューヨーク市部門長フランシス・L・デーリーも同行した。列車はスクアンで停車し、土地のホテルで電信手たちに昼食が無料でふるまわれた。列車はさらにロングビーチまで行き、駅でダンスパーティをした。近くの浜辺まで散策する者もいた。午後四時一五分に、疲労と幸福感に浸っているほろ酔いの人たちを乗せて、列車はジャージーシティに向け出発した。ポープとアシュリーの報告には、「勤務では部屋にすっかり閉じこもって仕事に励んでいる電信手たちにとって、これはありがたい慰安である。今後もっとこのような行事があることが望まれる」とある。『テレグラファー』編集者のこの希望は同年七月に実現し、「ニューヨーク電信手協会（New York Telegraphers Association）第一回ピクニック」参加者を乗せた蒸気船〈フォート・リー〉が、ニューヨーク市二四番街波止場を出発してハドソン川を上り、ダンスパーティのひらかれるプレゼント・バレーまで行った。ダンスはワルツ、カドリール、スコティッシュで、シュトラウスの〈電報〉ワルツもあった。何でも見逃さない『テレグラファー』編集者は、このような遠足でロマンスの生まれる可能性があることをほのめかし、次のように書いた。「散策に適した人気のない場所もたくさんあり、紳士たちはそこに行った——一人ではなく、だれかと一緒であった」と書いた。(65)

電信手たちは芸術が好きで、単に鑑賞するだけでなく、演劇や音楽をたくさん上演した。ニューヨーク電信オペレーター・ドラマクラブは、一八九三年にマーク・トウェインの〈トム・ソーヤー〉を上演した。主演のメイ・ソーンダーズとマリオン・マクラーレンは、どちらも電信手であった。この催しでは、やはり電信手であるキティー・スティーブンソンの歌もあった。

一八九〇年代に自転車が流行したとき、女性オペレーターも熱狂的サイクリストになった。一八九三年に、ミセス・S・E・サンドバーグとミセス・L・C・ホワイト――すでに『テレグラフ・エイジ』の読者に送受信スピードのチャンピオンとして知られていた名である――は、ニューヨーク自転車旅行クラブに加入した。ウィスコンシン州オシュコシュのポスタル・テレグラフの電信所長ジェニー・チェースは、一八九四年に「自転車用に人気になった半ズボンをこの町で初めてはいて有名になった女性」と言われた(66)。

電信手の旅行と移動

一九世紀の女性電信オペレーターの特徴の一つは、勤務地を変えてよく移動することであった。鉄道会社はしばしば電信手に無料パスを出したので、電信手は仕事さがしに方々へ行くことができた。いろいろな場所へ出かけるのは、給料のよいところをはやく見つけるのに便利であった。同じ職場にとどまって昇給を待っても何年もかかるが、遠い都市の高給の欠員を見つければ簡単に収入を増やすことになった。電信雑誌にはよくこういった求人広告があったし、仕事口の情報は「電気のクチコミ」である電信ネットワークですぐにひろまった。電信手ミネルヴァ・C・スミスが一九〇七年に言ったように、

「何度も昇給要求を拒絶されるよりも、町から町へ旅して会社をたくさん訪ねる方がずっとよい」のであった。(67)

電信を職業とする女性がよい仕事場をさがして旅をするというのは、われわれにはひどく現代風に見える。アイオワ州ヴィントンの駅員の娘であったファニー・ホイーラーは、電信手になって土地の電信所にいたが、一八六〇年代後半と一八七〇年代前半にゴールドラッシュに沸くカリフォルニアの町に行った。さらに彼女は、シカゴのウェスタン・ユニオン社に移って、新設のレディーズ・デパートメントの長になった。その後すぐ、彼女は西に向かい、オマハに行き、次に一八七四年と七五年にサンフランシスコで働いた。一八七六年には、カリフォルニアの太平洋岸をロサンジェルスからサンタバーバラまで移動した。一八七四年一二月二日の『ヴィントン・イーグル』の地元出身者消息欄は、「女性にこんなことができる！」という見出しで次のように書いている。

彼女は、女の居るべき場所と呼ばれる範囲を大はばに越えて活動している。例を挙げよう。……ミス・ファニー・M・ホイーラーは、初め、ブレアズタウンのノースウェスタン街道で電信オペレーターの仕事に入った。これはヴィントンに電信所ができる前のことである。次に彼女は、他の場所――ウォータールー、シカゴ、オマハ――で電信オペレーターをした。いまは、サンフランシスコ市内の電信オフィスで上席の地位にいて、高給を取っている。ミス・ファニーは、わが国のベスト・オペレーターという評判である。シカゴでウェスタン・ユニオン社本部にいた時には、彼女はユニオン・ストック・ヤード（家畜置き場・屠畜場）線を担当した。あるときは一四〇通もの電文を全く中断なしで受信したという。こんな離れ技のできるオペレーターは、百人に一人もいない。

……この偉業は女らしくないとか慎みがないとか、言う者がいるかもしれない(68)。

ファニー・ホイーラーの評判から、女性電信オペレーターが持っていた行動の自由が一九世紀としては異例であったことがわかる。電信の熟練技術と高収入によって、電信手は仕事場所と住居を意のままに変えることができた。電信ネットワークを通じて、仕事場と旅行の情報が得られた。このように、女性電信オペレーターは、もし望むならば、家父長制社会が女性に課した境界を越すことができたのである。

シカゴのウェスタン・ユニオン社のオペレーターであるミセス・オコーナーは、相当に良い給料を得ていたので、一八七五年に母国アイルランドで休暇を過ごした。彼女はこの休暇中に、アイルランドの女性オペレーターは電信線が空いているときには縫い物や編み物をすることが許されていると知った。米国に戻って彼女ほか数名の女性はこの慣行をシカゴの電信局へ持ち込もうとした。しかし、シカゴ電信オフィスの管理者は、電信線が混んでいるという理由で、勤務時間中にこのようなことをするのを禁じた。しかし、マーサ・レインが記述しているように、ニューヨークの電信オフィスでは一八九〇年までに縫い物・編み物の慣行がひろがって一般化していた(69)。

ヨーロッパ旅行までできるほどの収入を得ていたもう一人として、メドラ・オリーブ・ニューエルがいた。彼女は、シカゴの問屋街のポスタル・テレグラフ社電信局のマネージャーで、一九〇九年の『テレグラフ・エイジ』の記事によれば、「バカンスを外国で過ごすのが習慣」であった。一九〇五年にニューエルは、ヨーロッパからの帰途の船で、ハーグ平和会議に出席のハンガリー代表団とたまたま乗り合せた。代表団のメンバーがオーストリア＝ハンガリー帝国のフランツ・ヨーゼフ皇帝の誕生日に祝賀電報を無線で送ろうとしたが、船の電信オペレーターは無線装置の操作を知らなかった。そこで、無線を多少知っていたニューエルが申し出て電報を送信した。ハンガリー代表団は彼女の助力に対し大変に感謝し、彼女をハンガリーに招待した。ハンガリーで彼女はいくつもの祝宴に出席し、議会の儀式にも主賓として招待された。『テレグラフ・エイジ』は、「ミス・ニューエルはこれを非常に名誉なこととした。しかし、彼女はそれ以上の野心は起こさずに、シカゴで最も忙しい電信局のマネジャーの職に満足してとどまっている」と書いた(70)。

宗教、親睦、および社会活動の組織

マ・カイリーやオーラ・ディライト・スミスは宗教組織に関心がなかったが、他の女性電信手は熱心に教会に通い、毎日の生活においても敬虔な信者であった。モルモン教徒のデザレット電信オペレーターたちにとって、電信は大きなコミュニティに尽くすようにとの神の思し召しにかなうものであった。ニューヨークの電信手ミセス・M・E・ランドルフは、古くからブルックリンにあるヘンリー・ウォード・ビーチャーのプリマス・コングレゲーショナル教会のメンバーであった。南北戦争中に彼女は、奴隷制反対の信念を実践すべく、メリーランドへ行って、北軍傷病兵のための補給活動を行った、メアリー・マコーリーは、アイルランド系電信手の常として、熱心なカトリック信者であり、一九四四年に亡くなった時、財産をニューヨーク州ルロイのセント・ピーターズ教会に遺贈した。

女性電信手はしばしば、相互扶助組織に加入した。これは、親睦に役立つだけでなく、解雇されたり病気になったりしたときの助けになった。M・E・ランドルフは、窮乏や失職のオペレーターを援助するグループである電信手救済会（Telegraphers' Aid）のメンバーになった。[71]

第一次世界大戦中の一九一八年九月五日に、ウェスタン・ユニオン社は女性従業員のために愛国奉仕連盟（Patriotic Service League）をつくった。戦争をたすける活動がその目的であり、メンバーは軍服に似た制服を着て訓練を受け、集会を行い、応急手当を練習し、兵士のための上着を編んだ。

講和のあと、愛国奉仕連盟はウェスタン・ユニオン婦人会（Women's League of Western Union）と改称し、親睦と教育の会として存続した。この会は、アマチュア演劇、ダンス、講演会といった催しを行い、編み物、家庭における病人介護、フランス語会話、電信、屋外スポーツの講習会をした。電信術の速度と正確さを競うコンテストも行った。シカゴではこの婦人会は、スタンダードオイルの精油所や、リングレー・チューインガムなどの近隣の工場を見学した。[72]

労働組合も、しばしば親睦の催しをした。一九〇八年にジョージア州アトランタで鉄道電信手騎士団（Order of Railroad Telegraphers / ORT）のメンバーであったオーラ・ディライト・スミスは、親睦活動のため、また、ORTおよびCTUA（商業電信手労働組合）という二つの労働組合の親睦と政治的親和をはかるべく、「双頭の南部電信手騎士団クラブ」（Dixie Twin Order Telegraphers' Club）を組織した。彼女はまた、ORTの女性援護部を設立し、四年間その部長をつとめた。[73]

多くの女性電信オペレーターは、参政権や職場での平等といった女性の主張の強固な支持者であった。電信雑誌に掲載された彼女たちの手紙には、女性オペレーターの男女平等を求める意見がたくさんあった。活動家の投書もあったように見える。セーラ・バグリーは、こういった精神を示す典型であった。彼女は、電信オペレーターの道に入る前の一八四六年に、製糸工場における労働条件改善のためにマサチューセッツ州ローウェルでローウェル女性労働改革協会（Lowell Female Labor Reform Association）を設立した。献身的な参政権運動家として生涯をおくったメアリー・マコーリーは、ニューヨーク州の『ロチェスター・ポスト・エクスプレス』紙の電信オペレーターとして働くかたわら、スーザン・B・アンソニー（米国の女性参政権運動の著名なリーダー）の秘書を務めた。(74)

電信コンテスト

女性電信手も、男性電信手と同様に、「電信コンテスト」に参加した。モールス符号の送受信の速度と正確さを競争し、賞が出るのである。一例を挙げると、一八九〇年四月一〇日の午後にニューヨーク市で全国電信トーナメント（National Telegraphic Tournament）が行われ、女性の部では、一等、二等、三等にそれぞれ賞金五〇ドル、四〇ドル、二〇ドルが授与された。ここでは、五分間に送受できる語数を競った。女性の部には八人が参加し、K・B・スティーブンソンが、五分間に二一七語（毎分四三語強になる）を送受信して一等を取った。二等は二一二語のR・M・デニスで、三等にはE・R・ヴァンシローが二一〇語で入った。男女を通じての全国電信トーナメントのトップは男性部のB・R・ポラックで、五分間に二六〇語をクリアした。(75)

のち、電信コンテストの受信にタイプライターも使うようになった。一九〇三年にフィラデルフィアで行われたコンテストは、商業電文二〇通を受信しタイプライターで書き取る速さの競技であった。ニュージャージー州ニューアークのローズ・フェルドマンが最速で、一等賞五〇ドルを獲得した。彼女はその時まだ二一歳であったが、一八九四年に一二歳で電信オペレーターを始めたので、すでにオペレーターとして九年の経験を積んでいたことになる(76)。

家族と結婚

「男女別々の空間」――女と子どもは家庭という空間に住み、業務と商業の公共の空間は男がいるところである――という観念が、一九世紀に「女の居るべき場所」としてしばしば語られた。女の居るべき場所の議論は、女性にとっては学術論争以上の意味を持っている。男性が「あれかこれかの二者択一」という理屈を言うのに対し、ほとんどの女性電信手は、二つの空間――家事と育児をする家庭の空間と生活の糧を稼ぐ公共の空間――を統合するという現実に毎日直面していた。一九世紀のニューヨーク州トロイにおける働く女性についてキャロル・タービンが述べているように、家庭生活と職場での実際問題は互いにからみ合っていて、その関係はダイナミックに変化した。女性電信手たちは、これら二つの空間を対立するものとは考えず、むしろ相補的なものと考えた。電信という公共の空間に入ろうとする女性を批判したJ・W・ストーヴァーに対して、ミセス・M・E・ルイスは次のように書いた。「彼（ストーヴァー）によれば、女の居場所は家であって、女は家庭を守るべきである。ところが、家事をきちんと行う能力は優れた電信手の能力と同じなのである――私の考えがまちがいでなければ、忍耐、誠実、数えきれない細かいことまでへの気配りなど。女性が、平均して、これらの能力において男性よりも上でないというのは当たっていない(77)」。

アトランティック・アンド・オハイオ・テレグラフの主任ジェームズ・D・リードが一八五一年にエマ・ハンターを電信オペレーターとして雇ったとき、彼は彼女をオペレーター室で働かせるのでなく、彼女の家庭空間――つまり居間――に電信線を引いた。これは明らかに、彼女の提案によるものであった。「ペンシルベニア州ウェストチェスターの家のすてきな居間に、電信線が引かれた。今でもその様子をよく憶えている。片側に電信機、もう片側に手芸のかごが置かれ、われわれの新しいアシスタント(エマ・ハンター)が電文を送受信していた。日曜日にかぶるボンネット作りや、男性である本誌編集者が知らない種類の衣類のしじゅうで部屋中いっぱいであった(78)」。

リードは、公共空間である電信オペレーター室に家庭空間のシンボルである女性を入れまいと、家庭空間に電信機を持って行ったのである。リードの行為は騎士道的であったが、結局これは成功せず、ハンターを含む多数の女性労働者がオペレーター室という公共空間に入り、女性電信手は珍しくなくなった。今日から見ると、リードの本来保守的な処方は、皮肉なことに、彼が想像だにしなかった非常に革新的な文化パラダイムを先取りしていた。一八五一年にエマ・ハンターが自分の居間で電信の送受信をしたことは、たしかに世界最初の「エレクトロニック通勤」〔通勤する代わりに自宅のコンピューターで仕事する在宅勤務〕であった。

一家の稼ぎ手としての女性電信オペレーター

ウェスタン・ユニオン社によれば、女性の電信オペレーター勤務は、女性が父親に養われる少女時代と夫に養われる結婚生活とのあいだの短い期間の仕事であった。女性オペレーターの職業生活は結婚で終結するのであり、結婚生活が「彼女たちの居場所であり、自分の生活の糧を得るための目的地である」とされた。こうして、女性従業員は男性と同じ賃金を必要とせず、理論上は彼女一人だけの生活費に相当する額を与えればよいとされた。ウェスタン・ユニオン社の『ジャーナル・オブ・ザ・テレグラフ』誌は、次のように主張している。「彼女たちは、結婚によって生活が保障されるまでのあいだの生活費しか要らないので、低賃金を受け入れるのだ」。しかし、現実は全くそうではなかった。アリス・ケスラー゠ハリスは、次にように書いている。「女は家族に養ってもらえるので男のような賃金は要らないと、雇用主は勝手に(そしてだいたいまちがっているのだが)信じ込んでいる」。実際のところ、電信で働くようになった女性はふつう、自分自身だけでなく家族・係累も養う必要があった。彼女たちの父親はすでに死んでいたり、前からいなかったり、定職についていないという場合が多かった。アン・バーンズ・レイトンは、たぶん、このような典型例である。彼女は、次のように記している。「私は、衣服と下宿代を自分で支払って、母に毎月一〇・〇〇ドルをわたし、末の妹のセーラの衣服費を補助した」。一八八三年のストライキ中に、ある女性オペレーターは『ニューヨーク・ワールド』の記者に次のように語った。「一生懸命に働いて、稼いだ給料の全額を家族を養うのに毎週使う女性がたくさんいる。家族は彼女に頼りきりなのである。電信オペレーターの仕事がないと、家族がみな飢えるほかない(79)」。

女性電信オペレーターと結婚

『テレグラファー』の一八七五年三月六日号に、シカゴのウェスタン・ユニオン社に雇われている女性電信オペレーターをたたえる詩が掲載された。これは、同社の女性オペレーターの一人が書いたものである。詩と記事の文によれば、この電信部の女性オペレーター一四人のうちで三人だけが結婚しており、一人は詩がつくられた時点では未婚であるが雑誌が刊行されるまでに結婚することになっていた。既婚者対未婚者のこの比率は、都会の大きな電信オフィスの典型であったと思われる。大多数の女性電信オペレーターは独身で、結婚すると退職した。

ウェスタン・ユニオン社のニューヨーク局では、電信オペレーターの局内結婚を会社が嫌った。マネージャーは、親に代わって娘たちを預かっている責任があると考えて、女性が電信局で働くようになった初期には男女オペレーターの交際を禁じようとした。しかし、このような制限はできなかった。一八八三年七月二四日の『ニューヨーク・ワールド』は、医学博士「J・C」氏からの次のような手紙を紹介している。

かつては、電信オペレーターのレディとジェントルマンが会話を交わしただけで解雇されるという規則が存在した。会社はオペレーター同士の結婚を歓迎しなかったが、このような結婚が多かったので、規則をつくったのである。男女オペレーターは監視され、探偵が雇われ、オペレーターを家まで尾行した。

しかし、会社に知れるかもしれないという危険は、電信オペレーターの恋愛に刺激を加えた。若い女性と結婚しようとする男は、どの一人をえらぶべきかをよく思慮しなければならないのに、危険を冒すことで理性が失われてしまうのである。

リジー・スノーのニューヨーク市内部長在任中に、男女オペレーターの交際禁止が強化された。「市内部規則」の一覧が一八七二年三月二三日の『テレグラファー』にあり、その規則7に「男性のオペレーター室に連絡したり訪問したりしたオペレーター〔ニューヨーク市内部門は女性オペレーターだけであった〕は、即時解雇される」とある。『テレグラファー』記者は、次のように評している、「知り合いの男性と言葉を交わすと、それが会社の外で勤務時間外であっても、解雇が待っている。……スパイと探偵が何人も雇われていて、女性従業員の通勤の行き帰りを監視している。規則違反はどんなことでも、報告されて処罰される(80)」。

しかし、ウェスタン・ユニオン社のニューヨーク局のこの状況はふつうの例ではなかったようで、一八六〇年代と七〇年代のスノーの任期中だけのことであった。他の局では、男女のつきあいに関するトラブルはなかった。男女オペレーターは頻繁にコンタクトし、交際し婚約し、解雇の危険なしに結婚に至った。

一級オペレーターとして生涯つとめたエリザベス・カグリーやメアリー・マコーリーのような女性には、独身を通した者が多かった。しかし、結婚して、その後もフルタイムあるいはパートタイムで働いた女性も多数いた。アビー・ストルーブルは、一八六六年にJ・L・ヴォーンと結婚してからもパートタイムで仕事をつづけ、夫の死後はメキシコ国有鉄道でフルタイムの電信オペレーターをした(81)。

夫の死後、家族を養うために電信の仕事に入った女性もいた。ヘッティー・オーグルは、夫チャールズがリッチモンド攻囲戦で殺されたので、子ども二人を養うため一八六一年にペンシルベニア州ベッドフォードで電信オペレーターになった。

やもめになったり、乱暴な夫と離婚した女性が電信オペレーターになった例もある。マ・カイリーは、最初の離婚のあと子どもを養うのに、一九〇一年にテキサス州デルリオで電信術を習った。彼女の夫ポール・フリーゼンは、家族を養えなかったのである。一九〇七年のストライキで活躍したセイディー・

ニコルズは、ニューヨーク州バッファローの警察の巡査部長であったアーネスト・ニコルズと離婚したあと、電信オペレーターの職を求めて一八九〇年代後半にバッファローを出てカリフォルニアに行った(82)。

デザレット電信のモルモン教徒の何人かは、多重婚の妻であった。メアリー・アン・ジョンソンは、ユタ州スプリングヴィルの最初の居住者の一人であったアロン・ジョンソンの四番目の妻であった。一八七七年に彼が亡くなったあと、彼女は家族を連れてアイダホ州バンクロフトに移り、彼女の子孫の多くがそこでオレゴン・ショートラインの電信オペレーターになった。

エマ・ジェーン・オールマンは、ユタ州のプロヴォとファーミントンで一八七〇年代に電信オペレーターをしていた。たぶん彼女の意志に反してであるが、彼女は明らかに多重婚をした。彼女はモルモン教徒でない男性と婚約していた。彼女の父はこれに反対で、婚約解消を命じた。父の意志に従って、彼女は一八七八年七月に、プロヴォの実業家サミュエル・S・ジョーンズの二番目の妻になった。約一年後のお産のときに、彼女は亡くなった(83)。

電信オフィスでの育児

母親がフルタイムで働きながら子どもの世話をすることには困難があり、これは一九世紀の当時でも今日でも同様である。ニューヨーク市の電信オペレーターの生活状態を調べた『ニューヨーク・ワールド』の記者は、一八八三年に次のように書いている。これは、働く母親の生活についての貴重な証言である。

記者は、電信オペレーターの住居を訪ねてみた。これらはどれもいわゆる「フラットハウス」で、豊かな家と呼んでよいと思われる。その一例は三人の子どものいる女性で、四五ドルというかなり良い月給を取り、子どもを学校に通わせて、自分が仕事に出ている間の子どもの世話に保母を雇っている。この女性は次のように語った。「私は、子どもをほんの少ししか見てやれません。朝は彼らにキスするだけで出かけなければならないし、夜に帰ってくると彼らは眠っています。しかし、子どもたちに見苦しくない生活をさせて育てるには、彼らと一緒にいるよりも出かけて働くほかないのです(84)」。

西部では、女性電信オペレーターは、家事と電信の仕事を組み合わせるという独創的な戦略をしばしば用いた。デザレット電信のオペレーターであるメアリー・エレン・ラブは、ユタ州のファウンテングリーンとモナの小さな電信所で数年間働いた。一八七〇年に彼女はベンジャミン・バー・ネフと結婚し、夫妻はソルトレイクシティ近くのドライクリークにあるネフの農場に行った。ほど遠からぬアルタで金鉱が見つかって、ドライクリークに電信所ができ、メアリー・エレン・ネフにその電信オペレーターの声がかかった。彼女はこれを引き受けた。彼女は、電信線を家まで引かせて、身重でも勤務できるようにした。一八七一年のことであった。二年後に、彼女には二人目の三ヶ月の赤ん坊がいたが、家から二マイルのサンディにあるユタ・セントラル鉄道の電信オペレーターを頼まれた、月給七五ドルという好条件であった。彼女はこれを受諾し、毎日子連れで働き、子どもの面倒を見ながら鉄道電信線二回線と金鉱への電信線を運用した(85)。

女性電信オペレーターのうちには、仕事をしながら育児ができるように家族ごと鉄道電信所に引越す者もいた。多くの駅の二階に、駅員住居用につくられ部屋があった。キャシー・トマーは、子どものときに幌馬車でカリフォルニアに来て、一八七六年にカリフォルニア州ローズヴィルの電信オペレーターG・W・ヒルと結婚した。一八八四年にヒルがなくなって、三一歳の彼女に五人の子どもがのこされた。彼女は、家族と一緒にローズヴィル駅に引越した。彼女は、そこでウェルズファーゴ急送便の代理人、サザンパシフィック鉄道切符販売人、および電信オペレーターを兼務して、子どもを育てた。(86)

電信手の子どもの多くが、両親の後をついで電信を職業とした。電信オフィスで育てられることは、電信という職へ入る絶好の条件であった。電信手アビー・ストルーブル・ヴォーンが亡くなった時の訃報は、電信オフィスにおける彼女の育児を次のように語っている。

ミセス・ヴォーンは、息子二人（ジョージ・LとH・ラトローブ）および娘二人（マッジとルシー）を電信オフィスで育てたようなものである。彼女の夫は電信オペレーターで、彼女はその助手をしていた。ほとんど本能的に、彼女の子どもたちは電信に興味を持ち、受信ベルが鳴ったときに父母が留守であると、子どものうちでだれか、キーの近くにいた子が気づいて親を呼びに行った。

次には、「マザー」ヴォーンが電信術を子供たちに教え、子どもたち全員がそれぞれ電信オペレーターになって長年働いた。(87)

愛児二人を持つマ・カイリーにとって、生活の糧を稼ぎながらの育児は果てしのない戦いのようなものであった。一九〇三年にメキシコのデュランゴで電信オペレーターをしたとき、彼女は四歳の息子カールを連れて行った。

長い間、私はカールを連れて駅に出勤していた。しかし、私が借りていたホテルの主人が子どもを預かって、彼の子どもと一緒の部屋に寝かせてくれると言った。ある夜、午前一時ごろ、寝巻姿の小さな人影が電信オフィスに近づいてくるのを、私は見た。ホテルは駅から一〇ブロック以上遠いところだったし、強い風が吹いていた。これはカールだとすぐに気づいて、迎えに守衛をやった。守衛の「坊や、怖くないかい？（スペイン語）」という声に、カールは答えた。「ノー、平気さ。暗闇が僕を食べてしまうわけではないよ（スペイン語）」。

のち、一九〇七年にマ・カイリーがダラスで働いているとき、彼女は短期間だけアマリージョに行くように言われた。行かないのが良いような予感がしたが、同僚の女性電信手の助言もあって、彼女はカールとその弟アルバ・ジェドニーをダラスのエピスコパル託児所に預けて赴任した。一週間して彼女が帰ってみると、アルバ・ジェドニーは高熱で意識不明の状態であった。彼は三日後に死んだ。彼はこのときまだ二歳であった(88)。

女性電信手が当時の人々に特異に見えたのは、彼女たちが電信という神秘的な技術を扱うだけでなく、新しい社会階層の人であったからでもある。女性電信手は、モールス符号を知っているという点で、電信に従事しないふつうの人々とはちがっていた。彼女たちは、中流階層の女性も教育と訓練によって独立した生活の能力を得ることができるという信念、および、このような生活を恥じる必要は決してないという信念を持っていた。この点でも、彼女たちは特異に見えたのである。

この新しい中流階層のエートスは、女性を入学させる電信学校がつくられたのと同じ頃に形成された。

こういう電信学校がつくられたおもな動機は、電信産業の労働力コスト削減策であった。電信学校により技術とビジネスを学ぶ教育の機会が提供されて、女性も電信を職業にすることができるようになった。しかし、電信産業のなかで彼女たちの地位が保障されたわけではない。実際には、女性が電信局で昇進して確実な地位を得るには、あからさまな性差別を乗り越えなければならなかった。公式の場に参入し、男性と対等にふるまい、方針決定をする職業、女性にそんな職業はないという観念を当時の男性は持っていたのである。

女性オペレーターのなかには、電信は人生の一時期だけ従事するもの、親の家を出て結婚するまでのつなぎと考える者もいた。他の女性オペレーターにとっては、電信は生涯の職業であった。ヨーロッパのいくつかの国の電信庁は女性従業員が結婚したら退職させたが、米国では女性電信手は結婚しても仕事を続けることが珍しくなかった。結婚した女性オペレーターは、家事と電信の仕事を組み合わせようと、独創性を発揮した。とくに、シングルマザーがこのくふうをした。女性電信手のライフスタイルは、「男女別の空間」のイデオロギーの改変を迫った。少なくとも電信オペレーターについては、このイデオロギーは修正された。女性オペレーターは、パブリックな職業空間と家庭の空間の両方を行き来した。ミセス・ルイスのように、彼女たちは生活と仕事の経験の中で「良い主婦は良い電信オペレーターである」ことを理解し、男女別の空間という区別はつくりものに過ぎないことを示したのである。

第4章　電信オフィスにおける女性の諸問題

電信産業における女性労働の研究については、一八六〇年代と七〇年代の電信雑誌に現れた記事が役立つ。そこには、ジェンダーをめぐって当時起きた事件の記録があり、さまざまなジェンダー問題と労働問題をめぐる男性・女性間の論争が掲載されている。「編集者への手紙」（投書）欄には――とくに働く女性からの投書には――一九世紀中葉の働く女性が置かれた状況や直面した問題の実情を伝える貴重な情報がある。これらは、電信産業における女性労働の問題の情報であるだけでなく、より一般に、女性が初めて大量に労働市場に参入したときにどんなイデオロギー論争が起きたかについての洞察の手がかりともなる。

米国における女性の電信への進出と『テレグラファー』誌上論争

多くの女性が南北戦争のときに賃労働を初めて体験した。男性が徴兵されて人手不足になり、また、残された女性が自身と子どもたちを養う収入を必要としたからである。この戦争中に、一万以上の働き口が女性に提供された。代表的な仕事場は、製粉所、工場、兵器廠であった(1)。

南北戦争中には、電信への女性の参入は歓迎された。男性不在で労働力が不足したので、多くの場合、女性の賃金は男性と同じであった。男性電信手は軍の電信隊に召集され、そのかわりに多くの電信オフィスで女性が働いた。エリザベス・カグリーは、七年の経験年数がものをいって、一八六二年にハリスバーグのペンシルベニア鉄道の総指令電信室勤務に昇進した。六〇年後に彼女を追悼して書かれた記事によれば、この電信オフィスは「業務の重要性に鑑みて、信頼のおける熟練オペレーターを揃えた」という。アビー・ストループルも、この総指令電信室で働いた。彼女は、一八六〇年代にボルチモア・アンド・オハイオ鉄道がピッツバーグにつくった電信学校で学んだオペレーターで、音響受信法（電信機のカチカチいう音でモールス符号を判別する）を身につけた最初の一人であった。彼女の追悼記事によればボルチモア・アンド・オハイオ鉄道の「南北戦争中の勤務で彼女はいくつもの英雄的行動をした」というが、その記録は残っていない(2)。

北部諸州のために働いた多くの電信オペレーターは、献身的であった。ミセス・M・E・ランドルフは、一八六二年にマサチューセッツ州で電信オペレーターであった。彼女が担当していた電信線に、負傷した兵士の看護を要請する電文が入った。彼女は、志願してボルチモア近くのキャンプ・タイラーに行き、傷病兵のための物資を手配した。ケンタッキー生まれのアネット・F・テリアは、マサチューセッツ州レッドヴィルまで行って、同地の兵士徴募所の電信局の責任者になり、戦争の終わるまでこの職を務めた(3)。

南北戦争で夫が亡くなり、生計の道として電信オペレーターを選んだ女性もいた。ヘッティー・オーグルも、夫チャールズの死後に電信手を職業にした。彼は下院議員で、南北戦争初期に志願して入隊し、リッチモンド攻囲戦で死亡した。彼女は、ペンシルベニア州ベッドフォードのウェスタン・ユニオン社で電信を習い、のち、同州ジョンズタウンの電信所長になった。二五年後のジョンズタウン洪水で、彼女の英雄的行動は有名になった。このときに彼女は命を落とした。(4)

南部連合においても、男性が戦争へ出て、代わって女性が電信所を運営した。南部連合の女性電信オペレーターは、北部の場合ほどには知られていないが、ジョージア州、サウスカロライナ州、ルイジアナ州、フロリダ州、アトランタ州では、南北戦争中に女性が電信オペレーターあるいは電信所長になった。(5)

少数ながら、軍の電信隊で働いた女性もいた。ミズーリ州ミネラルポイントの電信手であったルイザ・ヴォルカーは、一八六三年に電信隊に入り、この地方における南部連合軍の動きの情報を北軍に伝えた。一八六四年にスターリング・プライス軍がミズーリに侵攻したとき、北軍が退却した後も、彼女は捕虜になる危険を顧みずにミネラルポイントにとどまった。南部連合の部隊が町に入って駅を攻撃するあいだ、彼女は妹と一緒に散弾銃とピストルで武装して身を隠していた。軍事電信手は軍の指令で働いていたが、身分としては軍人ではなく市民であった。戦争後に、これら市民オペレーターの軍功を認めるよう求める運動が起きた。運動は一八九七年に実を結び、功績を認める法律を連邦下院が制定した。一八九七年一月二六日の法律による名誉軍功賞を授与された軍の女性電信オペレーターは、ルイーザ・ヴォルカーのほか、ニューヨーク州ノーウィッチのメアリー・E・スミス・ビュールだけであった。(6)

バージニア・ペニーが予言したように、多くの場合、女性も男性と同じ地位の職につくことができるようになった。しかし、これは同時に、男性が職をめぐって彼女たちを競争相手とみなすことでもあった。南北戦争という国家存亡の危機のときは、女性を電信手として雇うことは是認された。しかし、男性が戦争から戻ってくると、電信オフィスで女性の雇用をつづけることは男性の働き口を脅かすとして、反対を唱える男性があらわれた(7)。

フィリップ・フォーナーが著書『女性と米国の労働運動』(*Women and the American Labor Movement*)で述べているように、労働市場への女性の参入に全米が注目している状況のもとで、電信オフィスにおける女性の存在について一八六〇年代中ごろに論争が繰り広げられた。雇用者は、初め、男性労働力が足りないので女性を雇ったのであるが、女性を低賃金で使えば経費を節減できることに気づいた。かつては女性の組合加入に反対していた労働組合も、非組合員である女性が働いていると男性の賃金も下がることを理解するようになった。女性を組合員にして、男女同一賃金を雇用主に要求しないといけないと気づいたのである。女性労働者の方も、賃上げを求めて組織をつくった。一八六三年にニューヨーク市で結成された働く女性組合(Working Women's Union)は、その結果の一つであり、この組合は女性の賃金増加——とくに縫製産業における——を求めた。結果のもう一つは、それまでは男性ばかりであった労働組合や職業団体への加入を目指す動きが女性のあいだに起きたことである(8)。

男性オペレーターの利益を守るための団体の最初は、一八六三年に設立されたナショナル・テレグラフィック・ユニオン(NTU)であった。NTUのねらいは親睦と経済面の扶助であり、政治的なものではなかった。その憲章の前文は、次のような目的で電信手が団結することをうたっている。「目的は、苦難に陥ったときの相互扶助、電信手という職業の性格とステータスを守りかつ高めること、われわれと雇用主との対等で協調的な関係を保ちかつ緊密化すること、電信手の友愛関係一般を増進すること」。この文書は、戦闘的な言葉を避けている。NTUは、労働組合ではなく、専門職団体であった。共益団体としてのNTUの主要な務めの一つは、窮迫したり失職した仲間を扶助することであった。

NTUが一八六四年に刊行を始めた『テレグラファー』誌上で、ジェンダー問題の白熱した議論がかわされた。『テレグラファー』はひろく読まれ、読者は当初は「イタリアから太平洋岸まで、カナダからパナマまで」に二千人いて、その数は急激に増大した。一八七〇年には、同誌は隔週刊で、全米の約八万人の電信手がこれを読んでいた。ただし、ウェスタン・ユニオン社従業員は、就業中にこれを読まないように気をつけていた。ウェスタン・ユニオン社が同誌を敵対的であるとみなしていたからである。[9]

一八六四年一〇月三一日の創刊第二号『テレグラファー』に「スザンナー」からの投書が掲載されており、「われわれ――あなたの姉妹である女性オペレーター――の数は急速に増えている」とあって、NTUメンバーと結婚しなくても「女性がNTUに加入できるだろうか?」と質問している。この手紙への返信はニューヨーク市ブロードウェー一四五番地のアメリカン・テレグラフ社のオペレーター室へ、となっていた。同社は一八六六年に

図19 ニューヨーク市ブロードウェー145番地のアメリカン・テレグラフ社のビル．1866年．ウェスタン・ユニオン電信社コレクション（1848～1963年）の許諾により，スミソニアン・インスティチューション国立アメリカ歴史博物館アーカイブスセンターから，SI neg. #89-12925．

ウェスタン・ユニオン社と合併し、このオペレーター室もウェスタン・ユニオン社の電信オフィスになった（図19参照）。

スザンナーの質問に対し、『テレグラファー』の編集者ルイス・W・スミスはイエスと答えた。「入会資格を満たす限り、彼女とその姉妹たちがメンバーになるのを拒む理由はない。……あなたが電信オペレーターの資格を持っているならば、あなたの入会を断ろうとする男性はいないであろう。NTUは電信オペレーターという職業者の会であり、男性・女性を区別する個人の会ではない」と、彼は明言した。[10]スザンナーの手紙は討論を始めるために編集者がつくったのかもしれないし、あるいは、手紙を送るようにスミスが投書者を誘っただけなのかもしれない。いずれにせよ、この手紙は何年間にもわたる論争を呼び起こし、スミスが編集者を退任してからも論争は続いた。

一八六四年一一月二八日の『テレグラファー』に、「スパーク」名（電気の火花の意味があり、仮名であろう）の男性からの応答があった。彼は、入会を「彼女たちが慎んだ態度で懇願する」ならば、「加入しようとする女性電信手をNTUが歓迎する」のは喜ばしいことだと、いんぎん無礼に述べた。続けて、「この職業の何人かの男性に、女性が電信オペレーターとして働くことに対する偏見がある」とし、その偏見の理由を列挙している。彼は、次のように、女性オペレーターの技術レベルに疑問を呈した。「送信でも受信でも女性オペレーターにエラーが多いのは、議論の余地のないことである。……彼女たちの非常に多数は、正書法においても全く不十分である」。当時は記帳事務は主に男性がやっていたので、男性事務員からの苦情がスパークの発言の背景にあったのであろう。シンディ・アロンの『行政にたずさわる男性と女性』（*Ladies and Gentlemen of the Civil Service*）によれば、女性が事務労働者として最初に雇われたのは南北戦争中の財務省においてであり、多数の女性が事務員としてオフィスにいることは一八七〇年代まではなかった。オフィス事務の女性化以前の時期には、電信手にとって必要な能力である書写術は男性の方が優れていて、電信手となった女性たちにはハンディキャップがあったのである。

スパークは、「女性の不愉快でキザな、〝クリッピング〟と呼ばれる送信スタイル」も攻撃した。クリッピングは、「女性オペレーターにひろく好まれ」ていたという。クリッピングとはモールス符号のドット（・）の長さとダッシュ（━）の長さのちがいが明確でないやり方で、受信オペレーターはドットとダッシュの識別が困難になるのであった。

しかし、女性が電信手として働くのにスパークが反対した本当の理由は、女性オペレーターが同僚男性に対して従順でなく、十分な敬意も表さないことであった。「私は、女性オペレーターの何人かが電信の送受に際して威張りくさっていて無礼であるのを知って驚き、かつ悲しく思った。これでは、同僚男性との協働精神を培うことはできない」とスパークは書いている。もし、女性オペレーターが多数の欠点を直すつもりがあって、「この職にふさわしいように自己改造する意志があれば、彼女たちの前途は大きく開けるであろう」と、彼は結んでいる[11]。

スパークの非難に、女性電信オペレーターたちはすぐに応答した。一八六四年一二月二六日の『テレグラファー』で、女性オペレーター「134」（スラング化した常用の電信略号で「そちらのオペレーターは誰か？」を意味する）が次のように反論した。「女性オペレーターに反対して彼が〝偏見〟（prejudice）という語を使ったことを、われわれは知っている。〝偏見〟という語は……ウェブスター辞典によれば〝浅はかな考え〟、〝侮辱〟、〝名誉毀損〟という重大な意味があるから、スパークが述べたことは架空の話であるはずであり、〝偏見〟という語を使うならばスパークは責任を取らなければならない」。134はさらに、遠まわしながら次のように指摘した。生計のために女性が働くのを受容することは中流階層の信条にかなうものであり、ほとんどの電信手はこの階層に属することをと望んでいて。啓蒙されていない労働者階級——電信手の大半はこの階級出身であるのだが——の価値観は、これと反対である〔つまり、スパークは労働者階級の人間だということになる〕。134は続けて、「この感情〔女性オペレーターへの偏見〕は、教育と精神文化の最上層にある紳士には見られない——われわれ女性オペレーターの利益に反対する者は、良い階層に属さない人である」と書いた。さらに彼女は、女性の参入に脅かされると思うのは、技術と階層において最低の男性だけであるとし、「仕事の能力の低い者ほど文句を言う」と述べた。134は、地方の電信局における女性オペレーターの実務について述べている——彼女自身が地方勤務のオペレーターであることがわかる。「私は、あなた方都会のオペレーターについてはくわしくないが、地方局における女性オペレーターのことは誰よりもよく知っているし、そこでは仕事のミスなどない」とある。地方の電信局の運営——一九世紀における女性労働の研究において見過ごされてきたトピックである——においては、広い範囲の事務・管理能力が必要であった。末端の電信局では、簿記、本部への定期的な送金、電報記帳、物品管理などの業務をしなければならなかった。134の主張によれば、これらの仕事をぜんぶこなす地方のオペレーターに女性が多いことは、女性がビジネス能力でトップであることを示していた。134は、最後に、「電信のエラーの大多数が女性オペレーターのせいだと、あなたは本当に確信しているのだろうか？　……あなたは自説を取り消すべきである。私は、正義のためにこれを主張する」とスパークの言明の撤回を要求した。

「そちらのオペレーターは誰か？」という仮名自体が、ジェンダー問題を一見それとなく、しかし実ははっきりと示している。電信という通信には男女の別はなくもともと中性であって、送受信の相手オペレーターの性別はわからない。エラーの多い女性オペレーター特有のスタイルがあるという主張もあったが、これと反対のことも男性オペレーター多数によって語られている。立派な送信スタイルであったので相手オペレーターを男性だとばかり思っていたのに、あとで女性オペレーターだと知って驚いたというのである。

「雷」と署名した別の女性電信オペレーターは、134の投書が載った号の『テレグラファー』で、男性オペレーターが女性オペレーターに対して男性同士の場合よりも手厳しくする傾向があるとしている。受信相手が女性とわかると、わざと受信不可能な猛スピードで送信して、再送信請求させるのだという。彼女は「われわれは、ヨブ〔旧約聖書「ヨブ記」の主人公で、理不尽な苦難を耐え忍んだ〕のように、何度も二度がまんをしなければならない。極端なスピードで送信してくる男性オペレーターが何人もいる。受信を二度もくり返さなければならないなんて、時間を無駄にしてどう思っているのだろう?」と書いている〔高速でモールス符号を送信・受信できるのが電信手の腕の自慢であったが、実際の通信では受信相手が追従できる速度で送信しないと、受信オペレーターから再送信を請求された。再送信請求は、受信オペレーターの腕が悪いことを示すので、恥をかくことになる。受信相手を見下して超高速で送信し再送信請求させるのは、いやがらせである〕。

同誌一二月二六号には男性オペレーター「T・A」の投書があり、彼は電信手という職業への女性の参入に「スパーク」よりも強く反対した。「非常に多数の女性が、電信術を習っていて……電信会社のおかげで無料で教わっており、電信術を習得すると会社の電信線に配置されることになっていて、働き口も保障されている」と述べ、女性の参入に警鐘を鳴らした。

T・Aは、女性を電信オペレーターとして訓練して雇うアメリカン・テレグラフ会社のコースのことを言っている。この訓練コースは、同社の技師長マーシャル・K・レファーツの指揮で始まったばかりであった。これが男性オペレーターにもたらす結果を、T・Aは次のように予言した。「どんなことになるかというと、女性が男性よりもずっと低い給料で働くであろう。そうすると女性の方が会社に好都合であるので、次第に女性が男性を駆逐するだろう」。T・Aは、男性は働き口を守るために団結すべきであり「電信オペレーターが〝困難な状況〟から自身を守るためには、ナショナル・テレグラフィック・ユニオン（NTU）に女性を入れないようにし、かつ、女性オペレーターを職につかせないようにすべきである」と述べた[12]。

一八六五年一月三〇日の『テレグラファー』では、「オーロラ」という女性が、NTUへの女性の加入──「現在のメンバー（男性）と同じ権利を持つ会員として」加入すること──に反対する男性オペレーターの主張を非難した。男性オペレーターが電信線で悪態をつくことを彼女は嫌い、「こういう悪態は、われわれ女性が電信にいることへの拒否であり、男性オペレーターたちと同等であることへの拒否である」と述べた。電信線を介した無礼な言葉に対して、オーロラは直接の、しかもやや過激な対応を唱えて、次のように書いている。すなわち、「オペレーター姉妹たち、この種のいやなことが送信されてきたら、回線を切ってしまうことにしよう。電報が数秒遅れても、人の心がこんなふうにして踏みにじられるのに比べれば、大したことではない」。また、オーロラは、男性オペレーターと同等になるのに女性が直面する現実として、電信線による暴言のほか、「もうもうたる安葉巻の煙」を挙げている。

オーロラの言明は、女性が道徳面では男性よりすぐれているという主張であるから、「男女別の空間」のイデオロギーの影響を受けている。しかしまたここには、女性は男性からの侮辱に対抗して共同行動すべきであるという戦略も見られる。悪態が送られて来て回線を切断すると、電信会社にとって時間と金の損失になり、顧客の電報が届かない恐れがある。すぐにウェスタン・ユニオン社は、電信線で悪態をつくことを禁じた。ウェスタン・ユニオン社の規定集一八七〇年版の34条には、「悪態、卑猥な、その他の紳士的でない言葉の使用は、わが社の電信線とオフィスでは許されない」とある。

一八六五年一月三〇日の『テレグラファー』で、スパークは134に応えて、「優れたビジネスの技量を持たない少数者は、女性との競争を大いに恐れる理由がある」ことを認め、彼自身は進歩的意見を持つ中流階層に属するという考えを表明した。彼は女性オペレーターが技術ではまだ男性と同等でないと思っていて、「女性オペレーターの技量が上達するまでは、一級電信オペレーター（男性）には競争相手が現れる心配はないであろう」と述べ、さらに「女性オペレーターが男性の一級オペレーターと競合するなど、ほとんどあり得ないであろう」とつけ加えた。スパークは、女性オペレーターの正書法・筆跡への言及は「一般化しすぎていた」かもしれないと認めた。しかし、クリッピングや電信線上で男性オペレーターへ払うべき敬意についての発言の取り消しは拒否し、その根拠として次のような例を挙げた。ある女性オペレーターのクリッピングを彼がとがめたところ、「私の送信を受信できないなら、もっと上手なオペレーターに受信させればいい！」とやり返されたという。このエピソードから、一八六〇年代という比較的早い時期から、女性オペレーターも電信線上でけっこう乱暴なことを言っていたとわかる。女性オペレーターにエラーが多い（と言われていた）のは、スパークによれば、「女性が生まれつき持つ〝結論を一足飛びに求める〟性癖」から来るのであった。対蹠的に「男性は、事実と論理に基づいて結論する。そして男性は――少なくとも電信の場合は――衝動的な女性同僚よりもエラーを出しにくい」と彼は述べた。[13]

『テレグラファー』の一八六五年一月三〇日号に、女性電信オペレーター「マグネッタ」（電信機の電磁石・マグネットをもじった名）の手紙がある、彼女は、女性をNTUに入れるべきでなく電信オペレーターとすべきではないというT・Aの主張を、反キリスト教的であり反進歩的であると論難した。彼女は「私は自問した。いったい私は本当に一九世紀に生きているのだろうか？　それとも今も野蛮な未開時代で、利己主義の神が崇められているのだろうか？」と述べ、T・Aは「キリスト教世界にいるのを忘れているのか」と問い、「異教の暗黒時代に戻そうとしている」と非難した。「レファーツ将軍はT・Aの言うような利己的な動機で女性がオペレーターになる道をひらいた」はずはない、と彼女は主張した。ヘンリー・ウォード・ビーチャーやジョン・B・ゴフらの女性の権利擁護者でさえ「女性が本来いるべき空間という観念を人々に説いた」のに、「レファーツ将軍は、われわれ女性に助力の手を差し伸べて、最良の男性と同等の能力があることを実証する場（多少の忍耐を要するにせよ）をわれわれに与えてくれた」のである。マグネッタは、男女同一賃金の問題もとりあげ、「われわれ女性が男性と同じ仕事をしているのに賃金が安いのは、言語道断である」と論じた。怒れる彼女はT・A個人を槍玉にあげ、「困難から身を守るためだと言って、女性をNTUから排除し、電信線から排除するとは！　これがあなたの本性なのだ！　ことの重大さをよく考えてほしい。こんなあなたのためにあなたの母がいまも家であなたのシャツを洗い、あなたの妹があなたの長靴を磨いていると思うと、ぞっとする。……私が電信オペレーターになると、あなたは〝困難な状況〟におちいるんですって？　どんな困難なのか、いくらでもあなたの想像を膨らませればよい。あなたは昇進して日給五〇セントの電報配達ボーイになってもよいのですよ」と書いた。

同年二月二七日の『テレグラファー』は、NTUに女性が加入する権利を擁護する男性の電信マネジャー「S・W・D」（投書者の名のイニシアル）の投書を掲載した。彼は、女性電信オペレーターを許容すると「その結果は男性オペレーターが飢えるだけである」という男性の考えに理解を示しながらも、

「その損害は心配するほど大きくはないから、だいじょうぶだ」と述べた。さらに、「生計のために女性が電信従業員になるのを阻止しようとしても、必ず失敗するであろう」と述べ、また、「男性が世界で自分の道を見つける機会はいくらでもあるのに、女性が自立してやっていける職はわずかしかない」ことを理解するように、と男性オペレーターに説いた。

S・W・Dは、「女性は電信オフィスの仕事に必要な能力に欠けているという話を、よく聞く」と述べ、職場における心理を次のようにうまく解説している。「こういうことを言う人（男性）は、他の性（女性）への恐れを抱いていて、これを知られるのを本能的に隠そうとする。〝女は無能だ〟という非難は、彼らの恐れの表現なのだ」。

S・W・Dによれば、彼の意見は自身の経験に基づいていた。一八五〇年代か六〇年代初めに、西部の電信局で彼は五人か六人の女性をオペレーターとして採用した。「彼女たちは、男性オペレーターたちと同様に、仕事をてきぱきときちんとこなした」と言う。彼は、「彼女たちのオフィスは、きれいに整頓されていて――男性オペレーターのオフィスはそうではなかった――模範的であった。彼女たちは、勤務時間中には、文字通り〝手を休めず〟働いた。彼女たちについて、ぞんざいだという客からの苦情は一つもなく、仕事を怠けることもなかった」と強調している。彼の手紙の結びは次の通りであり、女性の権利についての当時の進歩的男性の見解がよくわかる。

男性と女性のあり方を改善するための改革について、われわれはまだ学ぶ途中である。女性が男性と同等に「生存、自由、および幸福を追求」する権利を持っていると、われわれは信じる。他の性（女性）の権利を犠牲にして自分たちだけの特権を得ても、結局は災厄にしかならない。ことわざに「焼鳥にされるために小屋に帰ってくるニワトリ」というではないか。……女性電信オペレーターの是非についてNTUが公式決定をするだろうという噂がある。NTUがアクションを起こして、十分に討議したうえで、組織としての方針を決定し記録に残すことを、われわれは希望する。

『テレグラファー』の編集者ルイス・H・スミスは、明らかに、女性電信オペレーター問題の議論が引き起こしたあつれきと不和に驚いた。この二月二七日号の「レディ・オペレーター」と題した編集者の言葉で、彼は議論を終息させようとした。このトピックが呼び起こした感情の強さは、彼には予想外であった。彼は、「ここで単純に議論を終わりにしよう。これ以上の議論はどちら側にとってもプラスにならず、不快な気持ちを呼び起こすだけだ」と述べた。

スミス自身は、女性が電信を職業としてNTUに加入することを強く支持すると宣言した。しかし彼は「われわれの見解はラジカルと思われるであろう」と思っていて、「同性」（男性）には少数の同調者しかいないであろうと述べた。彼は、同性の電信手に、「あなたは彼女たちの兄弟なのだから、姉妹である彼女たちに生計のための正業の機会を与えるべきである」と説いた。これは一八六〇年代においては率直な表現であり、男性たちは「彼女たちが不正直な方法で生計を立てるのに反対してこなかった」と付け加えて、彼女たちが生きるために売春婦になるという可能性を指摘した。「女性の権利は、いまではお題目であったり、文脈によっては非難の対象であったが、遠からず認められるであろう。すべての改革がそうであったように」と書いている。彼の先見性は敬服に値する。

『テレグラファー』編集者スミスは、「女性にどんな仕事があるか、考えてみよう。女性の全員が結婚するわけではなく、全員がシャツを裁断したり洗濯やアイロンがけができるとか、縫い子になれるわけではない」と述べて、女性の職場がかぎられていることを指摘した。彼は、女性の雇用におよぼした南北戦争の影響を、「この戦争で多くの女性が夫を失って、保護されずに自力で生計をたてる苛酷な世界に放り出された」と書いている。スミスは、次のように論じた。

女性を電信から排除する理由は何もない。誰にも与えられている機会を女性にも認めることは、われわれの義務である。「レディ・オペレーター」が電信術を身につけていて向上心を持っているならば、彼女たちの存在がオペレーターの賃金を下げるおそれはない。若い女性に電信の初歩を教えただけで、一人であるいは女性だけでオペレーター室に隔離し、知識を得たり一級の人に見習う機会を奪うのは、重大な過ちである。もし男と女が逆だったら、男はどうなっているだろうか？　もし、われわれ男性が何世紀ものあいだ女性のように自由な行動を禁じられて外の世界から閉め出されていたら、われわれは今日のように男の優越を自慢できたであろうか？

スミスは次に、仕事の能力という点を論じた。「結論を一足飛びに求める」という性癖は、女性がビジネスの話法になれていないだけのことである。女性オペレーターが商取引用語である'fob'（本船渡し）を'feel'と受信したり、「C・O・D」（代金引換え渡し）を'seed'としたりするのは意味を知らないだけのことで、ベテランにきいて教えてもらえばよいのである。

スミスは、他の職業の女性の労働条件を引き合いに出し、先だって訪ねたニューヨーク市の印刷工場について説明した。「一〇フィート四方にも満たない狭い部屋に、一ダース以上の女性植字工が詰め込まれ、蒸し暑く、むっとする臭いがしている」のに、「隣室（一〇〇×三〇フィート）には男性植字工六人がいて、部屋は広く、空気はたっぷりでさわやか」であった。「女性は単純な植字しかやらせてもらえず、男性植字工とは同等でないと見なされ、労働の対価を切り下げられている」とスミスは述べた。結びとして、読者に「これらの例もくらべて、あなたの結論を考えてほしい」と呼びかけ、「なぜ女性が劣っていると言われるのか、その理由を見つけるのは容易である。人間を六〇年も奴隷の状態に置くと、優れた職人にはならないものだ（哲学者になる人もいるかもしれないが）」と述べた。(14)

女性の電信オペレーターへの参入とNTU加入の権利を擁護するルイス・スミスは、雄弁で、議論には熱がこもっていた。彼には、NTU大会で『テレグラファー』読者である電信手に女性加入の動議を支持させようというねらいがあった。スミスおよびNTU幹部のうちで女性電信オペレーターの主張に同情的であった者は、女性会員権の問題を一八六五年九月四日にシカゴで開催されるNTU大会で投票にかけることにした。『テレグラファー』誌上の論争がNTU会員の記憶に残っているうちに、ことを進めようという戦略であった。

NTUのシカゴ大会で、ケンタッキー州ルイスヴィル支部代表のJ・J・フラナガンが、次のような動議を提出した。「決議。NTU憲章で定めた資格を満たす女性電信オペレーターは、NTUに加入できる」。フラナガンは、「これに議論の余地はないと、私は思う。憲章には、三年の経験（音響機でも印刷電信機でも）のあるオペレーターはだれでもNTU会員となることができる、とあり、黒人とか白人とか、女性とか男性とかいう条件は一切つけてない」と説明した。憲章に謳われている平等主義を強調しつつ、フラナガンはジョージア州サバンナに黒人オペレーターがいて、音響受信に堪能で完璧なオペレーターであると述べた。

フィラデルフィアの電信手でNTUの会計であるジェームズ・パトリックは、サバンナの黒人オペレーターのことは聞いたことがないが、ジョージア州メーコンの「ムラート」（白人と黒人の混血）オペレーターを知っているとコメントした。ボストン代表のJ・W・ストーヴァーは、この動議は女性オペレーターを入会させるよう各「地方支部」の長に義務づけるのか、と質問した。フラナガンもパトリックも、女性オペレーター入会を支部長に義務づけないことで、一致した。パトリックはフラナガンの憲章解釈に次のように疑問を呈した。「電信オペレーターに限るとはどこにも書いてない。フラナガンの解釈の通りだと、どんなオペレーターでもよいことになる。動議文によれば、ミシンのオペレーターも入会できることになる」。

次に、ストーヴァーが動議に反対して発言した。彼によれば「女性オペレーターの存在は、電信という職業にとって名誉でもないし、飾りにもならない」のであり、「それは彼女たちが子ども時代に受けた教育が、ビジネスに向いたものではないからである。その結果、女性オペレーターには失策がつきものということになっている。だから、重要な回線の責任者である主任電信手はだれでも、女性オペレーターに仕事はさせられないと思っている。私は実情を知っているのだが、女性オペレーターは雑草のようなもので、なるべく早く除去すべきである」。パトリックは、この議案を棚上げするという動議を提出した。これに対し、フラナガンは議案撤回を拒否し、投票にかけるよう要求した。女性をNTU会員とする決議案は、二一対五で否決された[15]。

『テレグラファー』編集者ルイス・スミスは、同誌一八六五年一一月一日号で、この動議が否決されたことを読者に知らせた。しかしここで彼は、NTUの憲章も定款も女性の入会を禁じていないと主張した。NTUは女性の入会を禁じておらず、女性の入会を奨励する決議が否決されただけだという解釈である。そして彼は、NTU入会を申し込んでみるよう、女性オペレーターに勧誘した。これを試みた女性がいたかどうかは、記録に残っていない。

まもなく、この問題はもっと広い場で論じられた。一八六五年一一月二六日の『ニューヨーク・タイムズ』紙は、ニューヨーク市の電信手ミセス・M・E・ルイスからの手紙を掲載した。彼女はNTU大会におけるストーヴァーの発言に強く反発し、仮定法を使って次のような疑問を呈した。

NTUの憲章があなた方の矜持を示していると、仮定しよう。それならば、NTUは洗練された教養ある女性が入会する健全な団体の一つであり、電信を職業とする女性をあなた方男性と同じ条件で迎え入れて同じ権利を与えるはずである。これによってあなた方は少しでも損害をこうむるであろうか？　不利益のかけらでもあるなら、見せてほしい。損害や不利益とは正反対に、あなた方は大変に称賛されるであろうし、NTU会員となって私たちが得るものよりもずっと大きな利益をあなた方は私たちから得るであろう。女性の加入がこういった団体にとって害となるかどうか、今後の歴史が明らかにするにちがいない。

ミセス・ルイスはさらに、ストーヴァーの「女性オペレーターの存在は、電信という職業にとって名誉でもないし、飾りにもならない」という発言を取り上げ、次のように反論した。「電信という職業にとって名誉でもあり飾りにもなる女性オペレーターが、何人も実在する。まちがった言説よりも事実が女性電信オペレーターの成功を証明している。主任電信手のほとんどが、女性オペレーターを〝雑草のように除去する〟のではなく、広く門戸を開いて多数雇うようにしている。女性オペレーターは、男性オペレーターよりも効率よく仕事をするので、賞を授与されることも多い」。電信業で女性の雇用が減少する――ストーヴァーが考えていたように――のではなく増加しているというミセス・ルイスの指摘は、当たっていた。この時期以後、一九世紀を通じて、電信手として雇われる女性の数は増加を続けた。ミセス・スミスは「女性オペレーターの経験年数はあなた方男性のベテランよりも短い場合が多いけれども、送信術について言うかぎりでは腕前は男女ともだいたい同じである」とし、次のように続けた。「雇用関係における信頼性、熱意、協調、勤務時間中の集中、オフィスの整頓、顧客に対するていねいさ、金銭にまちがいがないこと等々において、私たち女性はあなた方男性よりも上である(16)」。

J・W・ストーヴァーは、『テレグラファー』一八六六年一月一五日号で、自説を擁護して次のように述べた。「一級電信オペレーターにランクしてもよい女性が米国に二人か三人いる」が、これは例外であって、「女性というものが信頼できる熟練オペレーターの条件を満たすことはできないのは実証された経験則である」。彼の見解では、良いオペレーターになるには「ビジネス一般の知識、電信線に関係する電気および自然現象に関する知識、手書きの文を読む高い能力、強い忍耐力、応用力」が必要であり、彼の経験によれば「これらの能力は女性にはめったに見られない。その理由は問うまでもないこと」であった。ストーヴァーは、これら電信オペレーターに求められる能力を男性に固有のものとして描き、電信は男性に最も適した職業であることを示そうとした。彼が列挙した能力（電気の知識を別として）は、事務員や筆耕者が女性を自分たちの職業に入れさせない理由づけと同じであり、男性の能力という固定観念にすぎないのであるが。

ストーヴァーはさらに、電信手に求められる能力は「女らしい」ふるまい――一九世紀にそう考えられていた――とは全く合わないと、主張した。ビジネスで成功した女性はたぶんレスビアンであると彼は述べ、「ビジネス一般の知識は女性には本来なじまない。ビジネスのできる女性は、自然の気まぐれが生んだ奇形であって、女の姿をしているが男性の気質を多く持っているのだ」と説明した。彼はさらに、「電信オフィスで女性が成功するのは、女らしい性格を犠牲にする場合だけである」と断言した。「やさしくて女らしい女性ではなく、意志が強く自信家の女性が優れた電信手になれる」のだという。

彼はまた、女性がビジネス知識を持たないのは、教育の機会が不足しているからではなく、女性の読むものが限られているからであると述べた。「外国のニュースや商品市況や株価の新聞記事を女性が読んでいるのは、めったに見ない。彼女たちは、ローカルニュースや訃報や結婚の記事にひきつけられるのである」。ストーヴァーの自説擁護は、女性は昔ながらの女の活動に閉じこもるべきであるという結論で終わっている。「若い女性は、ビジネスという男性の職業をやろうとするよりも、良妻賢母の理想に近づこうと必死に努力するべきである。その方が男性・女性の双方にとってずっと良いであろうし、そうすれば、若い男性の非婚連盟も不要になるであろう[17]」。

ストーヴァーの弁解は、『テレグラファー』誌上で女性からのさらなる反論を呼んだ。一八六六年二月一日号掲載のM・E・ルイスの主張を見ておこう。彼女は、ストーヴァーの論点を五つに整理して反駁した。「私のお粗末なビジネス知識が許す範囲であるが、彼に答えよう」と皮肉をまじえて、彼女はとくに次の二点を強調した。まず、女性はビジネスを理解しないという攻撃に対して、女性が自立した生活ができるように学校で女性にもっとビジネス教育をすればよいと主張した。

第一に――女性がビジネスを理解しないとしたら、それは男性の落ち度である。男性が正しくふるまえば、すべての女性が学校で、あるいは卒業後に、ビジネスを教わるはずである。そうすれば、自分のことを自分で処理できるようになり、不誠実な管財人や不正直な弁護士や、跡取りや財産所有者にだまされたりする――よくあるように――ことがなくなるであろう。

次にルイスは、商業活動は女らしくないという意見に矛先を向け、ビジネスで成功した女性の例を挙げ、フランスでは女性の商業活動がふつうであると述べた。

第二に――女らしい女はビジネスがわからないという独断について。多数の女性がビジネスに従事していることから、これが全く誤りであることがわかる。われわれの世代の最も繊細で洗練された完璧な女性的な女性――非常に愛らしく、誰からも愛されるフローレンス・ナイチンゲール――は、組織家および行政家として傑出したビジネス能力を持っており、その能力はA・T・スチュアート〔スチュアート・デパートの創始者〕もうらやむであろう。それだけではない。ストーヴァーの独断は、よく知られているようにフランスでは女性のビジネス活動が一般的であることからも、まちがっているとわかる。フランスでは女性が、たとえば、販売員、事務管理者や簿記係をやっているのであり、これらの職業には優秀な電信オペレーターと同じ能力が求められるのである。

ミセス・ルイスは次に、女性による地方の電信所運営に関するストーヴァーの言葉を根拠にして、女性はビジネス能力を有すると論じた。

第三に――ストーヴァー氏は、小さな電信所ならば女性でもうまく運営できるかもしれないと言った。実際に存在する電信局の大多数は、小さな電信所である。ストーヴァー氏は、自分の言によって、電信オペレーターのうちの大きな割合が女性であることを認めたことになる。

女性が平均して電信オペレーターとして男性と同じく有能であるとは主任電信手やマネージャーは考えていないというストーヴァーの断定に、彼女は次のよう反論した。

第四に――この点は、実績によって将来明らかになるはずである。私の知っている主任電信手は、ストーヴァーが示したのと反対の考えを持っている。彼らは、女性オペレーターが男性オペレーターと同じように有能で誠実であり、信頼できることを体験してわかっているからである。

「電信線で送られる電文は、女らしい女がわかるものではない」というストーヴァー説に、彼女は次のように答えた。

第五に――「電信線を通るビジネスメッセージは女性が知るのに適さない性質である」とすれば、それは送信オペレーターの落度であるにちがいない。正しいビジネスにそんなものがあるはずはない。だから、ストーヴァー氏がここでどういうことを言おうとしているのか、私にはわからない。

女性が行うには電信という仕事は汚すぎるという議論について、ミセス・ルイスは家の大掃除にたとえた。

第六に――電信は汚いから女性は関与してはいけないという論法、これは誤った結論に導くおそれがある。政治は汚いから聖職者は関わってはならないという議論と同じである。人々を電信からも政治からも遠ざけようとするのはまちがいである。きれい好きな人々が汚れを掃除するのを応援するべきである。女性電信手の是非は、ビジネス自体が決定する。もし女性電信オペレーターが無能で費用がかかるばかりならば、電信を所有する賢い男性と管理者たちはすぐ事態に気づいて、彼女たちを解雇するであろう。しかし、女性オペレーターが誠実で仕事が確かで費用が安くつくならば、彼らは女性オペレーターを雇うであろう。実際に進行しているのは後者であり、女性オペレーターの数は増加中である。

最後にミセス・ルイスは、電信を男性の職業として描き出そうとするストーヴァーの意図を攻撃した。良い電信手に求められる条件は女性の職業とされる簿記係の場合と同じであるとし、さらに次のように述べた。

第七に――ストーヴァーの議論を全く覆すようなことが、もう一つある。彼に従えば、女の居場所は家であり、女は家事をせよということだ。ところが、良い主婦の条件は根気、誠実、非常に多数の面倒な細事までの処理能力であって、まさに良い電信手の条件と同じである。これらの条件について女性が平均して男性に劣るとは、私は思わない。(18)

三月の『テレグラファー』でストーヴァーは、もっと辛辣な批判を「ジョージー」(女性)から浴びせられた。彼女は「女性電信手は、どこで働いている者でも、全員が『テレグラファー』の読者であると信じる。『テレグラファー』を読むとまちがいなく役に立つからである。女性電信手たちがボストンのＪ・Ｗ・ストーヴァーの断定的見解から利益を引き出すよう、希望する」と書いた。彼女はさらに、ストーヴァー説が男性読者にも役立つだろうと述べた。なぜならば、彼らの多くが女性電信手と結婚するという「悲しむべきミステーク」をするからである。ストーヴァー説に従えば、「これらの妻は、当然ながら、感性に欠けて女らしくなく、恐ろしく頑固でうぬぼれである」はずである。ジョージーはさらに続けた。

あなたの妻がビジネス知識を持っていてオペレーターとして成功しているのは、喜ぶべきことではありません。とんでもない！　これは、あなたの妻が「女らしくなく、男みたいであることの証拠です。そうです、あなたには罰が当たるのです。あなたはつつましく知的で可愛らしい妻を持ったつもりでいて、だまされているのかもしれない。その状態が長続きすることを一緒に祈りましょう。ストーヴァー氏は、誰もあなたの結婚をうらやまないと確信して書いています。(19)

電信という仕事は「女らしい女」には向かないというストーヴァーの言明は、多くの女性オペレーターに深い恨みをのこした。彼女たちは、自立、自負心、ビジネスの知識といったことは自分および家族にとって役に立つ長所であって欠点などではないと考えていたからである。

ルイス・スミスは、一八六七年に『テレグラファー』の編集者をやめた。同誌は、彼が「精神労働過多」で「頭脳がきかなくなっている」と述べた。『テレグラファー』はその後、ＮＴＵとは独立の雑誌として刊行された。その編集者であるJ・N・アシュリーとフランク・ポープも、引き続き、女性の権利について擁護の立場をとった。一八六八年に、これら編集者は女性オペレーターをめぐる論争を終束させようとした。この問題をめぐる状況は、一八六五年のルイス・スミスのときから何も改善されていなかった[20]。

一八六九年に、NTUは終末を迎えた。NTU凋落の原因は、女性の権利擁護や、職場におけるオペレーターの地位低下といった政治的課題に取り組まなかったからである。NTUは強力な電信会社の意に反することを避けていて、戦闘的な労働組合になろうとしなかった。結局、NTUは存在意義を失い、電信手たちは彼らの期待に応える別の組織に引きつけられて行った[21]。

T・Aらが警告したような女性電信手の有害な効果は、少なくとも一九世紀中には生じなかった。これは、メロディー・アンドルーズが論文「〝女の子にできること〟――米国の電信業の初期における女性雇用をめぐる論争」(“What the Girls Can Do”: The Debate Over the Employment of Women in the Early American Telegraph Industry)で指摘しているとおりである。一八七〇年以後にこの職業に参入した女性は、男性オペレーターにとって代わったのではなかった。女性は、おもに熟練度の低い低賃金の地位に入って、男性オペレーターを補完した。女性オペレーターたちは、電信雑誌上で論争し、電信手として生計を立てる権利を求めて、電信業における自らの正当性と存在を確立して行った。ウェスタン・ユニオン社が女性の雇用を推進するようになる前から、一八六六年までに女性電信オペレーターたちは権利主張の声を上げ、熟練労働者としてのアイデンティティを得た。以上に見た『テレグラファー』誌への投書は、一九世紀中葉の職場におけるジェンダーに関する政治力学について、得難い考察材料を提供している[22]。

ヨーロッパの電信業における女性の進出

ヨーロッパでは、一八五〇年代と六〇年代に電信業への女性参入が始まった。一般に、女性の雇用を始める動機は経費であった。とくに、小さな町や地方の村で郵便局兼電信局を女性が運営し、これは男性が同じ仕事をするよりも低い賃金で行われた。

万国電信連合（International Telegraphic Union / ITU）が一八六五年に設立されたとき、創立時の加盟国二二のうちで一二ヶ国が女性オペレーターを雇用していた。これら各国の電信事業体の女性雇用の経験は、一八七〇年のＩＴＵ機関誌『ジュルナル・アンテルナシオナール・テレグラフィーク』（*Journal International Télégraphique*）にまとめて記載されている。一九三〇年にジャンヌ・ブーヴィエの『一七一四年から一九二九年までの期間における郵便・電信・電話への女性雇用の歴史』は、これについての研究である。ブーヴィエによれば、フランス電信庁はＩＴＵに次のように報告した。郵便事業と電信事業を統合し、統合した郵便電信局に女性を雇用して運営させることにより、電信局一つ当たり年に約千フランの経費節減になり、しかも男性職員とのあつれきは何もなかった。「電信サービスへの女性の参入にともなって電信局の男性従業員からの苦情がなかったことを、ここに明言する。われわれはこれに驚いたが、これは大変喜ぶべきことである」。デンマーク、スイス、ヴュルテンベルクとバーデン（ドイツの）も、フランスと同様の報告をした。ノルウェーは、一八五八年から女性オペレーターを雇用しており、とくに良好な結果を得ているという。ノルウェーでは、女性電信オペレーター応募者にはスカンジナビア語のほかにフランス語、英語、ドイツ語の試験が課せられ、その結果、国際線勤務にとくによい成績をあげた。スウェーデンとロシアだけは、否定的な報告をしている。スウェーデン電信庁は、女性オペレーターの仕事ぶりに満足しているわけではないと、遠まわしな表現で述べている。ロシア電信局の報告は、女性オペレーターは語学力では男性と同等であるが、電信線上で男性オペレーターとやりとりするのに追加訓練が必要であると記している。[23]

ヨーロッパで女性電信手の雇用をめぐるあつれきが比較的少ないのは、米国の場合とちがって、女性によって働き口が奪われると男性が考えなかったからでもある。ヨーロッパの電信業は国営であって、そこでは雇用は割合に安定しており、電信が私企業である米国のように不断にレイオフや事業縮小が行われたのとは異なる。ヨーロッパの電信庁は、女性の雇用を少ない費用で電信サービスを拡大する方法とみなしていた。したがって、女性オペレーターは雇用が確保されるかわりに賃金差別を強いられた。

一八七〇年代の米国における女性電信手論争

一八六〇年に設立されたクーパー・インスティテュートおよびウェスタン・ユニオン社は、女性が一八七〇年代の米国において電信術を習って電信業に働き口を見つけるのを強力に助けた。すでに女性は電信オフィスで確実な地歩を占めていたが、多数の女性の電信への参入と男女が共存する職場環境から新たなジェンダー問題が生じた。

一八六〇年代の『テレグラファー』誌上論争は電信操作に必要な技とこれを女性が習得する能力の有無をめぐって行われたが、一八七〇年代の論争では、職場で机を並べて働く男性と女性のふるまいが問題になった。労働環境、下品な言葉使い、ハラスメント、職場における男女関係などである。

『テレグラファー』の一八七五年一月九日号に、「名無しのニヒル」(ニヒル・ネームレス)を名乗る男性オペレーターが「次に来る電信オペレーターは女性か?」と題して書いている。彼は、電信オペレーターの労働環境は女性に向いていないと、次のように述べた。「ミスAが電信術を習得しても、厳しい現実に直面する。……いくら待っても、やっと我慢できる程度のましな職場は見つからないであろう。職場があれば、それがどんなところであれ、そこで働くほかない[24]」。このニヒル・ネームレスの意見は、一八七三年の経済恐慌後の不況を反映していた。当時は、『テレグラファー』誌のJ・N・アシュリーによれば、「どんな賃金のどんな職場でも、応募する電信オペレーターが必ず二人いる」のであった[25]。

ニヒル・ネームレスは、続けて、ヴィクトリア朝時代の女性であれば満足できないような労働環境について、そのひどさを数え上げている。

家畜一時置き場や鉄道の修理工場——私はこれらを見て知っている——を想像してみよう。彼女の電信室のまわりはこれらに取り囲まれていて、ひどく粗野で教養のない男どもでいっぱいだ。彼らは、彼女を窓越しににらみつけ、出しゃばりで無礼な質問を投げつけ、下品な言葉を浴びせる。彼女はただ耐えるしかない。自分を守るすべはなく、攻撃する者を罰することもできない。……電信線が張ってある鉄道線路に事故があったとする。彼女は、夜でも嵐を冒して現場に行かなければならない。電信線に電信機を接続して、一人でそこにとどまる。守ってくれる者もなく、野卑な男どもに囲まれている。冷たい雨が降ってきて、ずぶぬれになりこごえてしまう……

夜間作業は今もある。女性オペレーターが男性オペレーターと同じく仕事すべてをするのなら、この夜間作業もしなければならない。

ニヒル・ネームレスは、働き口をめぐる男女オペレーターの競争にはあからさまにふれていない。しかし、電信オフィス――とくに鉄道操車場の場合――は立派な女性には不適であると述べて、この競争を暗示している。「私が言ったことによって離職する者が出たりすることを、私は望まない。しかし、いま女性が電信術を習ってこの職業――繊細な身体で純粋な精神の持ち主には全くふさわしくない――に入ろうとするのを止めさせることになるのならば、私の目的は達せられる[26]」。

一八六〇年代と同様に、このような主張に対する女性たちの反論が『テレグラファー』誌にあらわれた。一八七五年一月二三日号には、「誰かさん」〔ラテン語の女性形複数で Aliquae. ラテン語が出てくるので、この雑誌の読者の知識レベルが相当に高いことが示されている〕という女性オペレーターの意見がある。彼女は、職場で女性が馬鹿にされないための最良の方法は自尊心を示すことであると述べ、次のように続けた。「本来的に洗練された人は、他と交わってもアイデンティティを失わない。そして、自尊心のある女性はいつでも尊敬されるであろう」。彼女はまた、女性オペレーターが労働者とじかに接し、社会の粗野な階層とかかわりを持つことについて、次のように述べた。「女性オペレーターが労働者に命令を出すことは、家で肉屋やパン屋に注文を出すことよりも悪いのだろうか？ 女性を永久に家庭に閉じ込めておくことはできない。外に出るときはいつも右側に父か兄弟、左側に夫と、囲まれていなければならないなんて！[27]」

女性電信手が男性に「命令を出す」ことは読者には理解しにくいかもしれないので、説明しておこう。毎日の仕事で、オペレーターは列車の運転士や線路工夫や電報配達少年に業務命令を出す。「誰かさん」は、これを家庭での主婦の仕事になぞらえた。電文による命令を女性から受ける鉄道技術員は、彼の男性性を侵されたと感じるであろうか？　そんなはずはない。これは、主婦から数枚のカツレツを注文されたときに肉屋が何も侵犯されたと感じないのと同じである。

「誰かさん」は、電信は女性の「繊細な身体」には「全くふさわしくない」というニヒル・ネームレスの主張に反論しなかった。一八七〇年代にはこの職業につく女性の数が増大し、これが事実上の反論になっていたからである。彼女は、女性が「家庭に閉じ込められる」時代は過ぎ去ったことを、誌上論争の相手に気づかせようとした。当時は経済不況と失業の時期であったにもかかわらず、ニヒル・ネームレスは同性（男性）読者からの応援を得られなかった。一八七五年三月二七日の『テレグラファー』で、「ジョン・スターリング」の次のような発言がこの議論に決着をつけた。「女性電信オペレーターの存在は確定した事実であって、〝女性の居場所〟についてわれわれの信念がどうであろうと、われわれは現実を受け入れるであろう。この議論は終わりにしよう(28)」。

職場における振舞いとジェンダー

一八七〇年代には、電信手として働く女性の数が増加し、男女を隔てる物理的な壁が徐々になくなった。その結果、職場におけるジェンダーの新たな問題が生じた。その多くは、男性オペレーターの乱暴な振舞いや粗野な言葉づかいに起因するあつれきであった。これらはもともとは職場における男性オペレーターの個性の主張であったのが、職場における男の支配的で排他的な行為になったのである。労働史研究家スティーヴン・マイヤーによれば、これは、一九世紀前半に運河や鉄道を建設したアイルランド系労働者の「酒と喧嘩」の習慣にルーツがある。[29]

エマ・ハンターが一八五一年にペンシルベニア州ウェストチェスターの電信オフィスを任されたとき、女性がこの電信回線にいることによってオペレーター相互の通信の品位を改善すると期待された。女性が上品であるということは「男女別の二つの空間」イデオロギーの重要部分であり、女性がいると、電信線でもオフィスでも、男性の行いがあらたまると想定されたのである。このあいまいで不安定な電信オフィスのモラルについての女性オペレーターの態度は、いろいろであった。「オーロラ」やヘッティ・オーグルらは、古風な女のようにふるまい、彼女のいるときに暴言を吐くことを禁じた。マ・カイリーのような女性は「ボーイのふり」をした、「わたしは悪態をつくことをおぼえた……鉄道員はみんな蒸気を排出してピーッと吹かなきゃならない。罰当たりなことを本気で言おうとしてるんじゃない、つい乱暴な言葉が出てくるのさ」というわけである。[30]

粗野とハラスメントとの境界を決めるのは、困難である。一九〇七年の電信ストライキでは、これが問題になった。ウェスタン・ユニオン社から見るとこれは簡単明瞭で、同社の『規定』にある規則34は電信線およびオフィスにおける「下品、わいせつ、その他の非紳士的な言葉」の使用を禁止していた。[31]

シカゴのウェスタン・ユニオン社オフィスは、都市のオペレーター室で男女別の隔離をやめた最初の一つであり、そして『テレグラファー』にはその職場のようすの記事が非常に頻繁に登場した。一八七五年に、エド・エンジェルが電信線で使った言葉に、シカゴの同社オフィスのリジー・ヴェーゼーがクレームをつけた。管理者がその通信を調べて、エンジェルが解雇される結果になった。エンジェルはこの件以外では勤務良好であり、一回だけの規則違反で追放されるのは不当であると男性オペレーターたちは申し立てた。別のシカゴの女性オペレーター「プリシラ」は彼の解雇を正当とし、「若い女性が働いている電信線でこのように乱暴で下品な言葉を使うか、あるいは過去に使った男性は解雇されるべきである」と主張した。(32)

問題のもう一つは、仕事中の飲酒であった。一八七五年に、シカゴのウェスタン・ユニオン社オフィスのヘイゼルトンは、女性オペレーターたちとの親睦会に「強化」レモン水を持って行き、問題になった。『テレグラファー』によれば、この話は、男性オペレーターが飲んべえであるという固定観念の反映であるだけでなく、女性に「酔態という不道徳」を誇示したいという男の欲望も示している。『テレグラファー』は、次のように書いている。

「ヘイジー」（ヘイゼルトン）の話は、ちょっとしたジョークだ。彼はマグレガー電信局にいたときに、レモン水を買いに何人かの女性と外へ出た。レモン水三本をボーイに注文したところ、ボーイは、女性に聞こえる大きな声で「一本にいつものアレを入れましょうか?」ときいた。「アレ」とは何か女性たちは知らなかったけれども、ヘイジーは「もちろん、そんなものなしだ」と言いながらボーイにウィンクした。レモン水が渡されたが、「アレ」が多すぎて、飲むときに女性の一人がリキュールのにおいがすると言った。もう一人の女性は、「ヘジ」さんのレモン水の色が他よりもずっと濃いので、「ヘイジー」（色がかすんでいるという意味）が飲むには変だと思った。ヘイジーはすぐボーイに、なぜオーダーと反対に彼のレモン水にリキュールを入れたのかと文句を言った。女性たちのレモン水に「アレ」をちょっと入れさせるはずだったのである。「おいらにウィンクしたじゃないか。畜生め!」と、ボーイはやり返した。レモン水の色で仕掛けがバレて、「ヘイジー」

のワルさ加減が女性たちにわかってしまった。その後ことあるごとに、彼女たちは、「〝アレ〟の入ったレモン水が飲みたいんでしょう」と「ヘイジー」をからかった[33]。

女性は、男性の喫煙を嫌った。「プリシラ」はタバコのみを好かず、男女の部屋を昔のように別けてほしいと一八七五年に書いた。「エレベーターの中でタバコの煙を顔に吹きかけられたり、タバコの唾がドレスや床に飛ぶのを嫌がらない女性はいない。こんなオフィスでは、ドレスは一週間ともたない。男やボーイの誰かが床に吐くタバコの唾ほど不潔なものはない。……われわれ女性だけの部屋があった古き良き時代にもどりたい」というのであった[34]。

欠勤

女性電信手は、男性よりも欠勤が多いと言われた。これを、男性オペレーターは、女性の月経のせいであると断定し、電信オフィスで女性が男性と同じ地位で働けないという主張の論拠にした。一八八三年のストライキ中にインタビューを受けたニュージャージー州ロングビーチの「ベテラン・オペレーター」は、「女性は電信を腰かけの仕事と思っている。彼女たちはいつも結婚のことしか考えていない。結婚すれば、彼女たちは家庭に閉じこもってしまう。だから彼女たちとは競争にならない。多数の女性が電信オペレーターになっているが、長く職にとどまらない」と述べた[35]。

月経が欠勤につながったかもしれないが、他の理由もあった。子どものいる女性は、子どもが病気のときには家にいなければならないし、他の家族の世話もあった。伝えられている話から見ると、男性より女性の方がずっと欠勤が多いとは言えない。二日酔いで仕事に来られない飲んべえオペレーター（男性）の話は、たくさんある。マーサ・レインが一八九三年に書いたように、女性電信手の「夕べの過ごし方は、彼女たちの兄弟（男性電信手）よりも健全」であった。一八六五年に『テレグラファー』に掲載された手紙で、S・W・Dは、彼が雇っている女性は「勤務時間中に文字通り〝手を休めない〟」と証言している。[36]

ヨーロッパでは、電信庁がくわしい出勤簿をつけているのがふつうであった。これによれば、女性従業員は男性従業員よりも欠勤率が高かった。イングランドでは一八九五年に、ロンドン中央電信局の男性オペレーターの欠勤日数は年に八日であり、女性の場合は一四・三日であった。一八九七年のオランダでは、年に一〜一〇日欠勤するオペレーターについては女性が男性の二倍いて、欠勤が年に一〜三日のオペレーターは女性が男性の三倍いた。[37]

男女同一賃金問題

一八七〇年代の経済不況期に、ウェスタン・ユニオン社は女性を雇う利点を活用し始めた。初任給は男女で大した差はなかったが、女性オペレーターの給料の上限は低く、女性オペレーターは男性よりも低い賃金に甘んじなければならなかった。一九世紀後半に、この賃金格差について激しい論争が新聞雑誌上でかわされた。H・M・カモンは「働く女性」と自己紹介して、『ハーパーズ・マガジン』の一八六九年四月号で次のような意見を述べた。「社会の伝統からすると男性がつくべき職に何かのいきさつで女性がついたとすると、女性はエキスパートではないんだからとお説教されて、半分の賃金で働かされる。なぜ半額なのか？　ある仕事を男性が年千ドルでするのに、同じ仕事を女性がよりよく、より早く五百ドルでする、これは公正で良識にかなっているだろうか？　誰かこれを働く女性にわかるように解き明かしてほしい(38)」。カモンは女性の職業一般について言ったのであるが、これは電信業で進行中であった事態にぴったり当てはまる。『テレグラファー』の一八七二年八月三日号でアシュリーとポープは、この問題について次のように書いた。

電信業で働く女性へ支払われる対価が、他の産業の場合と同じく、男性へのそれよりも低いことは厳然たる事実である。……女性がつける職が少ないという状況を利用して、また、女性が生活の必要に迫られて、より恵まれた兄弟（男性オペレーター）にくらべて低い賃金で同じ仕事をする。理由はあるにせよ、これは不公正である。

電信業で男性よりも低い賃金で働くのを女性が望んでいるとは思われない(39)。

一八八〇年頃までに、女性が電信業に存在することの是非という議論はなくなった。『オペレーター』編集部のW・J・ジョンストンが一八八二年に書いたように、この問題は「うまく、はっきりと決着がついた」のである。ジョンストンはヨーロッパにおける状況を、「女性オペレーターは男性の半分の賃金しか得ていないが、半分の仕事しかやらず、仕事ぶりは良くないしてきぱきもしていない」と説明した。これに比較して、「わが国では、女性の一級オペレーターは一日九時間に三五〇通の電文をきちんと送受信し、男性オペレーターの少なくとも四分の三の労働対価を受け取る」とジョンストンは述べた(40)。

なぜ女性の一級オペレーターには同等の技量の男性オペレーターの四分の三の賃金しか支払われないのかという疑問を、ジョンストンは提起しなかった。同一労働・同一賃金という点である。女性電信オペレーターが技量を上げて経験を積むにつれて、彼女たちはこの賃金差別に抗議するようになった。一八八三年に『ニューヨーク・ワールド』のインタビューでニューヨークの電信手「ミス・ブラウン」は、女性オペレーターの低賃金について「少々苦い顔をして」次のように語った。

きちんとした生活をしたいのに、女性にどの程度の賃金を得る機会があるか、考えてみて下さい。コーラスガールは、舞台に上がって体をさらせば、週に二五ドルか五〇ドル稼げる。それなのに頭脳と熟練を要する仕事だと、週に一〇ドルか一二ドルです。おかしくない？　週一二ドルでは、ふつうに服を着て下宿に住むこともできないはずです。働く女性がどんなに切り詰めて苦しんでやりくりしているか、あなたにはわからないでしょう。(41)

米国では私企業が女性電信オペレーターを（男性オペレーターも）雇用していたので、理論上は――実際に可能かどうかはともかく――彼女たちはより高い賃金や男性と同等の賃金を要求して雇主と交渉する権利があった。これが現実に起きた例もある。一九〇七年にマ・カイリーは、テキサス州オースチンの電信局で上司から「男には六五ドル、女には四〇ドル五〇セント払う」と言われ、「私は女だがそんなサラリーで働く気はない」と答えた。この局長は、彼女の送信の腕前を見たあと、態度を変えて彼女に月給六五ドルを出した。(42)

米国以外では、ふつう、女性電信オペレーターは政府の郵便庁に雇用されていて、男性との賃金格差は米国の場合よりも大きく、これを変えさせるのもずっと困難であった。一九世紀のほとんどの時期において、ヨーロッパの電信庁の女性オペレーターの給料は男性の給料の約半分であり、賃上げを実現するには面倒で時間のかかる立法手続きが必要であった。ノルウェーの電信局の女性たちの経験は、その典型である。一八九〇年代に、彼女たちは賃上げを求めてノルウェーの議会に何度も訴えた。過激と思われることを恐れて、男性との同一賃金の要求はしなかった。彼女たちの要求は、毎度、斥けられた。一八九八年に、女性電信オペレーターのほとんど全員で、ストーティング（Storting. ノルウェー議会）の鉄道委員会に小幅な賃上げを請願した。前年に男性オペレーターが賃上げを獲得していたからである。反応は、初めは肯定的であった。鉄道委員会には、少数ながら、女性に男性と同じ賃金を与えようという意見もあった。ところが電信庁長官は、請願を支持するどころか、女性は男性ほどの仕事の能力がないから女性の賃上げは不当であるという主張を議会に送りつけた。激しい議論が交わされたが、請願は拒絶された。

女性オペレーターたちは、反発して社会に訴え始めた。賃上げを認めなかった議会を批判するだけでなく、彼女たちは男性よりも能力がないという電信庁長官の言明に抗議したのである。クリスチャニア（オスロの旧称）の電信局の女性オペレーターたちが、すぐに抗議の声を上げ、これは新聞に報じられた。「女性オペレーター」とだけ署名した文章が電信雑誌『テレグラフブラデット』（*Telegrafbladet*）に寄せられ、女性オペレーターが男性よりも低賃金であること、昇給は事実上ないこと、結婚すると退職させられることに抗議を表明した。彼女は「同一賃金・同一条件が実現すれば、女性より男性の方が能力があるなどと言う人はいなくなるであろう」と書いている(43)。

男女の電信手の「適正賃金」ということは、一九世紀の雇用者にとって大問題であった。電信オペレーターの各等級において男女の仕事は事実上同じであったから、女性に男性より少なく支払う理由は「今までのならわし」以外にはなかった。それゆえ、電信の仕事にくわしい者はだれでも――女性オペレーター自身はもとより、電信雑誌の編集者や労働組合の指導者である男性も――すべての電信手の男女同一賃金を要求した。同一賃金に反対する論拠として使えるのは、ノルウェー電信局の首脳の言うような、女性は仕事の能力も速さも男性に劣るので低賃金が当然という理屈であった。高い能力を持つマ・カイリーはこのような主張に対する有力な反証であったが、すぐに彼女に「例外的存在」というレッテルが貼られた。「例外があることは、法則としては正常である」ので、非同一賃金は正しい法則だというのである！

起業家としての女性

一八六〇年代と一八七〇年代に『テレグラファー』誌上で電信オフィスにおける女性の存在をめぐって行われた論争の多くは、ビジネスの能力をめぐってであった。男性オペレーターたちは、女性にはビジネス能力がなく、生まれつきこれを身につけることができないのだと主張した。これに対し女性たちは、地方の小さい電信所の多数が女性によって運営されている現実はこの主張がまちがっていることの証明だと論じた。ミセス・ルイスの言では、「男性が女性を正しく処遇すれば、すべての女性は仕事の遂行能力を学校時代にあるいは卒業してから学ぶはず」であった。(44)

経営史学者は、一九世紀に女性が電信所を運営してきた事実をほとんど見逃してきた。それはオーナーとしてではなく委託経営者としての仕事であったが、電信所では簿記、本社への定期的な送金、電文の仕分けと保存、機器の登録管理が必要であった。電信所のマネージャーは、すべての支出と支給賃金の台帳をつけた。毎月、出費を粗収入から差し引いて、利益金を本社へ送った。それゆえ、仕事に簿記とファイリングの基本が必須であり、電信所長になろうとする女性はこれらを習得する必要があった。電信学校のカリキュラムには、この事務管理法が含まれていた。彼女たちはこれらを電信学校で学ぶか、あるいは、電信オペレーターとしての実務中にベテラン所長から教えてもらった。

地方の小さな電信所を運営する女性は、そこでたった一人のオペレーターであり、やっと生活できる程度の収入しか得られなかった。しかし、経営の才のある女性が電信所を大きくする場合もあった。ヘッティー・ムーラン・オーグルは、ペンシルベニア州ジョンズタウンでウェスタン・ユニオン社のオペレーター一人の電信所で一八六九年に仕事を始め、二〇年後のジョンズタウン洪水のときまでにオペレーター三人と配達少年三人を使うまでにした。彼女は、電信所を取り仕切るだけでなく、この地の電話交換も行った。彼女の三人の子どものうちの娘ミニーは、チーフ・オペレーターになった。ヘッティー・オーグルは、この地方の最も優秀な電信支所長であるという評判であった。彼女は規律に厳しいことで有名で、その電信所では噛みタバコ、飲酒、悪態は許されなかった(45)。

女性を上級管理職に昇進させようとするウェスタン・ユニオン社の熱意の程度は時期によって相当に変動したが、大きな電信局でも女性の管理職への道は開かれていた。女性電信手が望み得る最高の地位は、都会の大きな局のレディーズ・デパートメント（のちには市内部）の部長であった。この職につくと、一〇〇人程度のオペレーターと、ほぼ同数のチェックボーイとチェックガールを統括し、そのほかに多数の配達少年がいた。リジー・スノーやフランシス・デーリーは、二人とも、一九世紀後半にニューヨーク市のウェスタン・ユニオン社でこの地位にあった。

事業に意欲を燃やす者にとって、自分で電信線を敷設して、安い料金と速さを武器に巨大企業と競争する道もあった。金ぴか時代〔Gilded Age. 南北戦争後のにわか景気の一八六五～九三年〕には女性が事業を始めるのには非常な障害があったが、数人の女性が電信の知識を生かして独立の電信会社を興した。『テレグラファー』は、一八七一年にニューヨークで自前の電信線を始めた二人の女性について、次のように報じている。

二人の女性――ミスL・M・スミスとミスA・M・グレンソン――サンドイッチ島とインディアン居住区生まれで、二人とも宣教師の娘である――が、一八七〇年の暮にニューヨークのブロードストリートとユニオンスクエアとの間に電信線を開いた。四つの電信局を持ち、本局はグランドセントラルホテルにあり、三月に開通した。そのねらいは、少数の地点を直接結んで、中継速度を上げることである。この電信線は成功を収めつつある。上記二人だけがオーナーで、オペレーターも兼ねている。(46)

女性たちは、電信機の発明や販売も行った。ニューヨーク市で音楽教師をしていたクララ・M・ブリンカーホフは、電信手ジョージ・カミングと一八八〇年代前半に知り合った。二人は、電鍵の接点の新しいデザインを考案し、一八八二年に接点の形について特許を取った。この接点外形には、デザイン賞がいくつか授与された。これがもとになって、二人は電鍵と電信機の販売会社カミング・アンド・ブリンカーホフを設立した。(47)

電信オフィスにおける競争――リジー・スノーの場合

シンディ・アロンが『行政にたずさわる男性と女性』で書いているように、南北戦争後に女性もオフィス勤務を始めると、オフィスでの競争に参加せざるを得なかった。一九世紀には中流階層では男性だけが競争に関与したが、すぐに女性もオフィスでの政治や陰謀に巻きこまれるようになった。働く女性が増加したからであり、また、経済不況で働き口をさがす競争が激化したからである。(48)

なにかと取り沙汰された女性として、リディア・H・(リジー)スノーがいる。彼女は、一八七〇年代前半にウェスタン・ユニオン社のニューヨーク市内部のブロードウェー一四五番地の電信局の局長であった。スノーは、アメリカン・テレグラフ社の電信オペレーターとしてスタートした。同社は、一八六六年にウェスタン・ユニオン社と合併した。彼女は、一八六〇年代後半と七〇年代前半に目ざましく昇進し、ウェスタン・ユニオン社のニューヨーク市内部長になった。ウェスタン・ユニオン社は、彼女を女性電信手の手本として称賛した。女性のためのクーパー・ユニオンの電信学校が一八六九年に開校したとき、彼女はその校長職にすえられた。

一八六〇年代後半と七〇年代前半におけるスノーの昇進を、ウェスタン・ユニオン社はたぶん本気で応援したと考えられる。経費節減に熱心な同社は女性の雇用を優先課題としたので、リジー・スノーは同社にとって結婚しないで電信オペレーターの職にとどまる女性の模範であった。『ジャーナル・オブ・ザ・テレグラフ』の編集長ジェームズ・D・リードは彼女の目ざましい昇進を見て、ウェスタン・ユニオンの社長ウィリアム・オートンに、女性が彼のライバルとして将来は社長になるかもしれないとまで言った。リードは一八七一年のモールス記念日に、「モールス教授、あなたは電信というあなたの家庭に男の子しかいなことが誇りになるとは思わないでしょう。実は女の子もいるのです。いまここで女性の権利について語るつもりはありませんが、電信は女性に適した世界です。オートン社長、気をつけなさい。発言に注意しないと、スタントン陸軍長官〔リンカーン政権の陸軍長官〕(49)のように地位が危なくなるかもしれません。あなたの後任者は、女性かもしれません」と述べたのである。

スノーは経営者に従順で、一八七〇年のストライキにも参加しなかった。このとき女性オペレーターたちがストライキ入りした理由の一つは彼女の暴君のような独裁的支配だと言われる。彼女が部下の女性を尊重しなかったことは疑いなく、彼女の部下の使い方に対する批判が『テレグラファー』に途切れることなくあらわれた。同誌編集長は明らかに批判者側に立ち、電信オフィスの裏話として批判を何度も掲載した。

『テレグラファー』の一八七〇年二月一九日号は、「とことん悪意のある女性上司ミス・スノー」の圧迫と独裁に耐えかねて退職の瀬戸際に立たされた若い女性の事件を報じた。スノーは、「手に負えない若い女性に説教するのに」ニューヨーク総支配人トマス・E・エッカートを連れてきた。エッカートによる説諭は効果がなかったことが明らかで、『テレグラファー』は次のように書いている。「エッカートは、女性オペレーターたちを叱責して言った。この人当たりのよい女性上司の心づかいはまるで慈母のようであったのに、彼女たちはこれを受けとめなかった、と。エッカートの思いやりあふれる叱責は、女性たちの失笑と涙を招いた(50)」。

スノーの抑圧的な管理・支配について、『テレグラファー』の一八七二年三月二三日号に、「そこにいたことのある一人」という署名の文章があらわれた。この筆者（女性）は、市内部の「搾取ミルを通り抜けてきたので、実感を持ってその労働条件を語ることができる」のであった。彼女は、スノーによる禁止事項と取締りを次のように列挙した。就業時間中に本や新聞を読むことを禁じる。オペレーターへの書面はすべて、リジー・スノー自身によって検査され、午後五時を過ぎてから渡される。就業時間中の訪問者は禁止。就業時間中の個人的会話は、オペレーター室内であろうと電信線を通じてであろうと、すべて禁止。男性オペレーターを訪問したり、会ったり、男性オフィスに行ったりした女性オペレーターは即時解雇。投書者「そこにいたことのある一人」は、「スパイと探偵の集団が雇われていて、女性オペレーターの住居のまわりを歩きまわって監視している。これらの禁則に少しでも抵触すると、すぐに報告されて厳罰に処せられるのだ」と断言した。スノーとエッカートの関係も非難された。「この尊敬すべきニューヨーク市担当総支配人は、スノーの言いなりである。スノーへのエッカートの従順さは、われわれオペレーターが要求されている屈従よりもひどいくらいだ。常軌を逸したスノーの暴君ぶりをいくらエッカートに訴えても、〝上司を支えるようにしなさい〟と言うだけである」とある。この筆者は、「何か理由があって、彼はこういう態度しか取れないのだ。いくら彼が取りつくろってもわかる」と、謎めいたことを書いた。[51]

スノーとエッカートとの間に何か相互依存関係があったことは、その後の事件によって実証された。ウエスタン・ユニオン社と競合する会社の設立をエッカートがジェイ・グールドおよびトーマス・エジソンと共謀したことが発覚し、一八七五年の春にエッカートは退職した。この直後に、スノーもチーフ・オペレーターに降格され、退職した。このあたりについて『テレグラファー』は次のように書いている。

ウェスタン・ユニオン社のニューヨーク市電信のチーフ・オペレーターおよび市内部長からのミス・L・H・スノーの罷免が二月二五日（木）に行われ、電信手たちのあいだで話題になった、ことのいきさつについて諸説があるが、この措置をとった直接の理由は、彼女を含むチーフ・オペレーターたちに適用される電信局の規則に従うことを彼女が拒否したからであるらしい。ミス・スノーは、長年にわたって、初めはアメリカン・テレグラフ社、合併後にはウェスタン・ユニオン社でこの地位にあった。

ミス・F・I・デーリー（Miss F. I. Daly《ママ》）がミス・スノーの後任になった。(52)

数年後に、ジェイ・グールドがウェスタン・ユニオン社の支配権を握ったあと、トーマス・T・エッカートは同社社長として復帰する。しかし、リジー・スノーはブロードウェイ一四五番地のウェスタン・ユニオン社の政治紛争の犠牲となり、以後の彼女の動静は表に現れなくなった。ウェスタン・ユニオン社退職後の彼女については何もわからない。リジー・スノーの部下管理法をめぐる争いおよび罷免という事件があって、ウェスタン・ユニオン社が管理職に女性を登用しようとする方針は停止された。以後も、市内部〔部員は女性が多数である〕の長に女性がなることがあったが、女性には「ガラスの天井」〔目には見えないが、昇進の行き止まり〕があって、これより高い同社の地位につくことはできず、二〇世紀になっても事態は変わらなかった。ウェスタン・ユニオン社の本社幹部になった最初の女性はケート・オフレーニガンで、彼女は一九二五年に同社の副秘書長に任命された。しかし、オフレーニガンは電信オペレーターとして働いたことはなく、秘書部から昇進したのである。(53)

電信オフィスと性道徳

一八七〇年代までに電信オフィスにおける女性オペレーターの存在は確立して普通のことになっていたが、男性オペレーターが彼女たちの存在を好ましく思っていたとはかぎらなかった。女性が自立して生活して男と同等に競争するのを、多くの男性は社会道徳を破壊するものだと考えていた。ある記者は、一八八七年に『エレクトリック・エイジ』誌で、電信オフィスにおいて女性に男性と同じ地位を許せば「婚姻というものが崩壊して、共同婚、一夫多妻、野蛮生活という結果になるだろう」と書いた。(54)

ジャクリーン・ダウド・ホールは、アトランタの電信手オーラ・ディライト・スミスについての論文で「三文小説や組合の新聞・雑誌は、女性電信手を、技量云々するよりも放らつな性生活を送ることを強調して描いた」と述べている。この姿勢は、女性電信手は職業生活に入らずに家庭に閉じこもる女性よりも世間を知っているので、すれている――とくに性知識において――という、一般人の固定観念の反映でもある。こういう観念は、誘えばいつでも応じる女性電信オペレーターというかたちで電信恋愛小説の底に潜んでいたし、電信オペレーターを乱交する女ときめつけることにもなった。(55)

ニューヨーク州シラキュースで一八七四年に起きた事件は、その一例である。ニューヨーク州中央鉄道電信局のチーフ・オペレーターであったキャサリン・ロングが重病のあと仕事に復帰したとき、彼女の上司A・L・ディックが彼女は非合法の堕胎をしたと言いふらしていた。ディックは、彼の直接の上司である電信監督シドニー・E・ギフォードに彼女の「ふしだら」を断定して報告し、オフィスの女性たちが「汚染」されないように彼女を解雇するよう求めた。ギフォードはロングの主治医R・W・ピーズ博士に問い合わせたところ、博士はロングに対する告発は根拠がないと断言した。ロングは直ちにディックを裁判所に訴え。中傷罪で損害賠償五千ドルを求めた。公判でロングはディックの断言を否定する証人を立て、ギフォードとピーズ博士の二人が彼女の側で証言した。ロングに同情が集まり、陪審はわずか二〇分の合議でロングの主張を全面的に認め、賠償金額はロングの要求の全額とした。この結果、ディックは管理職から降格された(56)。

鉄道電信手の場合、職場の地域のようすが女性オペレーターは「堕落」しやすいという世評をたすけた。一九世紀後半の駅は、中流階層の居住地域が終わるちょうどその場所にあった。そこは、ビジネスマンやその妻子たちも安全に歩けたが、非常に雑多な社会階層の人々——職人、酔っぱらい、賭博狂、売春婦など——が行き交う所でもあった。今日でも、「線路の向こう側から来た人」と言うように、鉄道駅は社会階層を区別する標識点である。

小さな町では、多くの場合、娼家が駅のそばにあって、セールスマンほか旅行する男が利用するのに便利であった。「鉄道ホテル」とは、娼家の婉曲な表現であった。売春街を意味する「紅灯の巷」は、娼家に入った鉄道の制動手が扉の外にカンテラを下げておいたことから始まったのかもしれない。マ・カイリーは、モンタナ州ベイカーで働いていたときに、鉄道の駅から線路を渡ったすぐ向こうに酒場と娼家が一軒ずつあったと書いている。このとき、彼女は「この種の女性」を初めて見たという(57)。

鉄道の駅で働く女性は、こういった店が駅の近くにあってそこで何が行われているかをたしかに知っていた。これは、家父長制社会が女性には隠しておきたい悪徳社会であった。女性電信手は、この知識を持っているだけで道徳的頽廃の危険にさらされていると言われたのである。

女性電信手の労働環境をそこなうこの要素については、男性だけでなく女性の改革者たちも憂慮していた。全米女性労働組合連盟会長マーガレット・ドライアー・ロビンズ（第5章図22）は、一九〇七年に彼女の姉妹メアリーに宛てた手紙で、電信オフィスには「男女の戯れ」に関する女性電信手の「放縦への寛容」と低賃金という二つの悪条件のコンビネーションがしばしばあって、これが彼女たちを「紅灯の巷」に導くと論じた。ロビンズは、次のように説明している。シカゴのホテルやドラッグストアで女性が歩合制で電信手として雇われていて、基本給は月に五ドルから二〇ドルで、これに歩合給が加算された〔このような電信局を「コミッション・オフィス」と呼んだ〕。しかし、「他の出来高」もあり、彼女たちは生活のために男性客からのセクシャルハラスメントを耐え忍ばなければならなかったという。ロビンズは、次のように述べている。

電信手である若い女性は一種の公共の奉仕者であるので、電信局という公共の場で男性の客から「男女の戯れ」のような個人的好意を示された場合でも、電報受付を拒否しないで送信しなければならない。彼女は毎日の業務でこのような忌むべき行為を忍ばなければならず、彼女の賃金はこの忍耐と許容に依存している。こんなことは、本来あってはならない。
　この許容がきっかけで「紅灯の巷」に入ってしまった娘を、われわれは何人も知っている。

ロビンズは、この問題を公に討論することを望まないむね、付け加えた。女性電信オペレーター一般の品位を傷つけるおそれがあるからであった(58)。
　ロビンズのような進歩主義の時代の改革者は、平凡な職業生活が働く女性におよぼす悪影響を、しばしば反独占主義の用語を使って議論した。職場の陰にひそんでいて、若くて疑うことを知らない若い女性を「白人奴隷」に引きずり込もうとする「非行組織」の存在について、これら改革者たちは語った。彼女の見解は、ニューヨークの移民女性を対象に働いた彼女の経験に基づいていた。移民女性は、貧困と無教育につけ込む男によって、よく売春に誘いこまれた。しかし、女性電信手の場合は、中流階層の価値観と仕事の技術を身につけていたので、事情はちがう。ロビンズの念頭にあったのは、彼女たちが没落する少々間接的な道であった。まず、「男女の戯れ」に加わるようにという誘惑があり、これは電信オフィスでも珍しくなかった。次に、ゆっくりと堕落が進行し、恥を失った女性が「最後に落ちる場所――売春――に行きつく」、これがロビンズの描いた道であった。実際に電信業でこのようなことがよく起きたという証拠は、見当たらない。(59)

仕事場周辺の環境のせいであるかどうかは別として、女性電信手が勝手な独断で女として行動し、その結果、周囲の人と対立することもあった。一般の注目を集めた例として、一八八六年のブルックリンの電信手マギー・マカッチエン（当時二一歳）の事件がある。そのいきさつは、『エレクトリカル・ワールド』に「電信線に結ぶ恋の危険」と題して掲載された。当時、人気のあった電信小説として〈電信線に結ぶ恋〉があり、これをもじってつけた題である。

ブルックリン一二〇四番地に住むジョージ・W・マカッチエンには、二〇歳の娘マギーがいた。彼女がモールス電信機を上手に使えたことが、彼をケンナ判事の法廷に引き出す結果になった。彼は、娘の頭を割ろうとしたとして、先週逮捕された。……マギーは熟達した電信手で、父親の店を土地の電信所にして電信機を設置した。……しかし、まもなくマカッチャンは、ミス・マギーがいつも方々の電信所の男たちと通信して、ふざけ合っているのを見つけた。

マギーは、電信でロングアイランド鉄道の電信手フランク・フリスビーと知り合った。二人の電信手が数回会った後に、マギーの父親が感づいて調べ始めた。フリスビーは既婚者で、ペンシルベニアに家族がいることがわかった。父親は娘がフリスビーと会うことを禁じ、キャッツキル山地に彼女を追いやってフリスビーとの関係を絶とうとした。マギーはキャッツキルから戻ってきて、ウエスタン・ユニオン社のベッドフォード・アベニュー五九九番地のオフィスで電信手として働こうとした。ここなら彼女は父親の監視の目から逃れられるからである。彼女はフリスビーとの関係を復活し、あいびきできるようにグラハム・アベニューに家を用意した。「ある日曜の夜にマカッチャンが帰宅すると、マギーはグラハム・アベニューでフリスビーと会っていて、その夜は帰らないことを知らされた。マカッチャンはグラハム・アベニューに行って、娘を連れ戻した。しかし、父親に脳みそが飛び出すほどたたかれたと娘は主張し、その結果マカッチャンは逮捕された」という。(60)

マギーの行いは、明らかにヴィクトリア朝風の米国の風習に反していた。それは一八八六年当時の男性支配社会を脅かすものであった。この事件には、一九世紀後半の社会における女性電信手の独特の位置があらわれている。彼女たちは電信手という専門職であるので、自活できる収入を持ち、勤め先を自分の意志で変えることもできた。彼女たちは、電信術によって、親や家族の付き添いや監視なしに自分で選んだ誰とでも連絡や会話をすることが可能であった。このように、ある意味で、彼女たちは望むならば家父長制社会の外に自由に出ることができた。当時の社会の枠に出たり入ったりする能力を持つ彼女たちは、同時代の人々には変わった——むしろ危険な——存在に見えたのである。彼女たちのこのような行動は、今日のわれわれに近いのであるが。

米国では、電信への女性の参入は、当初ほとんど注目されなかった。しかし、南北戦争の終わる頃に、電信オフィスにおける女性の存在の是非について『テレグラファー』誌上で論争が起きた。電信会社が低賃金で女性を雇う方針を取って次第に男性が職場を失うだろうと、男性は危惧の意見を述べた、女性はビジネス能力がなく、電信には「もともとなじまない」と、男性オペレーターたちは断言した。女性たちは、電信オフィスで働く権利があると反論し、女性オペレーターが男性オペレーターよりもエラーが多いという説に疑問を呈した。その後の結果では、男性が抱いた危惧はだいたいのところあたっていなかった。ただし、電信に参入した非常に多数の女性のほとんどが低ランクのオペレーターであり、その賃金は男性に比べて低かった。

一八七〇年代に多数の女性が電信オペレーターという職業につき、電信オフィスにおける男女別の隔離が緩和されると、論議の中心は、電信の技量云々よりも職場における男性優位の習慣へ移行した。女性たちは、男性の飲酒、喫煙、乱暴な言葉に反対するようになった。男たちにとってこれらの習慣は、合理化や工業化が進行する職場における自治の具体的な表現であった。女性オペレーターたちは技量を高め、賃金の不平等に抗議した。女性オペレーターたちはまた、オフィスでの昇進競争に参入した。ウエスタン・ユニオン社のマネジャーであったリジー・スノーの出世と没落はその例である。女性管理職には「ガラスの天井」が設けられるようになった。

ヨーロッパでも、米国とほぼ同時期に電信に女性が参入し始めた。ヨーロッパの郵便電信庁（国営）においては、電信および女性オペレーターの競争は米国の場合ほどあからさまではなかったが、大きな男女賃金不平等があり、しかもこれが制度化されていた。ノルウェーの例のように、賃金不平等に抗議した女性たちは、改善を妨げる行政制度と戦わなければならなかった。

一九世紀末になると、鉄道電信局で女性が働くことが道徳の荒廃につながるという危惧を、社会改革家らが表明した。この議論では、ふつうは女性オペレーターは誘惑男の犠牲になる、か弱い存在として描かれた。しかし実は、女性が自活する能力、および、電信線を介して誰とでも相手を選んで通信できる能力こそが「道徳崩壊」のもととして危険視されたのである。技術を身につけていて収入があることが、女性オペレーターを家父長制社会の束縛から自由にした。

第5章　文芸と映画に見る女性電信手

文学に描かれた女性電信手

今日ではほとんど忘れられているが、一九世紀には女性電信手を描いた文学が相当に書かれた。著者は、男性の場合も女性の場合もあった。電信で働く女性が一八七〇年代に増加し、これに対する社会の関心が「電信ロマン」という全く新しいジャンルを生んだ。これらは、長編小説も短編もあり、電信手という職業の若い女性が経験する恋愛と生活を描いた。多くの場合、恋の相手も電信手で、交際は電信線を介してすすんだ。話の結末では、二人は結婚して、彼女は電信オペレーターとしての職業生活に終止符を打って良妻賢母になるのであった。

電信ロマンは、一九世紀に大衆に愛された感傷小説の一種であり、国民の読み書き能力の向上がその背景にあり、読者の大半は女性であった。他の感傷小説と同様に、電信ロマンの主題は非常に道徳的であった。良い家庭、家族そして子供たちに恵まれるようになるまで、主人公（女性）は強い意志を持ち、逆境に耐えて打ち勝たなければならなかった。会ったことのない人との電信を使った恋愛関係という点で、電信ロマンは他の感傷小説とちがい、「新し」かった。電気は時代の驚異であり、これで結ばれる愛も驚異であった。(1)

電信手の職が恋を呼ぶかもしれないことは、女性オペレーター自身も知っていた。一八八三年のストライキで指導的役割を果たしたニューヨークの電信手ミニー・スワンは、ストライキの直後に他の電信手と結婚した。彼女は、のちに次のように述べている。

モールスが電信を考案したころから、電信業にはロマンスの雰囲気があった。……その後しばらく、電信オペレーターになることには特別の意味があった。ふつうの人の理解できない知識を持っているというだけで、もうちがう存在だと驚異の眼で見られた。劇場や鉄道の無料パスがいつでもあった。だから、若くて世界を知ろうと思っている電信手たちは、冒険に誘うサイレーンの歌声の方へ近づくことができた。彼あるいは彼女はいつ退職しても次の職が見つかったし、たとえ当座の職場がなくても友だちがいた。「電信線で」始まった恋の多くは、結婚にゴールインした。(2)

〈電信線を通じて〉

電信ロマンの出版は、一八七〇年代前半に始まった。これは、クーパー・インスティテュートが開校し、ウェスタン・ユニオン社が電信業に多くの女性を入れようと努力するのと同時期であった。活字になった最初の電信ロマンの一つに、一八七〇年の『ハーパーズ・マガジン』二月号に掲載されたジャスティン・マッカーシーの〈電信線を通じて〉(Along the Wires)がある。(3)これは、「ある大西洋岸の大都

図20 『ハーパーズ・ウィークリー・マガジン』(*Harper's Weekly Magazine*) 掲載の「電信線のロマンス」, 1870年代. 著者所蔵.

市」の大きな電信オフィスのオペレーターであるアネット・ラングレーの話である。彼女はみなしごで、それゆえ働きに出た。これは決して彼女自身の罪ではなく、彼女は「毎日のパンを得るために忙しく働いて生活した」のである。

アネットは、電信局に電報を打ちに来る男性や女性が恋をしていると空想して、時を過ごしていた。そういう人たちの一人がチルダーズ博士で、「患者よりも理論を重視する」医者であった。彼は、人々のうちには他の人の心の中を読み取る「共感」能力を持つ者がいると信じていた。この共感の本質は電気ではないかと、彼は推測した。あるとき、チルダーズ博士は隣の市の研究所で講演するよう依頼され、その返事の電報を打ちに電信オフィスに来た。頼信紙を書いてアネットに渡した時、彼はアネットをちょっとのあいだ注視し、彼女が彼を注視したことに気づいた。女性に「共感」能力があるとは思っていなかった彼は驚いた。

「私はそれをしてもよいのでしょうか？　してもよいのならば、私はそこへ行きます」という彼の電報を送信しながら、アネットは「それ」とは恋愛（講演でなく）のことだと解釈した。彼はこれに気づいて、次からは、何の変哲もない文であるが恋文とも受け取れる電報をいくつもつくって送信を依頼した。電報を依頼するたびに、彼は彼女の「共感」能力に驚かされた。彼は、「電信手のような種類の女の子の育ちでは、ふつう、良くしつけられていないものだ」と思っていたからである。この社会階層の女性が人間の性質や心理を抽象化して把握できるとは、彼には驚きであった。

もちろんチルダーズ博士は、彼自身がアネットよりも上位であると考えていた。彼は男であったし、上層中流階級に属していたからである。しかし、彼には彼女の社会的位置がよくわからなかった。今日で言えば情報産業の労働者であるアネットは、チルダーズ博士だけでなく一九世紀の人々にとって新しい何者かであった。自活するために働かなければならなかった彼女は、有閑階級でないにちがいないが、技術と読み書き能力を持つので労働者貧民ではなく、下層中流階級に属した。

チルダーズ博士は、アネットの道徳的性格を試すことにした。彼は彼の妹に、妹の夫（チルダーズ博士とはあまり親しくなかった）の不在の時に訪問するという電報を打った。夫のいるこの女性が自分の妹であることを、電文には書かないようにした。彼が頼信紙をアネットに渡した時、アネットは赤面した。チルダーズ博士から見ると、これはチルダーズ博士が既婚女性と情事をしていると彼女が解釈したしるしであった。

ここで、小説の著者は読者に直接呼びかけ、「未婚の若い女の子」であるアネットが「世の中には不道徳な情事が行われている」ことを知っているからといって彼女を責めないようにと頼んだ。彼女は孤児であったから、「毎日のパンのために、仕事でいそがしい生活を送らねばならなかった」のであり、あなた方のお嬢さん（読者に娘がいるとして）のように家庭で安全に守られているわけではなく、「世界の罪と苦しみ」についての「若い女性には不必要で早すぎる知識」から隔離されていなかった。彼女は、「一日中電信オフィスに座って、入ってくるすべての電文――どんな内容でも――を送信し」、世界に罪悪が存在することを知っていた。しかし、筆者は、「アネットのキャラコのガウンの下にある胸は、清純さにおいてあなたのお嬢さんの胸に劣らない」と書いて読者を安心させた。

アネットはチルダーズ博士を下劣な男と思って、親しくするのをやめようとした。彼女はチルダーズ博士から距離を置くようにした。実は、姦通者という彼の仮面を彼女が嫌悪したことを彼は喜んだのであるが。(4) これは、彼女の精神に宿る「高い道徳性」の証しであり、一九世紀においては女性性の模範であった。

こうしてつくった偽りの姿を正すべく、チルダーズ博士は彼の妹に電報もう一つ送り、今度は宛先が彼の妹であることがはっきり分かるようにした。アネットの驚いた姿と安心した顔を見て、彼はアネットの道徳性をもう一度確認できた。彼女はまた彼に親しい態度をとるようになった。

数日後、チルダーズ博士が電信局に行くと、アネットは病気で、下宿で寝ていることがわかった。彼は急いで彼女のベッドに行って診察し、重い「神経発作」であると診断した。彼女が回復して、彼は彼女がだれかと恋に落ちているにちがいないと思ったが、相手が誰なのか見当がつかなかった。アネットの方は、チルダーズ博士が来て介護してくれると、うれしくて泣いてしまうのであった。彼女は本当に、彼の熱い心づかいに感動した。しかし彼女には、彼がまだ何か偏見を持っていてよそよそしいように感じられた。彼女は、彼はだれかと恋をしているのだろうと結論した。

この頃には、チルダーズ博士はもう超然たる態度と冷静さを失っていた。しかし、彼は、自分がアネットに心を奪われていることに気づいていなかった。彼は最後のつもりで電信オフィスを訪ね、彼女の恋人が誰なのか突き止めようとした。電報を打ちに来た人たちの列に並んで、アネットが客に応対しているのを見ているうちに、彼の不安は募ってきた。どの男性客に対しても、彼女の表情は変わらなかった。彼の番が来ると、彼女の顔はパッと赤くなった。この瞬間、愛し合っていることが二人にわかった。彼は、用意してきた電文を書いた紙を急いで引き裂き、かわりに愛の言葉を書きつけて彼女に渡し、「私は今晩、返事を受けとりにきますが、場所は別のところで」と言った。その晩、彼女の下宿で彼は求婚し、彼女はこれを受け入れた。まもなく彼女は退職して彼の愛妻となり、のち彼の子の母となった。

彼女は、「幸せで愛らしい妻として、夫の科学の理論と実践に献身的に協力した」とある。

〈電信線を通じて〉は、いくつかの点で、工場や繰糸場で働く女性についての一九世紀の話と共通である。アネットは受け身の性格として描かれており、誰かに救ってもらわなければならない状況にあった。エイミー・ギルマンが「歯車と車輪――一九世紀中葉の小説に見る女性労働のイデオロギー」（'Cogs to the Wheels': The Ideology of Women's Workin Mid-19th-Century Fiction）で指摘しているように、感傷小説の著者たちは「働く女性を理想化されたブルジョア・ヒロインに転身させた――主人公は、工場での〝犠牲〟から逃れて家庭の美徳生活を獲得する女性として、シンボル化された」のである。(5)

〈電信線を通じて〉の場合、アネットが直面した「危険」は、紡績女工のような肉体の消耗ではなく、ビジネスと商業の世界に働いて知る道徳の堕落であった。「商業世界の悪徳にさらされる危険」は、ながらく、女性を電信オフィスに入らせない口実であった。

〈ソースデール電信物語〉

バーネット・フィリップスの〈ソースデール電信物語〉（The Thorsdale Telegraphs）は、『アトランティック・マンスリー』の一八七六年一〇月号に掲載された電信ロマンである。これは一九歳の主人公メアリー・ブラウンの一人称小説で、彼女は鉄道電信所の女性オペレーターである。彼女はビジネスカレッジで電信を習って卒業したばかりで、この教育を受けた強みを自覚していた。電信術の知識がなかったら、彼女は教師をしている姉妹の手伝いをへんぴな地方の学校でしていたであろう。これは、彼女に言わせれば一級下の仕事であった。(6)

鉄道会社の電信手の口がソースデールにあり、彼女はここに来た。ソースデールは中西部の小さな町で、鉄道の路線二つの分岐点があるだけであった。駅の電信所に出頭して、彼女はまず電信手兼駅長のジャン・ソアの面接を受けた。彼はメアリーにあまり関心がないようすで、彼女が自己紹介したあとも時刻表を見続けていた。

彼女の名前をきいてから、彼はたずねた。

「電信の腕は速いかい?」

「そんなに速くありませんが、かなり実地経験があります」。

「そうかい。いざとなるとあわてるんじゃないだろうな?」と言いながら、彼は、別の電信機が動き出したのでその方を見た。電信機を見る彼のようすには、注意深さが少しあった。「今の電文がわかったかい?」

「いいえ」と、私は答えた。「私は聴いていませんでした。私に割り当てられた機械ならば、聴き取ったはずです」。

「まわりの音に関心はないのかね?」

「もちろん関心があります」と、彼女は返事をした。彼の質問はちょっと気にさわったが。

ジャン・ソアは彼女を試していたのである。一九世紀の鉄道電信手は、現代の航空管制官のようなもので、秒刻みの決断をしなければならず、これに何百人もの列車乗客の命がかかっていた。これについて、ジャン・ソアはのちにメアリー・ブラウンに次のように語った。「この二つの鉄道路線のひどい状況に、君もいやでもすぐにかかわることになる。どちらの鉄道の運転管理も目茶苦茶なんだ。われわれ電信手が機敏に決断しなければ、週の毎日に、大量の人が事故で殺されているはずなんだ」。ジャン・ソアはメアリー・ブラウンに質問するのをちょっと中断して、着信の音を聴いた。そして、彼は彼女に電鍵を握るように命じ、口述して次のような電文を送るように指示した。「当駅から九〇マイル地点あるいはその近傍で衝突発生。列車を駅に停めよ。まだ間に合うか?」

彼女は電鍵にとびついた。急いだので丸椅子をひっくり返してしまったが、モールス符号を矢のように送出した。ジャン・ソアは喜んだ。彼は、勝ち誇って、「正確だ! ミス・ブラウンは事故を防げるぞ」。彼は彼女にコップの水をあげようと言った。

彼女は、いっぱい食わされたと気がついた。これは新入りへのいたずらで、電信手世界ではではよくある加入儀礼であった。

「これはひどい」と、私は電信卓から離れながら言った。「私はあなたから水などもらいたくない。こんな非常電文を送らせるとは、まったくなんてことでしょう。冗談にしてもあんまりです。電信線は切り離されていて、どこにもつながっていない。それとも、あなたは受信者にこの電文は無効だと前もって知らせておいたのかしら」。

怒りを爆発させたメアリー・ブラウンは、控えめで受動的なアネット・ラングレーとはちがう電信手であることがわかる。メアリー・ブラウンは、電信カレッジで訓練を受けて卒業したプロであった。彼女は、ジャン・ソアを必ずしも上司であるとは考えず、同僚と見なしていた。彼女の態度から、アネット・ラングレーと比較して、一八七〇年から七六年までのあいだにおける女性電信手の地位の微妙な変化がわかる。

メアリー・ブラウンの怒りは、入電によって中断させられた。彼女は「ちょうど間に合った。列車を停止させた」と読み取った。続けて、衝突事故がすんでのところで回避されたと送信してきた。メアリー・ブラウンは、早とちりしたことをジャンに詫びた。

ジャン・ソアは、彼女の謝罪に対して何も言わず、警報を送ってきた隣りのスモイラーヴィル局のオペレーターはユーシービアという女性だとぶっきらぼうに語った、ユーシービアの送信のくせについて、彼は次のような文句を言った。「'drunk'(酔っぱらった)の代わりに、'intoxicated'と送信する女性電信手なんだ。drunk の方が六字も短くて良いいのに。……あわてる必要はないのに、字をとばしてしまう。牝牛が列車に轢かれても、重大な人身事故ではないのに、彼女は興奮のあまり痙攣したモールス符号で私に知らせてくるだろう」。

ジャン・ソアのメアリー・ブラウンに対する関係は、ユーシービアに対する関係と同じく、多少競争的であり、読者もこれに気づくはずである。鉄道の駅で女性オペレーターが男性のかわりに安い賃金で勤務していることが、彼の意識にあったのである。

ソアは、彼女に下宿は決まったかとたずねた。彼女はすでに適当な所を見つけてあり、あとはトランクを開けるだけになっていた。ソアは、ソースデールでの生活がどんなものになるか彼女に説明した。この町で文化と娯楽と言えるものはわずかしかなく、とくに「近代的な女性」にとってつまらなく感じるであろうというのである。

「われわれは最初からお互いを理解できたと思いますよ、ミス・ブラウン。ここの勤務では、朝から晩までずっと緊張していなければならない。休日は数日しかなく、こんどの休日はずっと先です。ソースデールは悪いところではないが、バーベキュー・パーティーも、ピクニックも、素敵な楽隊もない。ワシントン姉妹会（Sisters of Washington〔婦人参政権運動の団体〕）があるわけではないし、女性の権利なんてものもない。祝日もなければお祭りもない」。

ジャン・ソアは、彼自身について少し語った。彼の父親は鍛冶屋で、ノルウェーからの移民であり、この土地の最初の入植者の一人であった。ジャン・ソアの出自が低いことは、メアリー・ブラウンに対する関係で社会階層のハンディキャップのようなものであった――彼は、彼女がカレッジで教育を受けていることに引け目を感じていた。しかし、彼はソースデールという町について壮大な夢を描いていた。彼は、町の将来について想像を働かせ、マスタープランをつくった。これによれば、ソースデールは広い街路と大ビルディングの町になるのである。

ユーシービアから、また送信があった。酔っぱらった機関士ケットリッジが釜焚《かまた》きを機関車から放り出し、列車は猛スピードでソースデールへと暴走しているというのである。彼を止めないと、事故が起きる。ソースデール駅の線路には急行列車がいる。

ジャン・ソアは、スモイラーヴィル局あて「ベストを尽くす」と返事を打つようにと、メアリー・ブラウンに言った。いま何か助けになることはないかと彼女が尋ねると、彼は不機嫌そうに、自分の部屋に行ってソースデールの町のために「立派な女子大学」の計画を考えるように言った。これは、彼がこの危急に彼女はほとんど役立たないと思ったからであるし、また、彼女が受けた教育に対して彼が意識過剰であったからである。

「そんなことは大事じゃないです」と、彼女は少し怒って言い返した。しかし、彼女は次に何をすべきかわからなかった。ソアはプラットホームに行ってしまい、彼女は一人で部屋に残された。列車が停車して、外で大きな音がした。人間の体が電信オフィスの扉に激しくぶつかった。彼女はジャン・ソアに何かあったのではと心配して、急いで扉を開けると、人間の体がずれ落ちてきた。それは機関士のケットトリッジで、手にピストルを持っていた。彼が床に倒れた時、ピストルが発射した。彼女が扉を開けたタイミングがちがっていたら、ジャン・ソアが撃たれたところだった。

ソアはケットトリッジにとびかかって、締め上げた。ソアがこの酔っぱらった機関士を動かなくさせると、メアリー・ブラウンはなにが起きたかすっかりわかって、床にくずおれて「ヴィクトリア朝時代の女性の型どおりに力なく」失神した。彼女は馬車で下宿に運ばれた。彼女は一日休んだあと職場に復帰したが、ソースデールで電信手がつとまるかどうか不安でいっぱいであった。三八ドルの月給でこんなショックと大騒ぎを経験しなければならないのか、と思った。

鉄道会社はソースデールの電信手二人の英雄的行為に感謝し、代表をソースデールに派遣して表彰式と祝宴を催すことにした。メアリー・ブラウンはこんな晴れがましいことは好かず、参加したくなかった。彼女よりはソアが代表を迎えてあいさつすべきだと、彼女は主張した。そして、この際、ソアのソースデール開発計画を援助するように会社を説得すべきだと、彼女は提案した。彼は、彼には珍しく彼女の助言に感謝の気持ちをあらわして次のように言った。「ミス・ブラウン、本当のことを言うと、本社役員がここに若い女性をつとめさせると決めたとき、私は強硬に反対したのです。私は、女性電信オペレーターというとあのスモイラーヴィルの彼女しか知らなかったんだ」。メアリー・ブラウンは、自分のほかにもう一人別な女性オペレーターがいたらよいのに、ちょっとおしゃべりしたり、カギあみのパターンを交換したりできるのにと、茶目っ気たっぷりに言った。

彼女は、祝賀の日を一人で過ごし、湖のほとりを歩いて、気持ちを整理しようとした。ソースデールは退屈な田舎の町で、粗野な人ばかりだし、発展の見込みのない場所で、全くしようがないところだと思った。しかし、ジャン・ソアに好感が持てることは認めざるを得なかった。彼は、ぶっきらぼうだが、信頼できる人物であった。仕事の責任という点で、男性と女性は同等ではないと彼女は感じた。「電信オフィスの仕事は不安材料でいっぱいだ。一瞬の不注意で、私は列車を事故に追いやってしまうかもしれない。ここは男性の仕事場で、女性のいるところではない」と思った。

翌日、オフィスに戻って、彼女は退職を申し出た。ジャン・ソアはこれに同意した。ここ数日のような騒ぎは二度と起きないと彼は思うのだが、大問題が発生しているというのである。彼の説明によると、彼とメアリー・ブラウンを結びつけるゴシップがすでにひろまり始めていた。この町の新聞は、二人が婚約したとまで書き立てている。

メアリーにとってこれはあんまりであった。彼女はすぐに帽子をかぶって、下宿へと急ぎ、部屋に閉じこもった。扉をノックする音がして、彼女の姉妹からの電報が届き、いまここへ訪ねてくる途中であるという。彼女は、その晩のうちに姉妹と一緒にソースデールを出て、教師の職につこうと決心した。

彼女は、町を去る途中で駅に寄ってジャン・ソアに別れを告げようと考えた。彼は電信オフィスに一人で座っていて、暗い灯が燃えていた。町を去るので彼にさよならを言いに来たと言うと、彼は無言で電鍵を握り「彼が彼女を愛しているのを知らずに、彼女は町を去る」とモールス符号を打った。

その後六週間のうちに、二人は結婚し、ソースデールに新居を持った。ソースデールの町は大きくなり、繁栄し始めた。ジャン・ソアは町の名士になり、フィラデルフィア建国百年記念万国博覧会の審査員を委嘱された。ソースデールは、ジャン・ソアが夢見たように発展し、繁栄の中心地になった。メアリー・ブラウンの言葉によれば、「ここには、石のファサードまであるような家並みがある。キリスト教会とユダヤ教シナゴーグがあわせて五つあり、牧師とラビが六人、法律家一〇人、医師一一人、歯科医一七人がいる。ホテルが三軒あるし、それに──想像もしなかったことに──郊外に小さな別荘まである！　この町には競馬もあるし、泥棒もいて、離婚も大火事もあり、役場の公金横領もある。これらは、発展中の町の証しと言えるでしょうか？」という状況であった。

〈ソースデール電信物語〉の調子は、明るい。少々皮肉もある。この小説は、メアリー・ブラウンのロマンスを描くとともに、一九世紀という時代の進歩の信念を表している。〈ソースデール電信物語〉が〈電信線を通じて〉よりも現代的な小説であることは、明らかである。メアリー・ブラウンは、アネット・ラングレーとちがって、結婚する前に電信手の職業をあきらめて退職しなければならなかった。この小説は、彼女がジャンを夫として受け入れた選択は正しいと描いている。彼女は、ソースデールをモダンで進歩的な町にしようとする彼の努力を助ける。この小説には、女性は電信オフィスの重責にたえないという主張もある。それゆえ、この小説は、肯定的で発展的な結末であるにもかかわらず、ネガティブなメッセージを発している。女性はメアリー・ブラウンのような強いきっぱりした女性であっても、電信オフィスではなく家庭で家族と過ごすものであると、この小説は語っているのである。

ジョージー・スコフィールドの〈電信線による求愛〉

電信ロマンの著者の多くが女性電信手であったのは、驚くにあたらない。彼女たちは、電信オフィスにおける自分自身の毎日の経験から構想を得て、小説にした。

カナダのトロントから来た「ジョー」は、ウィットに富み気取らない投書の主として、『テレグラファー』の読者に知られていた。彼女は、小説〈電信線による求愛〉（Wooing by Wire）を書き、これはまずオンタリオ州ハミルトンの『ニュー・ドミニオン』(*New Dominion*)に掲載され、のち一八七五年に『テレグラファー』にのった。「ジョー」とは、一八七五年にトロントのドミニオン・テレグラフ社で唯一の女性電信オペレーターであったジョージー・スコフィールドのことであった[7]。

この小説の主人公は、三〇歳の自称「オールドミス」のミルドレッド・スニーデールである。彼女は、最初は学校の教師として、のち電信手として、一二年のあいだ自活してきた。彼女の両親も近親も、とうに亡くなっていた。「生来の快活で人づきあいのよい外面にもかかわらず、彼女は天涯孤独であった」。メアリー・ブラウンと同じく、彼女は学校教師よりも電信手をえらんだ。「無作法な生徒たちの頭を訓練しようとする」のに疲れ切って、彼女は学校の時間の後に近所の電信手について電信術を学んだ。電信は彼女の気に入った。「電信をやっていると、いつもと気分がちがった。電信は彼女にぴったりだったので、電信手になれば成功すると思った。電信はおもしろくて魅力があった。毎日のように、鈍い子どもたち相手にさえない授業をして過ぎて行く、それよりも電信の方がずっと楽しかった。彼女の将来の希望は、小さくて素敵な電信オフィス――彼女自身の――の所長になることであった」。

いくつもの電信会社に求職して断られた彼女は、電信の師匠に電信手の口はもうあきらめると告げた。すると彼は、自分はいまちょうど退職するところだと言った。彼女はもちろん喜んで彼の後任者となった。'Sg' 電信局('Sg' はこの局の識別符号)が女性局になったというニュースで、この界隈の電信線はもちきりになった。オペレーターのうち何人かは、女性オペレーターはナウでトレンディだと考えた。他の何人かは、電信線に女性がいるのは「電信線での(オペレーター同士の)会話の自由に対し制約となる」と心配した。「電試手たち(男性)は、よく、仲間に乱暴に当たり散らしては怒りをまぎらす。これは、エレガントというよりは乱暴な習慣で、女性電信手が入ったらもうできなくなる」と考えたのである。

　隣の電信局の局長トム・ゴードンは昔気質の男で、女性オペレーター着任のニュースを聞いて、「電信に女性を働かせるという新機軸を喜ぶべきか、それとも、男性の仕事であるはずの電信に女をいれる改革を憎むべきか」決めかねていた。「考えた挙句に、これが好きか嫌いかはあっても、大した変化は起きないだろうと結論した。こうして、彼の哲学は運命を受け入れ、いずれにしてもベストを尽くしてやっていくことにした」のである。

　ある晩、トムは同僚オペレーターであるフィル・バークとおしゃべりし、フィルは新入り女性オペレーターのことを話題にした。フィルの最初の質問は「彼女、美人かい？」で、堅物のトムは「たぶん美人だろう」と答えた。「彼女の送信は上等だよ」と、トムは言った。彼は、送信の腕前で彼女を評価した。女性にときどきある「神経質に引きつったスタイル」よりも、彼女はずっとましだった。フィルは、彼女がトムの気に入ったらしいと言って、たくさんの恋愛が電信線を通じて始まったことにふれた。トムは、それは妻を見つける方法の一つに過ぎないと言った。「電信線を通じて仕事し会話するのは、実際に会ってみるのと同じように、女の子の性格やくせを知るのに良い方法だ。多分、電信の方がいい。外見や容貌に惑わされずに、彼女のよさがわかるから」である。冗談交じりの会話が続いたあと、フィルは、「あの若い女性にトムはすぐ求婚する方が良い、会って話したりして判断を惑わされる前に」、と言った。トムは冗談で、「ああすぐそうするよ」と答えた。

　とかくするうちに、ミルドレッド・スニーデールは、書店の一隅にある電信オフィスを一新した。じゅうたんを敷き、ゼラニウムの鉢とカナリヤのかごを置いた。電信手という職業はオフィスで働く女性の最初の一つであり、オフィスを持つ女性というのも電信手が最初であった。女性オペレーターは男性よりもきれい好きで、オフィスを美しく飾るという評判があった。「モスリンかレースのきれいなカーテン、鳥かごが吊ってあり、窓には鉢植」という情景は女性オペレーターのオフィスのしるしであると、一八八六年の『エレクトリカル・ワールド』は書いている。(8)

ある昼下がり、彼女は処理すべき入電がないのでのんびりと座っていた。フィルとの会話で好奇心を刺激されたトムは、ちょっと彼女と電信で話すことにした。彼は彼女の名前をたずね、自分は隣りの局のオペレーターだと自己紹介した。二人が互いに名前と略号を交換する間もなく、別な局の「いやな奴」が割込んできて、ミルドレッドに受信を要求した。この男は、彼女が追随できないように、わざと火の出るような猛スピードでモールス符号を打ってきた。彼女が何とかこれを受信して送信オペレーターの署名のところまできた時、書店の扉をたたく音がした。扉をあけにいくため彼女は最後の字のいくつかを判別できなかった。彼女は「ブレーク(割り込み)」をかけて、署名部分の再送信を求めたが、彼は、彼女のミスを監督に報告するつもりで、こんなにミスの多いオペレーターは交代させる、とぶっきらぼうに打電してきた。いまや、彼が彼女を引っかけて女は電信ができないことを証明しようとしたのが明らかであった。これは、女性オペレーターへの非常にありふれたハラスメントであった。

突如、トムがブレークインして、彼女の助けに入った。彼は、その男が「侮辱する言を吐き、通信を故意におくらせた」と報告すると警告した。男は、引き下がって署名を再送信してきた。ミルドレッドは、トムを彼女の危急に駆けつけた「完璧なヒーロー」だと思った。こうして、二人は電信線を通じて知り合い、ひまなときに電信で会話した。彼は、彼女が「小さな変わったことに関心があり」、それを「独特のおもしろいやり方で表現する」と思った。

彼は、彼女の容姿はどんなだろうと思うようになった。これを知る良い方法を思いついて、彼は自分の写真を彼女に送り、代わりに彼女の写真を送ってほしいと言うことにした。しかし、語の綴りをまちがえたので、ことは彼の筋書き通りにはすすまなかった。彼は、写真と一緒に「私の写真を送らせていただきます。compliment（受け取ったというお礼）をすぐに郵便で下さい」と書いて送った。

たぶん彼は、「complement（代わりのもの）、すなわち彼女の写真」のつもりでcomplimentと書いたのであろう。こういった種類のまちがいは、女性オペレーターが犯す典型的ミスであるとして、男性オペレーターが槍玉にあげていた。そんなまちがいをしたトムの評価（ミルドレッドから見た評価）は、いっぺんに落ちてしまった。彼女はそれまで、トムを素敵な男性だと思っていたのに。彼女は彼の手紙をcomplimentという文字の通りに解釈し、トムから写真をいただいた「お礼」（トムが自分は上位にあると威張っていることになる）の手紙を送ることにした。このあたりに、著者「ジョー」によるジェンダー意識の取り扱いが微妙にあらわれている。この小説を読む女性オペレーターたちは、ミルドレッドの戦法にピンと来たはずである。彼女たちは、こういう経験を共有していたのである。

彼女は、「御恵送に深謝し、お言葉に従って返送いたします」と書いて、彼の写真を返送した。これを受け取って彼は驚いたが、自分がやりすぎたことを悔やむほかなかった。彼女は、いつもその日の彼への最後の送信の署名にはお休みなさいとつけ加えるのだが、その夜はこれをしなかった。彼にちょっとひどすぎる仕打ちをしたかと、彼女は心配になった。彼女は重い心でオフィスを閉め、「みじめな気分で、下宿へのろのろと歩いて行った」。

翌朝、二人は慎重に関係改善に着手した。彼は彼女に、「おはようございます」とていねいに送信し、自分の手紙が強引であったことを詫びた。しかし、彼は「あなたがそんなに無常で私を冷たくあしらうとは思わなかった」と付け加えずにはいられなかった。彼の手紙に書いてあった要求の通りにしただけだと、彼女は返事した。彼は、彼女が彼の望みをよくわかっているはずだと答え、自分の写真をもう一度彼女に送ると言った。彼女はこれに反対しなかった。

彼女は、今度は彼の写真を送り返さずに手元に置き、少々不安を感じたが、自分の写真を一枚、彼に送った。「写真は良く撮れていて、大きな茶色の眼と、上向きに反った鼻が特徴的」であることに自信はあったが、赤毛であることを知ったら彼ががっかりするだろうと心配であった。

写真を交換して間もなく、彼はミルドレッドに、今晩、勤務時間の後に電信で話そうという電文を送った。彼とミルドレッドだけに電信が通じるように、彼は接地線を建物の反対側〔ミルドレッドの局に近い側〕に埋めた。彼は彼女を愛していると告白した。彼女はこれに反対して、「あなたが愛しているのは私ではなくて、あなたが自分でつくりあげた理想の人です。あなたは、その人と私が似ていると思っているだけです。あなたが私に会ったら、自分のまちがいに気づいて、軽はずみな求愛を後悔するでしょう。なぜかと言えば、私は赤毛のオールドミスです！」と送信した。

彼は、赤毛は彼の好みであり、オールドミスについて言えば、年齢が多いことはそれだけ分別があることだと返事した。次の日曜日に、彼が彼女を訪問することになった。日曜の早朝に彼女は起きて、一番上等のモスリンのドレスを着た。鏡の前に立って、自分としては最上の姿だと思った。でも、ちょっと引っかかるところがあった。こんなに着飾るのは正直でない、もっとふつうに、いつも通りでないといけないと思ったのである。そして、ドレスを脱いで、かわりに「おとなしい鳩色（紫灰色）の絹の服にした。小さなクエーカー教徒のような姿になった」のである。

間もなくトムが到着した。彼は「長身の素敵な外見の男性で、髪は茶色で波打っていて、眼は深く濃い青色」であった。二人は散歩し、会話し、下宿のパーラーでランチをとり、一緒にその日を過ごした。

彼が去る時までに、二人は婚約した。彼は婚約指輪を彼女に贈った。

ジョーが描いた小説の少なくとも相当部分は、自分の経験である。ミルドレッド・スニーデールというキャラクターは、女性電信オペレーターが自己観察した「内部の」考えや感性を表現している。これは、〈電信線を通じて〉と〈ソースデール電信物語〉の人物像、すなわち男性著者が「外部から」見た女性オペレーター像（社会が女性電信オペレーターをどのように見ているかを示す）とは鋭い対照をなしている。

これら三つの小説のうち、〈電信線による求愛〉は電信オフィスに女性が勤務するという問題を採りあげ、彼女たちが男性同僚にどう見られているかを女性オペレーター自身の眼で描いている。アネットは男性優位の職場に自分がいることに特別の考えは持たなかったし、メアリー・ブラウンは電信オフィスに自分の居場所はないと結論した。これに比較して、ミルドレッドは、女性が電信オフィスにいて、男性はこれに慣れなければならないと主張したのである。自信に満ちたミルドレッドの姿勢は、一八七〇年代中ごろの電信業において女性の数が増加し続けた状況の反映でもある。

ジョーが書いた小説は、結婚と家族が女性の最重要なゴールであるという、当時の女性観を表していたが、また、職業生活を行うことは結婚・家族と両立しないわけではないとも主張した。職業生活を全うするには、仕事に挑戦してこれを遂行しなければならない。ジョーの投書が何度も『テレグラファー』に掲載されていたので、読者はすでにこの点についてのジョーの見解を知っていた。「女の子にとって一番大事なことは、男性にとっても同じであるが、何をなすべきかを見つけて、これに全力を尽くすことである、カーライルが言っているように、「働くことには無限の意義があり、怠惰は永久の失望に終わる」。有用な何かの仕事に従事して自活し、自分の力を発揮するのは良いことである。そうでなく手をこまねいた座ったままで、「だれかいい男性」があらわれるのを待つ女性もいる。しかし、長く待ってやっと現れたのはつまらない男だったりする、そんなことで良いのだろうか」と彼女は述べた。(9)

これら三つの小説のどれにおいても、女性電信オペレーターは隔離され孤立した気分を味わう。アネット、メアリー、ミルドレッドは、それぞれに「孤独」だと描かれている。これは、彼女たちの社会経済的位置によるものでもある。彼女たちは、生活を保障してくれる家父長のいる家庭を持たず、家族関係はなく、隣人・友人との交際もなかった。鉄道電信手アン・バーンズ・レイトンの仕事を持っていたので「交際などできなかった」という言は、これを裏づけている。隔離状態は、電信手という仕事にも関係していた。一九世紀中葉には、電信の原理を理解する人はわずかしかおらず、電信操作能力のあるオペレーターは当時の人々からは変った存在とみなされた。女だてらに電信ができることは、ミニー・スワンの表現によれば「一般大衆」から彼女たちをへだて、彼女たちに社会における違和感・孤立感を持たせた。

これらの小説の結末は結婚であり、エイミー・ギルマンの表現では「ヴィクトリア期の善良なヒロイン全員のハッピーエンド」であった。アネットは、裕福なチルダーズ博士と結婚して、劇的な社会階層の上昇を実現した。メアリー・ブラウンは、ジャン・ソアとの結婚によって社会階層を少々下げたが、ソースデールの町が成長し繁栄するにつれて夫とともに高い階層になった。ミルドレッドだけは、同じ階層である電信オペレーターと結婚したのである。

その他の小説

電信オフィスにおける恋愛を描いた小説として最も有名なのは、一八七九年にエラ・チーヴァー・セアーが書いた〈電信線に結ぶ恋〉（Wired Love）である。[10] これは、電信手ナティー・ロジャーズと、彼女の友だち連中、および、電信線を通じて知り合ったふしぎな電信手「C」の物語である。

話は、その電信オフィスの「唯一の技術者で局長」であるナティーが「Xn局」からの受信を書き取っているところから始まる。彼女は、好奇心丸出しで質問しにくる電信オフィスの見物人たちに悩まされていた。彼女が音を聴き取るだけで受信できるのかどうかときに来て通信を中断させる者もいれば、電信機の音は語や音節ごとにちがうのかとたずねる者もいた。突然、彼女は腹が立ってインク壺に接触し、服にインクをこぼしてしまった。気を取り直して、彼女は電信に「ブレーク」（一時中断）を入れて服を洗い、Xn局のオペレーター「C」に「再開、その先を送信せよ（G.A. すなわち Go Ahead）」と送った。

この相手局のオペレーターの性別は？ と、彼女は一瞬思った、「〝C〟は彼か、彼女かしら？」Cの方も同じ疑問を持ったようで、ナティーが男か女かをきいてきた。彼女は茶目っ気を出して、自分は「背の高い若い男性」であると返事した。Cは、それは本当かとたずねてきた。「送信にちょっとした男性と女性のちがいがあるが、あなたの場合は男性とは思えない」というのである。「そちらはどんな人？」というナティーの質問には、Cは「金髪の妖精のような女の子」だと返信があった。ちょうどそこで別のオペレーターが会話に割り込んできて、Cが自分について言っていることは本当ではないとナティーに警告した、

話がここまで来たところで、作者はナティーの生い立ちと生活を説明する。彼女は、公的世界と私的世界との二つの世界に生きている。公的世界は電信オフィスであり、見栄えがしないつつましい場所であるが、ここから彼女は「電気の翼というべき細い電信線に乗って外出」することができる。私的世界

は、下宿である。それは、ミス・ベッツィー・クリングの下宿屋の奥に壁で区切られた空間であった。ミス・ベッツィー・クリングは、ここをホテル・ノーマンから借りて、また貸ししているのである。ナティーは「父親が仕事に失敗して亡くなったあと、自活の道を選ぶ」ほかない境遇であった。彼女は、母親に負担をかけたくなかったので、「つらい道ではあるが、独立して生活できるように」電信手となった。「彼女は、座ったままじっとしていて、自活しなくても生計が保障されるように、結婚してくれる人を待つタイプの女性ではなかった」のである。

ホテル・ノーマンにあるみすぼらしい下宿屋の奥の部屋に住むことは、彼女のえらんだ「つらい道」の一部であった。ここをナティーにまた貸ししているミス・ベッツィー・クリングは、ゴシップ屋であり、かつ男女を組み合わせる仲人屋であった。ミス・ベッツィー・クリングは、ナティーと下宿人ミスター・クインビーをカップルにしようと相当の費用をかけたが、これはまだ成功していなかった。ホテル・ノーマンはきちんとした中流階層と言えるかどうかぎりぎりのところで、やっと経営を続けていた。ナティーの窓からの眺めは「荒れた風景で、育ちの悪いブドウの木や、物干にはためく何枚ものシーツ、灰があふれている樽」が見えた。

職業生活において、ナティーは「はっきりと電信に魅力」を感じていて、自分が新しいテクノロジーを理解して駆使するエリートに属していることに強い誇りを持っていた。しかし彼女は、この職業の女性の将来が限られたものであることにも気づいていた。彼女には「そのうちに魅力は退屈に変わってしまうであろう、という予感がした。それに、女性の昇進が行き止まりであることがはっきりしていた」のである。

ホテル・ノーマンに帰ってきて、ナティーは下宿の女主人ベッツィー・クリングにつかまった。ベッツィー・クリングは、ナティーをからかいながら、クインビーをどう思っているか聞き出そうとした。ミス・クリングのおしゃべりからのがれたあと、ナティーはホールでクインビーに出会ったので、彼が私に恋しているという噂を聞いたが本当かと、ふざけ気味にたずねた。クインビーは困って、ミス・クリングのつくり話を否定した。ナティーは、彼女の電信線上の新しい知人であるCについて、彼に話し始めた。彼にはそれが理解できなかったので、ナティーは「電信用語を知らないと、私たち電信手の話はわからないのですよ」と言って、電信の原理を説明した。

クインビーの恋の相手は、本当はホテル・ノーマンの別の下宿人ミス・シンシア・アーチャーだとわかった。彼女は成功を目指して情熱を燃やすオペラ歌手で、自称「ボヘミアン」であった。ナティーは、ミス・アーチャー――ニックネームでは「シン」――に会ってみたいと思い、彼女が働いている電信局にシンを連れてくるようクインビーに頼んだ。

すぐに、クインビーとシンはナティーのオフィスを訪ねた。シンは、電信の仕組みには関心がないと言った。ナティーは、「電信に見向きもしない人がいるなんてびっくりするし、腹が立ちます」とぴしゃりと言った。こういう無関心の例として、ナティーは、電報を打ちに来たある女性のことを語った。彼女は送ろうとする文を口述し、ナティーが送信文を書き取った。その女性は送信文を見て、iをたくさん追加して書き込んだり、tを消したりして直した〔電信線上の送信文は、短縮や略記などの約束があって、ふつうの文とはちがうところがある〕。その挙句に、いらだって「これじゃあジョンは読めない！私が自分で書く方が良い」と叫んだ。

皆でこの女性の無知を笑ったあと、クインビーが「ファク……シミリとかいうものがあるというけれど」ときいた。ナティーは電信技術の現状を良く知っていたので、「あります。でもまだ完成されていません」と答えた（いろいろな方式のファクシミリあるいは「ファックス」の実験があったが、開発が進んだのは一九世紀末で、商業的に成功したのは二〇世紀前半であった）。するとミス・アーチャーが、技術の進歩の速さについて、次のように不安と期待を口にした。

ああ、そうなの。じゃあ、さっきの女性は時代に先んじていただけなのね。今は電話もあるでしょう。それに、あのすごい蓄音器という機械は話した言葉をびんづめにして、好きな時に吐き出してくれる。そのうち、電気で何でもできるようになるんだわ。

ナティーとCとの「電信線による」関係は発展し続け、暇なときには電信線で会話するようになった。ナティーは、彼と実際に会ってみたらどうかと考えるようになった。しかし彼女の幻想は、Cと名乗る男性が彼女の電信オフィスを訪ねてきたときに砕かれた。でっぷり太っていて、脂じみた髪、目のふちが赤く、自堕落な生活が見てとれた。彼は安物の宝石をつけ、麝香の香りをさせていた。この彼は、彼女が心に描いていたイメージと全くちがった。彼女は電信線によるCとの会話を止め、彼を心の中から追い出すことにした。

この間に彼女はクインビーおよびシンと親密の度を深め、彼らの俳優・音楽家・「ボヘミアン」仲間に加わった。「ボヘミアン祭り」をすることになり、ステーキ、ポテト、オレンジ、いちじく、ロシア風シャルロット〔ババロアとスポンジケーキの菓子〕を用意した。食器の陶磁器や銀器などはなく、すべてを即製に箱と椅子の上にならべた。クインビーが友人のクレム・スタンウッド（Clem Stanwood）を連れてきた。彼は来た早々、デザートの上に腰を下ろすというヘマをした。クレムとナティーは意気投合し、ナティーはクレムを素敵な良い人だと思った。Cとの電信線による会話と、会ってがっかりした件を、彼女はクレムに話し始めた。クレムは、鉛筆でテーブルをコツコツとたたいた。それはナティー向けのモールス符号で、「ことのポイントをあなたは理解（see. see には見るの意とわかるの意がある。ただし、ここでは see と同音の「C」で表示している）していないのですか？　あなたはその日に〝C〟を見た［see／'C'］と了解している［see／'C'］が、あなたが見た［see／'C'］のはあなたが思って［see／'C'］いるCではないと気づき［see／'C'］ませんでしたか？」であった。実はクレムが「C」であると、ナティーにもわかった。彼女のオフィスに現れた汚れた髪の感じの悪い男は、にせものであった。

ナティーとクレムは、すぐにカップルになった。クレムは、彼女の近くにいようと、クインビーのところに引越した、クインビーの部屋からナティーの部屋に電信線を張り、ナティーとクレムは愛の通信をかわせるようになった。しかし、その線はベッツィー・クリングに見つかり、取り外すように言われた。彼女は、「若い女性の寝室から男性の寝室へ電信線を張るのは不謹慎だ」と考えたからである。しかし、クレムが彼女は彼の妻になる女性だと話したので、この電信線の件はハッピーエンドに終わった。彼は、寝室間に電信線を一二本も張りたいくらい幸せだと、ベッツィー・クリングに言った。

小説〈電信線に結ぶ恋〉は二〇年ほどのあいだ人気を保ち、一八九〇年半ばの『テレグラフ・エイジ』にもこの本の販売広告があった。長い人気の秘密は、この小説が若い人・現代的な人の職業を扱ったからである。古い世代の人から見ると、ホテル・ノーマンにおける立会人のない男女交際など、スキャンダルに近いものであっただろう。しかし、若い読者たちは登場人物の生き方と熱気に共感した。〈電信線に結ぶ恋〉は、教育のある中流階層の若い独身男女が持つ独特のライフスタイルを描いた最初の小説の一つである。その登場人物は親の家を出ているがまだ結婚しておらず、同年輩の連中とだけ楽しくつきあう。ナティーとその仲間は、多くの点で今日の都会の専門職の人々すなわち「ヤッピー」と似ており、その先駆ということができる。

電信手たちの「ボヘミアン」ライフスタイルを扱ったのは、〈電信線に結ぶ恋〉が最初ではない。電信手たちは気ままに生きる、という評判が早くからあった。彼らは読み書き能力が高く、よく俳優や芸術家の仲間になった。ある「古顔の電信手」は、一八七三年の『テレグラファー』に「昨今における電信手の特徴」と題した小文を寄せ、「正直に言うと、以前の電信手たちはボヘミアン仲間であった。まわりの人々も、そう見ていた。以前の電信手たちは、鉄道員や蒸気船の船員と良い友達であり、俳優や芸人とも親しかった。これらの人々は、電信手の性格や振舞いに自分たちと似たところを見て、仲間づきあいをした」と書いている。[11]

ナティーとその友だちの生活はちょっとふつうとちがってボヘミアンであると描かれているが、彼らの熱気に満ちた生活は当時の公認の道徳基準から逸脱していなかった。著者セアーは、このことを注意深く示している。あふれる若さのせいで道徳規律は多少ゆるいにせよ、この小説では結婚と家族という最終のゴールは不変であり、これに疑問の余地はなかった。

一八七二年にリダ・A・チャーチルが、同じような小説〈マイ・ガールズ〉（My Girls）を書いている。[12]これは、著者がマサチューセッツ州ノースブリッジで電信手をしていた経験に基づいている。主人公セシル・エマーソンの父は、もと南北戦争兵士で、かつかつの生活をしている大工であった。彼女は、電信手としての稼ぎで両親と五人の兄弟姉妹をたすけていた。この小説はニューヨーク市の五人の女性電信手グループの仕事とロマンスの成功物語で、彼女たちの生活と経験が描かれている。ここでは電信手という職業とこれに伴う独立したライフスタイルがバラ色に示されているので、『オペレーター』誌の編集者は紹介記事に次のような警告を挿入せずにはいられなかった。「この小説のヒロインの輝かしい成功例にならうべくニューヨークに行く女性オペレーターがいないことを希望する。この意味では、このようなストーリーは全くあり得ないし、これを信じると害になるであろう(13)」。

恋愛と結婚について電信ロマンが描いたことが電信手たちおよび一般の人々に与えた影響を考えてみよう。直接の影響と考えられるのは、一八七〇年代後半に突然流行した電信による結婚である。一例を挙げると、一八七六年にペンシルベニア州ウェインズバーグのウェスタン・ユニオン社オペレーターであるG・スコット・ジェフリーズと同州ブラウンズヴィルの電信手リダ・カラーが、電信で交際を始めて、電信で結婚した。ブラウンズヴィルの電信オフィスでカップルと立会人全員が起立し、牧師がウェインズバーグ局から電信で式を執行した。「夫に……しますか？　妻に……しますか？」という牧師の問いに対する花嫁と花婿の返事「はい」を含めて、式辞のすべてが『テレグラファー』に掲載された(14)。

電信による結婚があまりにも流行したので、一八八四年に『ニューヨーク・タイムズ』の社説はその法的有効性に疑問を呈した。これが法廷で審理された例はないが、『ニューヨーク・タイムズ』は「電信による結婚は法と道徳をないがしろにするものであり、これに手を貸す聖職者は……内縁関係を続ける愚かな人々を激励していることになる」と非難した(15)。

〈檻の中〉

ヘンリー・ジェイムズが一八九八年に発表した小説〈檻の中〉は、ヴィクトリア朝イングランドにおける階級と社会の問題に立ち入っている。ストーリーは、見かけ上〈電信線を通じて〉に似て、ロンドンのメイフェア地区の女性電信手と電報発信者たちとのやりとりの展開である。電報発信者たちが持ってくる電文から、女性電信手はいろいろなファンタジーを紡ぎだす。主人公の名前は明かされず、奇妙な謎のままである――ジェイムズは「ある若い女性」とだけ言っている(16)。

「われわれの主人公である若い女性」が勤務する郵便電信局は、コッカーズ食料品店の一部分にあり、このあたりはロンドンの富裕階層が住む地域であった。しかし、彼女にとってこの郵便電信局もその窓口も、社会階層を上向する助けにはならなかった。むしろ、彼女は自分がどんなに下の社会階層に落ちているかをここで感じるのであった。彼女は、夫を亡くした母を養うために働かなければならなかった。酒飲みの母親と一緒に彼女はみすぼらしいアパートに住んでいたが、このアパートのようすについてこの小説は決してふれない。以前に家族関係の不幸があったことが、ほのめかされている。主人公の唯一の親友がミセス・ジョーダンである。彼女は教区司祭の未亡人で、今は金持ちの家のフラワー・アレンジメントをしている。「われわれの主人公」は、大邸宅の内部の豪壮さの話と引き換えに、ミセス・ジョーダンに電報発信者たちのゴシップを語るのである。

彼女の郵便電信局に来る電報発信者たちは金持ちで浪費家であり、その気楽で放埒な生き方を「われわれの若い女性」はうらやましく思っていた。しかし、彼女は自分の生活については現実的に考えていた。休みの日曜日には、彼女はミスター・マッジと会うことにしていた。彼は彼女の局と同じような郵便電信局の局長で、その局はロンドン西北の市内のチョークガーデンにあった。チョークガーデンは、彼女の局のメイフェアよりもずっと庶民的なところであった。ミスター・マッジは、実際的であるが面白味のない人であった。彼女は彼に夢中というわけではなかったのだが、現実的な道として、彼と結婚するつもりであった。

「われわれの若い女性」のファンタジーの中心は、彼女の電信オフィスに現れるキャプテン・エヴェラードという若いハンサムな道楽者であった。彼は、しょっちゅう来て、電信で恋人とのランデブーの打ち合わせをした。彼女の印象では、彼は「心の秘密まで平気で電信で送るような種類の人」に属していた。キャプテン・エヴェラードが惹かれているレディ・ブラッディーンは、主人公が見たうちで「最もきれいな人」であった。この女性は真珠とスペインレースで着飾って、電信オフィスに来たことがあった。主人公である女性電信手は二人の電文を読んで、すぐに彼らの関係がわかった。ひまな時に彼女は、リージェントストリートやハイドパークやパリにおける彼らのデートについて大胆な空想をひろげた。彼女は、二人になにか影響力を及ぼしているような気がしてきた。彼らのあいびきのたすけをしているように思えたのである。

ある晩、主人公は仕事のあとにキャプテン・エヴェラードの家の前を歩いてみた。ここで彼女の空想は、現実と交差した。予想通り、彼女は路上で彼と出会い、彼は彼女にあいさつした。彼らは会話しながら近くの公園に入って、ベンチに腰を下ろした。彼女が夕食はまだだと言うと、キャプテン・エヴェラードは、レストラン（もちろん高級レストラン）でディナーをいっしょにしませんかと言いかけたが、それは社会階級のちがいで無理だと思った。彼女もこれに気づいて、「今日はもう十分に食べました（われわれのような者は日にいちど食べれば十分です）」と言った。彼女は、彼の恋愛を知っていて、彼の助けになることなら何でもすると彼に言い、さっと立ち上がって歩き去った。この時に、彼は彼女を傷つけることを何も言ったりしたりしなかった。心の中でロマン化したイメージに今日の彼がぴったりだったので、彼女はうれしく思った。

数週間後に、キャプテン・エヴェラードが急いで電信オフィスに入ってきて、レディ・ブラッディーンがずいぶん前に送ってきた電報を見せてほしいと言った。彼は変なトラブルに巻き込まれていて、その電報の情報だけが彼を救えるのだという。主人公は、今や自分が優位にあることに気づいて、その電報に心あたりはないと言った。もっとくわしい説明してくれないと古い電報を思い出せないと言って、しばらくの間キャプテン・エヴェラードをじらせてから、彼女は記憶をたどって、彼がさがしている情報を紙に書いた。彼女のつれない態度にもかかわらず情報が得られたので、キャプテン・エヴェラードは大喜びで出て行った。彼は、二度と戻ってこなかった。

のちに「われわれの若い女性」は、ブラッディーン卿が亡くなり、その結果、レディ・ブラッディーンとキャプテン・エヴェラードは結婚することになったと、ミセス・ジョーダンから知らされた。キャプテン・エヴェラードは実は文無しで少々不良であることがわかったが、「われわれの若い女性」が修復した電報情報によって大変な災厄（その真相は明らかでないが）から救われた。「われわれの若い女性」は、ミセス・ジョーダンのところから下宿への帰途で、もうメイフェアのことは忘れて、チョークガーデンでマッジと住ことに決心した。

この小説は、ヴィクトリア時代後期の階層意識を描いていて、非常に興味深い。〈電信線を通じて〉のアネット・ラングレーは心に抱いたファンタジーの対象であった人物と実際に結婚したが、「われわれの若い女性」はキャプテン・エヴェラードとの関係を真剣には考えなかった。目に見えない階級の壁が彼らの世界を隔てていたからである。同時に、皮肉なことであるが、身分の高くない電信手という職業のおかげで彼女はキャプテン・エヴェラードと親密に接することができた。アネットの場合、一九世紀の米国の階級の壁はそれほど高くなかったので、チルダーズ博士の妻になることができた。ヘンリー・ジェイムズの女性電信手は、「コッカーズで働く電信手よりもずっと平凡な仕事をしている人がたくさんいること、政府管轄のオフィスで働くことはそれなりに上等であることをよくわかっていた」。

彼女の階層で現実に選び得る道は、マッジと結婚してチョークガーデンで暮らすことであった。

映画のなかの女性電信手

D・W・グリフィス監督の作品

バイオグラフ・スタジオ（Biograph Studios）で働いた米国の映画監督D・W・グリフィスは、電信網の末端で孤独に勤務している女性オペレーターに興味を持ち、このイメージを彼の最初の長編映画二本の主題にした。〈ローンデールの電信オペレーター〉（The Lonedale Operator）と〈女性電信手の重いつとめ〉（The Girl and Her Trust）である。〈ローンデールの電信オペレーター〉が先につくられ（一九一一年制作）、主演はブランチ・スウィートであった。主人公は、西部のへんぴな鉄道電信所のオペレーターである。「ローンデール」という場所の名〔lone は一人ぼっちの意〕がすでに、彼女の孤独な環境をあらわしている。強盗が駅を襲撃したとき、彼女は、モンキーレンチ（工具）をハンカチでくるんで銃をもっているように見せかけ、助けがくるまで強盗を中に入れなかった。

〈女性電信手の重いつとめ〉は、翌年にドロシー・バーナード主演でつくられた。これは、〈ローンデールの電信オペレーター〉のリメイクであった。ストーリーは、〈女性電信手の重いつとめ〉の方が洗練されていて自然であった。二本の映画制作のあいだの期間にグリフィスが新開発した撮影技法を使って、リメイクしたのである。グリフィスは、加速する列車を追う車載カメラを使って、スピード感豊かな追跡シーンを入れた。

ドロシー・バーナード演じる女性電信手グレース（Grace）が対処しなければならない相手は、会社の金庫にある給料をねらう強盗だけではなかった。彼女に恋を仕掛けようとする男が、何人もいたからである。最初の一人は、冴えない男で、身なりはみすぼらしく、これをグリフィス自身がチョイ役で演じた。この男は、ご機嫌を取るつもりで、グレースにジュースを飲ませようとした。彼女はこれをはねつけ、電信所から出て行くように彼に言った。「名なしのニヒル」の言葉でいえば「教育などない粗野な連中」のあしらい方を、彼女は知っていたのである。電信所のまわりには、こういう手合いがうろついていた。彼女は駅員が言い寄ってくるのも、うまく受け流さなければならなかった。彼女が自分で持ってきたソーダ水を彼にも勧めたとき、彼は無警戒であった彼女の唇にキスしようとした。

彼女の冒険は、会社の給料――相当大きな金額――が次の列車で到着するという電信が入って始まった。彼女は、電信手であると同時に。急行列車進発係でもあった。電信手が鉄道の駅務も行うのはふつうのことであった。会社の担当者が金を受け取るまでは、彼女に管理する責任があった。彼女は、電信所から出るとき護身用ピストルを携帯するように言われたが、「今まで何も起きなかったから大丈夫」と、これを断わった。男性駅員はピストルを持ったが、弾は抜いて電信オフィスに残した。

給料を積んだ列車には悪党が何人か乗っていて、急送荷物箱をこわして中にある金を奪おうと企んでいた。これに気づいたグレースは、電信オフィスに立てこもり、隣りの電信局に救いを求めて打電した。強盗たちは電信線を切断し、急送荷物箱の鍵を奪うため電信オフィスに押し入ろうとした。しかし彼女は、はさみをハンマー代わりにして弾丸をたたいてドアのところで爆発させた。強盗たちは、彼女が銃を持っていると思い込んだ。

この間に、隣りの局のオペレーターが彼女の電信を受信して救助に列車を派遣し、この列車のために線路を空けるよう他の列車すべてに指令した。強盗たちは、鍵がなくて急送荷物箱を開けられないので、箱ごと奪ってどこかで壊すことにした。グレースは、強盗たちのトロッコに飛び乗り、金を守るつとめを果たそうとした。トロッコはスピードを上げる。逃げる悪党たちを追って、グレースへの恋に破れた鉄道員を乗せた救助列車が突っ走る。グリフィスは、移動カメラで追跡シーンを撮った。これは、この技術を使用した最初のシーンの一つであった。

グレースは、救ってくれたお礼に、この駅員にキスした。これは、文字通りのハッピーエンドであった。ジャクリーン・ホールの言い方を借りれば、グレースは仕事の能力と女性らしさの両方を持つことを実証し、女であることと「鉄道野郎ども」の一員であることが両立することを示したのである。[17]

バイオグラフで撮ったグリフィスのこの二本は、「西部劇」と分類できる最古の映画であり、女性を中心人物にしている点でおもしろい。グレースは「かよわい」女性として描かれているが、機略と技術知識によって弱さを克服するのである。

〈ヘレンの危機〉シリーズ

〈ヘレンの危機〉(Hazards of Helen) シリーズの主演は、最初はヘレン・ホームズ、のちにはヘレン・ギブソンであった。主演女優二人は、馬にまたがり、勇敢な電信オペレーターとして大胆不敵な行為で観客を驚かせ、〈ポーリーンの冒険〉(Perils of Pauline) のパール・ホワイトらと人気を競った。一一九本の〈危機〉シリーズが、一九一四年から一七年のあいだに撮影された。

一九一五年封切りの〈給水塔からの跳躍〉(The Leap from the Water Tower) はヘレン・ホームズ主演で、撮影はカリフォルニアの風光明媚なカホン峠で行われた。鉄道のシーンは、近くのサンベルナルディーノ駅で撮影された。悪者の制動手が勤務中の飲酒と喧嘩の理由で解雇され、腹いせに三〇〇一型機関車に牽引された列車の空気ブレーキを動作不能にした（三〇〇一型機関車は、アッチソン・トピカ・アンド・サンタフェ（Atchison, Topeka and Santa Fe）鉄道の機関車で、世界最大の機関車の一つであった。〈ヘレンの危機〉の何本もの映画で、この機関車が使われた）。この制動手は列車事故で負傷し、良心を取り戻して、彼がどんなしかけをしたかを救護人に告白した。救護人は電信所に全力で走り、ヘレンのオフィスあてに至急電信が送られた。

ヘレンは電文を読んで、列車の乗務員に危険を知らせなければならないと思った。彼女は馬に飛び乗り、上記機関車のボイラーに給水する給水塔まで走った。彼女は給水塔のてっぺんまでよじのぼって、三〇〇一型機関車が猛烈な速度で通り過ぎようとする時に、機関車をめがけて飛び降りた。彼女は乗務員に警告を伝え、彼らは急いで壊れた空気ホースを修理した。

末端のへんぴな場所で働く女性鉄道電信手が、言い寄ってくる男どもを受け流しながら、多数の電報をさばき、毎日を鉄道の運行のために献身する、その姿は、このシリーズ映画の売り物であった。西部劇仕立てであったので、ヒロインが馬に乗って疾駆するのは自然であり、ヒロインは男性と対等にふるまうのであった。せっぱ詰まった瞬間の大胆な離れ技は、いなか育ちでなく都会の女性という設定であったらできなかったであろう。

西部劇

トーキーと西部劇というジャンルが現れると、女性電信手をお決まりの主人公にした映画が何本も撮られた。一九四〇年代と五〇年代には、女性電信オペレーターを描いたものがとくに多く、鉄道と蒸気機関車への郷愁がスクリーンに見られるようになった。

〈西部魂〉(Western Union) は、ハリウッドで一九四一年に制作された。監督は、一九二六年の〈メトロポリス〉(Metropolis) で有名なドイツ人 (オーストリア出身) フリッツ・ラングであった。〈西部魂〉は、一八六一年の大陸横断電信線建設の半フィクションで、ランドルフ・スコット、ロバート・ヤング、ヴァージニア・ギルモアが出演した。ヴァージニア・ギルモアは、電信手スー・クレイトンを演じた。スーは電信建設監督エドワード・クレイトン (Edward Creighton) の妹という設定で、エドワード・クレイトンをランドルフ・スコットが演じた。エドワード・クレイトンは実在した人物で、大陸横断電信線の建設のほとんどについて責任者であった。しかし、彼に電信手であった妹がいたという史料はない。それはともかく、映画では彼女はロマンスの対象として描かれ、強くて寡黙なヴァンス・ショー (ディーン・ジャガーが演じた) と東部地方から来た金持ちの男リチャード・ブレーク (ロバート・ヤング) の両方からの求愛に悩むのである。

人種差別と性差別という観点からすると、この映画はひどい。インディアンは飲んだくれの無骨者として描かれ、彼らが電信線に触れないように、電気ショックを与えて教え込まなければならなかった。大陸横断電信線建設に意気込む工夫たちを満載した幌馬車が西へ向かうシーンがあり、ここでスー・クレイトンは「これを見たら、女でも羨ましがって、男に生まれればよかったと思うだろう」としみじみと感じるのである。

物語の当時の電信機器が正しく使ってある点では、この映画は価値がある。多数の本物の電鍵、音響機 (サウンダー)、電池などである。これらの使用については、ウェスタン・ユニオン社の支援があった。その結果であろうか、映画には無法者が「ウェスタン・ユニオンに手向かってはいけない」と説教されるといったシーンもある。

一九五一年の〈西部挺身隊〉（Overland Telegraph）は、ティム・ホルト（Tim Holt）主演の西部劇で、ゲイル・デーヴィスがひたすら強い電信オペレーター・建設監督・マネジャーであるコリーン・マルドゥーン（Colleen Muldoon）を演じた。コリーンはアイルランド系で、女性電信手テレンス・マルドゥーン（Terence Muldoon）の娘という設定であった。このあたりは、実際の女性オペレーターの史実通りである。この映画は、コリーン・マルドゥーンが電信柱のてっぺんから二人のハンサムなカウボーイに「救出」されるというおかしなシーンから始まる。それにもかかわらず、〈西部挺身隊〉は、女性オペレーターを強くて信頼できる指導能力のある人と描いた初期の作品として、記念碑的存在である。〈西部魂〉のスー・クレイトンとちがい、ゲイル・デーヴィスの演じた役は、平気で電信柱に登って線を張り、電信局を統率し、工事労務者を指揮する女性であった。コリーン・マルドゥーンの父が建設を妨害する者によって殺された後、彼女は電信局長になる。さらに彼女は、ヒュー・ボーモント（Hugh Beaumont）演じるブラッド・ロバーツを頭目とする無法者の一団を追って、捜索隊を指揮してその先頭に立った。彼女とティム・ホルトや彼の相棒チコ・ラファーティとの恋愛話は、映画の最後まで出てこない。

一九五三年のレイ・ナザロ（Ray Nazarro）の映画〈カンサス大平原〉（Kansas Pacific）では、イヴ・ミラーが電信手バーバラ・ブルースを演じた。彼女は、鉄道建設の地区責任者キャル・ブルースの従順な娘で、食事一切の準備をするだけでなく、電信手をつとめた。電信は鉄道キャンプと外界とをつなぐ唯一の道であった。それゆえ、彼女の電信の能力は非常に重要であり、彼女がこの映画の中心人物である。ストーリーは、南北戦争前のカンサスで南部連合支持者たちが鉄道建設を妨害するという設定であった。場面は、カンサス・パシフィック鉄道の建設をめぐって進む。時代は南北戦争前ということになっているが、これは歴史上の事実とはちがい、実際はカンサス・パシフィック鉄道は一八七〇年代にジェイ・グールドと彼の同調者によって建設された。南部派勢力と北部連合支持派に分裂した南北戦争前の「血を流すカンサス」については、この映画は正確に描いている。ウィリアム・クアントリル（William Quantrill）に率いられたゲリラ団の南部連合活動家たちが、カンサス・パシフィック鉄道建設を妨害しようとした。北部連合にとって、この地方と遠隔の西部との連絡がこの鉄道で可能になるからである。脚本は、軍事電信手ルイーザ・ヴォルカーによる実話に基づいていると思われる。彼女は、南北戦争前にミズーリ州で、セントルイス・アンド・アイアンマウンテン鉄道で、軍の電信手として働いた人である。

カンサス州ロックウッドで鉄道建設隊が襲撃され、映画の場面はワシントン市へと変わる。ウィンフィールド・スコット将軍は、陸軍技師ジョン・ネルソン（スターリング・ヘイドンが演じる）に、民間の土木技師を装ってカンサスへ行き、鉄道建設を予定通り完工させるよう命令した。画面は再びカンサスになって、バーバラ・ブルースが父と住む有蓋貨車のなかで夕食の皿を洗っている。突然、電信が入り、皿洗いは中断される。鉄道建設の監察にネルソンが来るという知らせであった。父キャル・ブルースはいぶかしく思って、バーバラに電文の読みちがいではないかとたずねる。電文にまちがいはないと知って、彼の疑念は怒りに変わる。彼は、ネルソンと交代させられると思ったのである。

ネルソンが到着してすぐには、バーバラは彼に冷たくした。彼が彼女にいったい何が問題なのかとたずねたとき、彼女は、彼女の父を犠牲にして出世しようとする男に親しみを感じることはできないと答えた。ネルソンは、自分にはそんな意図はないと誓い、本当の目的をかいつまんで説明した。キャル・ブルースは、ネルソンの陸軍式の乗馬姿を見て、ネルソンの本当の目的をすでに察していた。

ネルソンが武装した護衛をキャンプの周りに配備したにもかかわらず、工事への妨害は続いた。線路がコロラド州境まで開通したあと、とうとう南部連合活動家たちは列車を砲撃するという挙に出た。ネルソンは、北部連合の部隊と大砲を積載した列車を呼び寄せて対抗し、南部連合の非正規兵を蹴散らした。

フィナーレでは、駅でネルソンがバーバラに別れを告げる。南北開戦にそなえて、彼はワシントンへ行くことになっている。二人にロマンスが芽生えていることは、明らかである。南北和平が成ったらすぐに戻ってくるとネルソンは約束し、バーバラは必ずそれまで待っていると応える。

ヨーロッパの映画

ヨーロッパでは、鉄道の駅が社会的および政治的テーマの場所になっている映画が二〇世紀中ごろに何本もつくられた。一九六七年のイジー・メンツェル監督のチェコ映画〈厳重に監視された列車〉（運命を乗せた列車 'Closely Watched Trains'）は、その一つである。第二次世界大戦中のドイツ占領下の町コストムラティを舞台とし、新米の信号係ミロシュ・フルマのうまく行かない恋愛を描いた深刻なコメディである。これに、フルマの先輩駅員で皮肉屋で女たらしのフビチカとその恋人ミス・スヴァター――駅の電信手で、退屈して困っている――の関係がからむ。スヴァターの母は、フビチカが娘を誘惑しただけでなく、娘の身体のいろいろな部分に駅の公印を押したことを知り、この怠け者の誘惑男を町の治安判事のところに引きずり出した。ミス・スヴァターの事件は、一九世紀に米国の親たちや社会改良家たちが抱いた懸念の通りであった。彼らは、鉄道駅という場所がそこで働く若い女性のモラルをむしばむと恐れていた。この映画に描かれた中央ヨーロッパ鉄道のようすは正確であり、記録電信機類についてもこれが言える。

一九九〇年のハンガリー映画〈私の二〇世紀〉(My Twentieth Century)は、電気と神智学をめぐる神秘的な比喩に満ちている。一九世紀末ヨーロッパで、男漁りでアナーキストで双子のそっくり姉妹が送る複雑でややこしい生活の話である。フィルムは、一九世紀後半における電灯照明のインパクトを生き生きと描き出しており、まばゆいばかりの電気照明のスペクタクルがスクリーンに現出される。終わりの方で、憂いを帯びた顔をしたトーマス・エジソンが世界電信網の出現を告げ、印刷電信機を駆使する女性が瞬時に世界中に電報を中継する。

ほかにもこの頃につくられた映画に、電信が出てくる。かつては、電報の到着はその電報を受け取る人にとって大事件発生を意味した。この古い時代が想い起こされるように電信がシンボルとして使われ、スクリーン上のカチカチいう音響電信機の大写しがグローバルな通信の到来を示した。それは、世界中の人々が結び合わされると同時に疎外されるというアイロニーでもあった。

一九世紀における電信業への女性進出の結果、電信ロマンという新しい文学が現れた。電信ロマンは、会ったことのない異性との介添人なしの交際を電信が可能にするという状況を描き、新しい中流階層の価値観の変化を促進しつつ、センチメンタルな通俗フィクションの一ジャンルとして人気を博した。エラ・チーヴァー・セアーの一八七九年の小説〈電信線に結ぶ恋〉は、金ぴか時代における都会の若い職業人のそれまでとは少々ちがったライフスタイルを描いた。女性電信手のうちで文才のある者も、電信ロマンスを書いた。イギリスのヘンリー・ジェイムズは、ヴィクトリア期における階級問題を描くのにこのジャンルを使い、〈檻の中〉を書いた。

初期の無声映画には、女性電信手がよく出てきた。グリフィスは、末端の電信局で働く孤独な女性電信手というイメージを創り出し、この女性を主人公としてシリーズ映画を撮った。西部劇映画でも女性電信手が中心人物になり、自信に満ちた大活躍の姿と家庭的な姿を交互に見せる女性電信手が定型のキャラクターであった。

文学でも映画でも女性電信手はセンチメンタルに美化されたが、これらの小説や映画は同時代の人々から見た電信手という独特のイメージを示している。また、これらの小説や映画は、新しい通信テクノロジーが人々の交際のパターンを変え、既存の道徳秩序に挑戦するかもしれないことを示唆している。その先見性は、インターネット時代に入る現代のわれわれにとって注目に値する。

第6章　女性電信手と労働運動

米国の電信手のほとんどは労働者階級出身で、賃金と労働条件の改善に労働組合が果たす役割を知っていた。しかし、彼らは、「おおっぴらにデモして労働者の団結を示すのをためらう」傾向があり、ことに経済が好況である時期はこれが強かった。むしろ、事務員や公務員の中流階層の伝統的な振舞いと同様に、彼らは職場で勤勉に働いて上司に認められ昇進しようとした。電信手の賃金はふつうは月給であり、その月給は上司との折衝で個別に決められたから、彼らの振舞いはもっともであった。鉄鋼王アンドルー・カーネギーも、勤勉を上司に認められてメッセンジャーボーイからＵＳスチール社の社長まで登りつめた。これは、彼がのちに書いたり講演したとおりである。

しかし、不況期には、電信手たちも個人の努力によって状態を改善できるとは考えなかった。ことに、電信会社が巨大企業になり、その利潤は膨れ上がってもオペレーターの賃金は生きるのにかつかつの額であり、失業も多いという状況ではなおさらであった。恐慌、景気後退、好況期が入り乱れた金ぴか時代（Gilded Age）は、電信手たちの労働係争の時代であった。

電信手たちの最初の組織であるナショナル・テレグラフィック・ユニオン（National Telegraphic Union /

NTU）は、南北戦争中に北部の電信手たちによって設立された。しかしNTUは、自己を労働組合というよりも専門職としての資質向上と相互扶助のための組織とみなした。NTUは、女性の入会を認めるかどうかを盛んに議論し、一八六五年にノーという結論を出した。一八六〇年代後半に、電信手たちは賃金切り下げと労働強化に直面したが、NTUはこれらの問題に立ち向かうことをしなかった。その結果、電信手たちはNTUが役に立たないと考え、もっと戦闘的な組合を欲するようになった。一八六〇年代末にNTUは消滅した。(1)

電信手保護同盟と一八七〇年のストライキ

南北戦争の直後は、ウェスタン・ユニオン社にとって大きな好機と危機の時期であった。同社は、太平洋岸への陸上電信線を延ばすとともに、一八六六年にライバルである二つの大会社アメリカン・テレグラフ社とユナイテッドステーツ・テレグラフ社を併合する野心的な拡大戦略をとった。これによりウエスタン・ユニオン社は米国でほとんど独占に近い地位を得たが、それはまた、営業面および資金面での問題ももたらした。三社の線のいくつかは並行して同じ地点を結んでいたので、合併後にはこれがむだとなり、距離当たりの電信線収入が低下した。従軍電信手が復員して職を求め、また、戦争中に女性も電信に参入したので、電信オペレーターの労働市場は供給過剰であった。この状況で、オペレーターを低賃金で雇用したり賃金カットすることが可能になった。これはウェスタン・ユニオン社にとって純粋にビジネスの点からは好都合であったが、実際には求職の過当競争や労働争議の不穏な気配などの問題があった。ウェスタン・ユニオン社は、これらの内部問題を抱えていただけでなく、好転しない横ばい状態の経済状況にも直面した。戦時ブームの後は、経済が成長する見通しはなかった。投資家たちは配当の減少をくいとめるよう会社に対策を要求し、電信会社の株価は低下した。ウェスタン・ユニオン社は一八六〇年代に引き締め策を開始して、これらの問題に対処しようとした。

ウェスタン・ユニオン社の引き締めは、ヒラの電信手にとって、長時間労働、低賃金、休暇時間の切り詰め、福利厚生の削減、めんどうな規則の増加を意味した。一八六六年の合併後における電信オペレーター室の雰囲気を、『テレグラファー』誌に「ミンタ」が描写している。彼女は一八六八年に同誌上で、女性オペレーターの労働条件について次のように書いた。

ミスター編集長、われわれ女性は午前七時から午後六時までクラッカーひとかけらをかじるとかフルーツをちょっと口にする以外には何も食べなくても平気、会社はそう考えている。あなたはこれを知らないでしょう。われわれが夜に家にたどりついたとき、ほとんど立っていられないほど疲れている……針の先ほどのわずかな給料……楽しかった昔のことに思いをはせると、それが一つ一つ墓に埋められているような気がする。古き良き時代には、書いたり、読んだり、勉強できた。のんびり過ごしたあの時代には、ゆったり勤務していても道徳を侵したとは言われなかった。祝日と休暇のあった頃、鉄道の無料パスと急行券のあった頃、熟練で給料が決まった頃、過労による病欠は賃金カットの対象でなかった時代。なくなってしまったあのアメリカン・テレグラフ社――従業員にあれほど親切に面倒を見てくれた会社――について、われわれは今、「ビジネスがルーズで、秩序もシステムもなかった会社」と悪口を聞かされる。

さて、ミスター編集長、もし「秩序とシステム」が電信会社の株を一二〇ドルから三三ドルに下げ、配当を一五パーセントから「ゼロ」に下げるのならば、「秩序とシステム」という薬の分量を減らして処方した方が良いと考えられませんか？(2)

ミンタが書いたように、マーシャル・K・レファーツ率いるアメリカン・テレグラフ社は、女性オペレーターに非常に評判が良かった。同社は、女性を訓練して雇った最初の会社の一つであったし、多くの女性オペレーターが同社の開明的な運営方針のおかげで電信の道に入ったのである。一八七六年に『テレグラファー』に掲載された追悼記事は、彼を次のように賛美している。

電信業への女性の雇用は、いつでもレファーツ将軍が好んでとった策であり、彼がアメリカン・テレグラフ社の技師となった最初からの重点項目であった。彼は、嘲笑や意図的な反対が多かったにもかかわらず、この政策を常に唱えて実行した。反対論は数年のうちに消え、いまではもと最強硬反対者であった人も彼の賢明な方針を称賛している。レファーツ将軍の死に際して、米国のすべての女性電信オペレーターは友人である彼の逝去を心から悼むものである。彼女たちが電信という専門職業に迎え入れられて厚遇されたことは、ほかの誰よりも彼のおかげである。(3)

『テレグラファー』誌へのミンタの手紙が問題にしたことは主として労働条件と賃金であったが、進行する電信の「工業化」についていろいろな不満があった。電信手の職場で既得権が失われて職人かたぎとプロ意識が消えていくことへの危機感が、この時期から起きる労働運動の基底にあった。

一八六九年一〇月二五日に、フランクリン・テレグラフ社のオペレーターが賃上げを求めて三日間のストライキに入った。会社は女性オペレーターに仕事に戻るように説得したが、彼女たちは男性同僚の側に立ち、会社が譲歩して全オペレーターに賃上げするまで仕事をやめた。フランクリン・テレグラフ社の労働運動の成功と、男性および女性オペレーターの共同行動は、多くの電信オペレーターに感銘を与え、また、電信手たちが組合をつくり、ストライキに訴えて電信会社から譲歩を引き出すという途をひらいた。(4)

賃金低下と職場自治の喪失に対して、電信手たちは一八六八年に電信手保護同盟（Telegrapher's Protective League / TPL）を結成した。TPLは、穏健なNTUよりも、雇用問題について攻撃的姿勢をとった。問題の中心点は、賃金が全般に低下している状況のもとで南北戦争期の賃金を維持できるかどうかであった。TPL活動家の標的は、明らかに、ウェスタン・ユニオン社であった。TPLは、その憲章にあるように、「巨大資本の攻勢に対する防具」として結成された。NTUは賃金や労働条件といった雇用問題を議論することを避けていたから、TPLが電信手によって組織された真の労働組合の最初であると言ってよい。

TPLは秘密結社であった。新規加入者は、「役員の名も同盟員の名も、同盟の目的も漏らさない」と忠誠と守秘を誓わなければならなかった。TPLの最初の首席（Grand Chief Operator）はラルフ・ポープで、彼はのちにトーマス・エジソンの協働者になった人である。そのほかの役員は、W・W・バーハンズ、C・J・ライアン、J・M・ピーターズであった。TPLの指導者たちは、TPLの存在がウェスタン・ユニオン社に知れると同社はTPLつぶしにかかると考えており、これは全くその通りであった。TPL同盟員は、暗号を使って電信でお互いに連絡していた。TPL同盟員が同社の電信線を使用して秘密に連絡していることをウェスタン・ユニオン社が知ったとき、同社は賃金カットと首切りでおどしてこの使用をやめさせようとした(5)。

ＴＰＬは女性について特別な政策は持たなかったが、女性を同盟員として受け入れた。ミンタの手紙に明らかであるように、多くの女性オペレーターがＴＰＬの目的に賛成であった。女性電信手たちは、賃金に関するＴＰＬの主張を支持し、一八七〇年一月に賃金レベルと労働条件の状態に抗議してＴＰＬがストライキを呼びかけたとき、彼女たちもストライキに参加した。

これは、電信業で最初の大きなストライキであった。その時、電信業は始まってからまだ二五年の歴史しか持っていなかった。サンフランシスコのウェスタン・ユニオン社のオフィスで四人の男性が賃金カットに抗議したことから、このストライキは始まった。そのうちの一人は、ＴＰＬ同盟員であった。彼はＴＰＬが争いの調停に立つことを提案したが、会社はオペレーター二人の解雇でこれに答えた。サクラメントのオペレーターたちがこの解雇を知って、ＴＰＬの暗号を使用してサンフランシスコのオペレーターと通信する権利を求めたが、ウェスタン・ユニオン社はこれを拒否した。ＴＰＬは解雇者の復職を要求し、これもウェスタン・ユニオン社が拒否して、全国ストライキが宣言された。ストライキはサンフランシスコで一八七〇年一月三日に始まり、すぐにニューヨーク、シカゴ、アトランタ、ワシントンに広がった。ニューヨークのウェスタン・ユニオン社オフィスでは一二人の女性電信手がストライキに参加した。シカゴでは、六人の女性オペレーター（おそらくレディーズ・デパートメントの全員）がストライキに参加した。『シカゴ・トリビューン』は、「女性の闘志が盛んという点で、このストライキは変わっている」とコメントし、さらに、女性が「男性と同じ要求をして、仕事を停止している。彼女たちは男性と同じ組織に属していて、同じ規則に従っている」と、驚きながら報じている(6)。

新聞は、ストライキ参加女性の名前を書かなかった。女性がストライキをするとは、全くあり得ないと思われたからである、シカゴのウェスタン・ユニオン社オフィスの女性非管理職従業員はエマ・スタントン、アディー・M・ホッブス、メアリー・H・キドニー、ジュリア・J・ワート、ジョージー・C・アダムズ、ファイド・M・カーティスであったことがわかっている。

ストライキは、しかし、成功しなかった。ウェスタン・ユニオン社は、失業中の鉄道電信手たちをスト破りに使い、ストライキ中のオペレーターの穴を埋めた。わずか二週間後の一月一八日に、ストライキは中止された。

シカゴの女性ストライカーは全員がスト破りで置き換えられ、復職しなかった。一八七一年のシカゴのウェスタン・ユニオン社の雇用者リストには、彼らの名は一人もない。のちに『テレグラファー』は、ジョージー・C・アダムズがストライキ後にミシガン・セントラル鉄道に行って鉄道電信オペレーターとして働いたと書いている。彼女は後年にはデトロイトのウェスタン・ユニオン社にもどり、一八七六年に同地でチフスで死んだ(7)。

『テレグラファー』編集者たちの眼には、ウェスタン・ユニオン社はストライキ参加者の女性に対してとくに報復的であると映った。ストライキ参加者のうち、男性は給料が下がったとしても復職できたのに、女性は再雇用されて元の職にもどることはなかった。これらの女性は、電信術の教育と雇用という、当時の女性には稀なチャンスを提供された人々であったので、同社はとくに女性ストライカーに裏切られたと思ったのであろう。『テレグラファー』には、編集者の意見として次のようにある。「この運動に参加した女性オペレーターのために、ひとこと述べておきたい。一人の例外はあったが(その名は他のところに書いてある)、彼女たちは動揺せず態度を変えなかった。……ウェスタン・ユニオン社幹部が首切りと追放で彼女たちを脅かしたことは、まちがいない」。「一人の例外」はミセス・M・E・ルイスであり、彼女はTPLへの誓約を破って復職した。彼女は、結果として、『テレグラファー』誌に氏名を掲載されるという不名誉を得た。(8)

ストライキ中止の二日前の一月一六日に、ニューヨーク市のストライキ参加女性たちは「電信手保護同盟の女性メンバー」の名でマニフェストを発表し、市内の新聞で彼女たちの異議申し立てを説明した。『テレグラファー』の一月二二日号に、この声明が転載された。これは「国民の皆さん」という呼びかけで始まり、ウェスタン・ユニオン社がストライキ参加女性の再雇用を一切禁じたと糾弾した。彼女たちの主張によれば、「特別の報復」について電信会社の説明は、「会社がこれらの女性に電信術を教えたので、彼女たちは会社に対し特殊な義務を負っている。男性オペレーターのストライキを助けようとしたのは、雇用主である会社への忘恩であり不当行為である」というのであった。マニフェスト宣言者たちは、そのような義務の約束は一切ないと述べ、彼女たちがどのように電信術を習得したかの統計を次のように示して、論拠とした。

公正を期して、次のように言いたい。このニューヨーク市のウェスタン・ユニオン社でストライキ中の女性のうち、アメリカン・テレグラフ社(ウェスタン・ユニオン社によってではなく)の電信学校で学んだ者が五名いて、彼女たちは、男性オペレーターやボーイの半額程度のサラリーで(仕事は電信オペレーターと全く同じなのに)今年まで五年間以上も働き続けてきた。この五名以外の女性はみな、合衆国のいろいろな地方の学校などで授業料自弁で電信を学んだ。われわれの知るかぎり、われわれのうちにウェスタン・ユニオン社の費用で電信の教育を受けた者はいない。

賃金の男女差別に加えて、厳しくなる一方の就業規則とニューヨーク市内部長リジー・スノーの高圧的独裁スタイルに対しても抗議し、彼女たちは次のように述べた。

労働対価には不十分な賃金のほかに、われわれは勤務時間中の無用の制限事項や無礼・侮辱、および、部長のきまぐれと不当な苛政を忍んできた。彼女（部長）が会社幹部と特別な関係にあって、実質上、この部の独裁者だからである。われわれが受けている待遇の事実を示して簡単に説明しただけで、理性のある人ならば誰もが納得すると、われわれは信じる。兄弟である（男性）オペレーターの運動に対するわれわれの共感があろうとなかろうと、われわれ自身の反抗する理由が――これを反抗と言うならば――十分にあるのである。

マニフェストの結びは、「われわれが正当な運動と信じることを電信会社があくまでも断罪」し続けるならば、「ウェスタン・ユニオン社のレディーズ・デパートメントにおける過去二、三年の実情を国民に知らせる」と警告している。(9)

マニフェストには、会社との融和の方向も盛り込まれていた。ストライキ中の電信手たちは一月一六日までに、彼らの主張が通る見込みはないと思うようになったが、女性オペレーターがもとの職にもどれるようウェスタン・ユニオン社と交渉することも可能であった〔米国の労働慣行では、ストライキをすると walk out の文字通りに職場から去り、辞職したことになる。復職は、再雇用のかたちをとる〕。ストライカー女性たちは、対立の原因であるリジー・スノーをウェスタン・ユニオン社が交代させると期待したのであろう。リジー・スノーは、ニューヨークのウェスタン・ユニオン本社の市内部門の、『テレグラファー』の表現では、「悪意のある熟達の部長（女性）」であった。しかし、国民への訴えも、ウェスタン・ユニオン社の女性管理の実態を暴露するという警告も、女性オペレーターたちの状況を変えなかった。『テレグラファー』一月一九日号は、「ブロードウェイ一四五番地のウェスタン・ユニオンのオフィスでストライキをした若い女性五、六名が、いま優しいレディーズ・デパートメント部長（女性）によって追放され、職をさがしている」と周知記事を出した(10)。

ストライキの失敗とともに、電信手保護同盟も短命に終わった。同盟は、巨大電信会社の力を過小評価し、会社の持続力がストライカーたちより強いことを十分に認識していなかった。しかし、一八七〇年のストライキは、男性・女性オペレーターが共通の利害を持っていることと、単一の労働組合のメンバーとして協働できることを明らかにした。一八六五年にNTUが女性の入会を拒絶したとき、女性オペレーターには自分たちだけの組織をつくるという選択肢があった。実際に、米国の女性労働者は働く女性組合（Working Women's Union）を一八六三年に結成していた。外国では、一九一四年のノルウェーの例のように、女性オペレーターが男性とは別の労働組合をつくる場合があった。しかし、女性だけの組合の存在は、電信手労働組合を分裂させ、賃上げと労働条件改善を求める女性労働者の交渉力を弱める効果もあった。一八六〇年代後半と七〇年代前半には、電信手以外の労働組合でも女性参加を認めるところが出てきた。葉巻製造工国際組合（Cigar Makers International Union）は、一八六七年に女性入会を認める決議をした。一八六七年に女性入会を拒否した全国植字工組合（National Typographical Union）も、一八七二年には憲章を改正して女性に会員権を認めた(11)。

電信中心の労働組合に女性メンバーを入れる動機は、女性オペレーターのためというだけではなかった。非組合員である女性オペレーターは、組合員よりもずっと安い賃金で働く。それゆえ、ウェスタン・ユニオン社は、男性組合員を非組合員女性に置き換えようとするであろう。非組合員女性の存在を許すのはまずいと、男性組合員は気づいた。アリス・ケスラー゠ハリスは、一九世紀の労働組合全般について論じ、「競争相手を組合の中に置いてコントロールする方が、外において競争させるよりも良いと男性主導の組合が認識してから、女性の組合加入が認められた」と書いている。[12]

これらの女性が発揮した戦闘性は、それまで見られないものであった。そのゆえに、彼女たちは特別に大きい犠牲を払わされた。ウェスタン・ユニオン社は、男性オペレーターよりも彼女たちを「信義に欠ける」として処罰した。その結果、ウェスタン・ユニオン社の商業局で働いていた女性たちはストライキ後には鉄道電信に職を求めた。後年のストライキでは、これが常態となった。

ヨーロッパの女性と労働運動

米国の場合と比較して、ヨーロッパでは電信事業従業員の女性が労働組合に加入して活躍した例は少なかったようである。その理由の一つは、雇用形態のちがいであった。ヨーロッパでは、電信庁所属の女性オペレーターは自身を公務員あるいは政府従業員と意識する傾向があった。米国の電信手たちは私企業に雇われ、しかも賃金を個別に交渉する権利があった。また、ヨーロッパの女性電信手が労働組合を好まなかったのは、米国の場合と比較して、中流階層の出身者が多く、したがって組合活動に疎遠だったからでもあろう。雇用者である電信庁にとって、これは都合がよかった。チャールズ・ガーランドは一九〇一年に、次のように書いている。

多くの電信庁が女性の方が使いやすいと考えていたことは、疑いがない。イングランドとフランスでは、男性労働者が権利確保と地位改善のために労働組合をつくることが一般化していたのに、女性は実際上、労働組合に組織されていなかった。イタリアの電信庁は女性の特質を次のように述べている。「女性は一般に、政治問題に関心を持たず、利害をめぐる党派闘争には無縁である。それゆえ、彼女たちは電信従業員にぴったりの特質をそなえている。すなわち、忍耐、規律、応用である」[13]。

ヨーロッパの郵便電信庁でも、米国ほどひんぱんではなかったが、ストライキや労働運動があった。一八七一年にイギリスで起きたストライキでは、不満を持つ電信手たちが電信手協会（Telegraphists' Association）を結成し、賃上げを求めてストライキに入った。郵政庁は、公共の通信が阻害されることを恐れて譲歩し、男性電信手への最高給を年額五七〜六八ポンドに増額し、同様に女性に対しては四二〜四六ポンドに増額した[14]。

電信手友愛会と一八八三年のストライキ

一八七三年九月から始まった景気後退で、米国の電信手たちはとくに大きな犠牲を出した。一八七六年にウェスタン・ユニオン社は従業員の給料削減を行った。これは、社長以下すべての従業員に「スライド式」に賃下げを行うものであった。月給一〇〇ドル程度を得ていた一級オペレーターは一〇パーセントの賃下げ、月給五〇ドルのオペレーターは五パーセントの賃下げであった。月給が五〇ドルに満たない者には、賃下げは免除された。女性従業員は月給五〇ドル未満が多かったので、賃金における男女不平等がこれによって幾分か緩和されたことになる。

一八七〇年代にウェスタン・ユニオン社は賃下げを行ったが、黒字経営を続けて株主に配当を続けた。これに電信オペレーターは激怒した。オペレーターたちは、競争激化の職場ですでに窮乏に苦しんでいたからである。彼らは、電信会社のやり方を貧しい者から盗んで富める者に与えるものだと感じた。この不穏な空気のなかから、一八八一年に電信手友愛会（Brotherhood of Telegraphers）が結成された。同団はのちに全米規模の同業労働組合である労働騎士団（Knights of Labor）の傘下に入ることになる。電信手友愛会は女性電信手たちの権利を熱心に擁護し、性別によらない同一労働同一賃金を要求として掲げた。[15]

一八八三年三月に電信手友愛会はシカゴで秘密会を開き、ウェスタン・ユニオン社ほか電信会社に対する戦略を討議した。執行部は、ウェスタン・ユニオン社への改善要求を作成して同社経営陣に突きつけることに決めた。要求が容れられない場合のストライキも想定した。この方針に基づいてフィラデルフィアで七月一四日に開かれた大会で、改善要求事項をさらに討議した。その第一項は、男女平等賃金であった。『シカゴ・トリビューン』紙は、次のように書いている。「これらの要求事項のうち、男女平等賃金の部分は非常に重要であると思われる。電信オペレーターとして雇われている女性は、男性オペレーターとほぼ同じ仕事をしているにもかかわらず、支払われる労働対価は男性よりもずっと少ない。女性オペレーターの平均月給は四〇ドル以下で、一般的傾向として女性は労働騎士団の熱心なメンバーであり、彼女たちの存在は男性オペレーターの新メンバーを増やすのにも非常に役立つ」。ウェスタン・

ユニオン社はちょうどこの時期に、ニューヨークの女性オペレーターの何人かに月一五ドルの昇給をさせた。これは明らかに、問題沈静化をはかる策の一つであった[16]。

マスターワークマン（master workman〔労働騎士団の中の位階。同僚労働者を代表して経営側と交渉する〕）であるジョン・キャンベルの指導下に、電信手友愛会の執行委員会は、一八八三年七月一六日に、改善要求事項リストをニューヨーク市のウェスタン・ユニオン社専務トーマス・T・エッカートに提出した。社長ノーヴィン・グリーンがヨーロッパへ行って不在であったので、エッカートが社長代行であった。要求事項は、日曜労働の強制廃止、昼間八時間・夜間七時間への労働時間短縮、性別によらない同一労働同一賃金、電信保線員と鉄道電信手の労働条件改善、全職種の一律一五パーセントの賃上げであった。同じ要求が、ミューチュアル・ユニオン・テレグラフ社、アメリカン・ディストリクト・テレグラフ社、カナダのグレート・ノースウェスタン・テレグラフ社、および小さな電信会社いくつかの経営者にも提出された。当然ながら、すべての電信会社がウェスタン・ユニオン社の方針に従って態度を決めると想定された。

エッカートは、電信手友愛会がウェスタン・ユニオン社の従業員の多数を代表していないとして、この要求をはねつけた[17]。電信手友愛会は、要求が四八時間以内に容れられない場合はストライキに入ると決めた。

『シカゴ・トリビューン』は、本当にストライキが起きるかどうか探ろうと、シカゴの電信手や経営者から取材した。ボルチモア・アンド・オハイオ電信のシカゴ支社長ミスター・マカロックなる人物は、配下の鉄道電信オペレーター一二人はストライキに入らないであろうと確言した。「私の知るかぎり、彼らは何も不満を持っていない」のであった。彼のところでは一級オペレーターは月給八〇ドルあるいは八五ドルを出しており、ただ一人の女性一級オペレーターの月給は七〇ドルである。ストライキの争点の一つが同一労働同一賃金であることを思い出して、彼はいそいで「これはウェスタン・ユニオン社の女性オペレーターの誰よりも二〇ドル多い額である」と付け加えた。

ミルウォーキーにおける状況を調べた記者は、同地の電信オペレーターたち（男性）は女性がオペレーターとして働くことになんら反対していないことを知った。しかし、近くのブルックフィールド・ジャンクションで一人の女性が夜勤オペレーターとして雇われていて、「レディにはふさわしくないへんぴな駅で」一人で毎晩一〇時間働いていることを、男性オペレーターたちは心配していた。[18]

ウェスタン・ユニオン社は、女性オペレーターのうちで従順な者だけを昇給させる懐柔策で失敗したので、威嚇という方法を始めた。七月一八日の『シカゴ・トリビューン』に、トーマス・T・エッカート名の次のような声明が掲載された。「同じ仕事をする男性・女性が同一賃金であるべきだという要求について言えば、これが実現すると女性の昇進を促進するであろうが、当社は従来からの方針として男性オペレーターを優先して使うのが利益になると判断する。女性オペレーターにも一般的な仕事の能力があるが、男性は女性よりもずっと多様な仕事をする能力があるからである」。[19]

回答要求の二日のあいだに、ウェスタン・ユニオン社から電信手友愛会に何の返事もなかった。同会はさらに二日の猶予期間を置いたが、エッカートからの連絡はなかった。七月一九日の深夜一二時一分になって、ニューヨークのウェスタン・ユニオン社で、電信手フランク・R・フィリップスがテーブルにとび乗って笛を何回か吹き鳴らした。ストライキ開始の合図であった。[20] 全国で約八〇〇〇人の電信手が一斉にストライキに入った。そのうち、おおよそ三〇〇から一〇〇〇人の女性電信手が同一労働同一賃金を求めていた。ボストンとクリーヴランドで女性オペレーターがストライキに入り、ジョージア、フロリダ、ノースカロライナの女性がこれに続いた。ボルチモアでは、男性電信手がストに入った翌日の七月二〇日に、アメリカン・ラピッド・テレグラフ社の女性オペレーター七人がウォークアウトしてストライキに参加した。シカゴでは、ウェスタン・ユニオン社の女性オペレーター三〇人のうち二八人がウォークアウトした。「彼女たちが職場から去ろうと立ち上がったその瞬間、男たちが扉の前に立ちふさがる動きをした。しかし、その動きは止まり、次に、男たちは部屋の中央の机のあいだに並んで女たちを通した。わずかであったが拍手さえ起きた」という。シカゴで、ホイートストン電信機担当の女性オペレーター一二人もストライキに入った。ホイートストン機はイギリスでは使われなくなっていたが、モールス機とちがいわずかな訓練で操作することができたので、ウェスタン・ユニオン社は人件費節約のために導入していたのである[21]。

ストライキは、都会の主要局から地方の局へと全国にわたってゆっくりとひろがった。ノースカロライナ州のコンコード局では、局のオペレーターであるメアリー・オーマンドがストライキに参加したので、ウェスタン・ユニオン社は同局を閉鎖して局への電信線を切断した。土地の新聞は、彼女とストライキの大義名分を書き立てた。同州シャーロットの『ホーム・アンド・デモクラット』は、「コンコード電信局は閉鎖された。ウェスタン・ユニオン社は、ストライキに参加するのは女性にふさわしくないと勇気あるミス・オーマンドを説得しようとして、失敗した」と書いた。メアリー・オーマンドは、失職したあとサウスカロライナの故郷に帰ったが、ウェスタン・ユニオン社のライバルであるサザン・テレグラフ社との雇用契約によって、まもなくコンコードに戻った。ノースカロライナ州ローリーの『ニューズ・アンド・オブザーバー』は、次のように報じた。「二週間前に、ウェスタン・ユニオン社は自社の電信線を切断して、同地［コンコード］から電信装置を撤去した。これで同地の市民は、電信による連絡ができなくなった。同社がこの挙に出たのは、すべて、同地の電信局のオペレーターであるミス・メアリー・オーマンドが電信手友愛会のメンバーであってストライキに参加したからであるという。このウェスタン・ユニオン社が抜け出したばかりの暖かいベッド〔電信局がなくなって困っているコンコードの町〕に、サザン・テレグラフ社が好機到来とばかりに入り込んだ」。結局、ウェスタン・ユニオン社もコンコード局を再開することになり、もとノースカロライナ州ウェーズボロの電信手であったアリス・F・ジョンストンに運営させた。ジョンストンは非組合員であった。彼女はウェーズボロで家の火事のために一切を失っていたが、この火事は偶発的であって明らかにストライキとは無関係であった。『コンコード・レジスター』は、二つの電信会社の競争について、「いまやこの町に電信局が二つあり、われわれは幸せである」と書いた(22)。

　鉄道電信手も多数、このストライキに参加した。ボルティモア・アンド・オハイオ鉄道とペンシルベニア鉄道の電信オフィスから、オペレーターがウォークアウトした。ペンシルベニア州ウェストニュートンのボルティモア・アンド・オハイオ鉄道が、ストライキの知らせをピッツバーグに打電して、ストライキ中のオペレーターを他のオペレーターで置き換えようとした。しかし、ウェストニュートンの女性オペレーターは送信を拒否してストライキに合流した。

　シカゴでは、ボルティモア・アンド・オハイオ鉄道の電信オフィスのオペレーター二五人全員がストライキに参加した。『シカゴ・トリビューン』の記者は、ボルティモア・アンド・オハイオ鉄道社のオフィスを取材して、ミスター・マカロックのあわてぶりを次のように報じた。

　本紙記者が一二時頃に到着すると、彼「マカロック」が電信機を操作しようとしているところであった。相手局のオペレーターが応答しないので、彼の努力はほとんどむだであった。しかし、彼は孤独ではなかった。郵便を届ける女性がいつもどおり優雅な動作でオフィスの外に郵便物を置いていったし、チェックガールや、給仕のボーイもいた……

チェックガールは、前髪をきれいにして、胸にチューリップの花を挿し、窓の外の街路を眺めていた。給仕のボーイは、楽しそうに噛みタバコをあちこち吐き散らしながら、興奮気味に廊下をうろうろ歩きまわっていた。

『トリビューン』記者はまた、シカゴのウェスタン・ユニオン社の総支配人であるR・C・クローリーを訪ねた。自信満々のエッカートもそこにいた。クローリーは、のちにエッカートのあとをついで社長になる人物である。今度のストライキと一八七〇年のストライキとの比較をきかれて、クローリーは「このストライキは一八七〇年のそれよりも弱い。あのときは電信所長と男性オペレーターすべてがストライキをした。今度は、管理職、電信所長、チーフ・オペレーター、サブチーフ・オペレーターはだれもストをしていない」と答えた。「女性オペレーターの問題は、男性オペレーターにくらべてささいなことなのか」という質問にクローリーは、エッカートの声明の主旨に沿って、「条件が同じなら、男性を使う方が女性を使うよりも良い。それには多くの理由がある。女性は、仕事があまり信頼できないし、気まぐれであり、夜間の緊急時に召集できない」と言った。(23) 女性は男性よりも欠勤が多いと言われていたが、女性が夜勤を承諾しないというのは男の固定観念であったように思われる。状況が許せば女性が志願して夜勤をした例が、いくらもあったからである。

一八八三年のストライキでは、一八七〇年の場合よりも、女性ストライカーが注目された。女性電信手の要求には、目立つ点がいくつもあった。賃金や労働条件改善などの男女共通の要求もあったが、賃金および労働運動における発言権の二つにおける平等という女性からの要求があった。電信手友愛会では女性が執行委員会に参加していて方針決定について男性と同じ力を持っており、新聞はこれを書きたてた。婦人参政権運動の支持者たちも、電信手友愛会が男女同権を擁護していることを知って、有名な婦人参政権運動指導者リリー・ダヴェリュー＝ブレークが同会のこの方針を称賛した。彼女は次のように述べた。「貴会の主張は、まさに正義の命じることである。支払われる賃金の額をオペレーターの性別ではなく行われる労働によって決めるというルールの確立に貴会が成功するならば、他の産業でもこのルールが行われるための偉大な貢献となるであろう[24]」。

このストライキで、女性スポークスパーソンというべき人物が何人か現れた。二四歳のミニー・スワンはその一人であった。彼女は、ニューヨークでウェスタン・ユニオン社と証券会社で働いていた。彼女は、すぐに電信手友愛会の女性リーダーとして有名になった。スワンは、『ニューヨーク・ワールド』の記者たちをしっかりと魅了した。彼らは、彼女を「ブルネットの美人」で「ダイヤモンドのように輝く黒い大きな眼」を持つと形容した。彼女は、証券会社の月給八〇ドルの職をなげうって、ストライキに参加する女性オペレーターのリーダーになり、「これらの女性たちと運命を共にする――その運命がどんなものになろうと――ことに決めた」のである。スワンは明らかにカリスマの持ち主であった。ウェスタン・ユニオン社の女性従業員のウォークアウトは、スワンがその日に同社の市内部門のオペレーター室に入って行ったときから始まった。同室で働いていた一〇〇人の女性のうち二一人をのぞく全員が立ち上がって、彼女の後に続いてビルの外に出たのである。スワンは、電信手友愛会とともにたたかうよう熱弁をふるった。カレドニアホールにおける一八八三年七月二二日の集会で、スワンは演壇の上でストライキ女性たちから百合の花束を贈られ、次のように述べた。「この白百合は、われわれの動機の純粋さを表している。百合はしぼんで枯れていくけれども、われわれの動機の純粋さとわれわれを結ぶ団結の心は枯れて絶えてしまうことがない。われわれの電信手友愛会は決して死滅しないであろう[25]」。

一八八三年八月八日に、ストライキ中の電信手支援のコンサートとダンスパーティがマディソン・スクエア・ガーデンで開催された。三千人以上が参加し、土地の軍楽隊がボランティアとして音楽を演奏した。ダンス開始の一〇時に、八〇〇人の電信手の入場行進があり、ストライキの指導者でマスターワークマンであるジョン・ミッチェルとミニー・スワンが先頭に立った。二人のストライキ・リーダーのあいだに恋が芽生え、翌年に両人は結婚する[26]。

しかし、八月までに、闘争は敗北したことが電信手たち自身にもわかった。ストライカーたちが努力を尽くしたにもかかわらず、ウェスタン・ユニオン社の営業は継続していた。電信事業は、非組合員である電信手を使って正常に続けられた。一八七〇年の場合と同じく、ウェスタン・ユニオン社はスト破りを雇った。スト破りには男性も女性もいて、失業中の電信手であったり、電信学校の卒業生で働き口がない者であったり、また、電信学校で訓練中の生徒であった。ついに一八八三年八月一七日に、ジョン・キャンベルはストライキ中止を宣言した[27]。

ノースカロライナ州ウェーズボロの『アンソン・タイムズ』の編集長は、この労働争議を次のように簡潔に評した。「少なくとも南部に関するかぎり、偉大な電信ストライキは終わった。電信オペレーターたちは、要求を一つも達成せずに仕事に戻った」。一八八三年のストライキは、一八七〇年と同じ誤算があり、全くの失敗であった。ウェスタン・ユニオン社は、あまりにも強大であった。労働騎士団からの財政支援が期待されたが、これも実現しなかった。争議資金を使い果たしたとき、ストライカーたちは降伏し、もとの賃金で職場に戻った。[28]

一八七〇年の場合と同様に、女性オペレーターたちは電信会社からとくに目のかたきにされ、ストライキ後の復職を拒絶された。女性オペレーターのほとんどは、電信手友愛会がストライキを続けているかぎり職場に戻ることを潔しとせず、たたかいの果ての辛酸を嘗めた。ストライキ後に、彼女たちの多くは会社に復職を乞う屈辱を拒んだ、その一人「ミスX」が、一八八三年八月一八日の組合集会のあとの『ニューヨーク・ワールド』記者のインタビューに登場している。

「ミスター・ディーリーのあの得意顔ったら！　彼は、われわれをみんなやっつけたと思っている」と、集会の後、ある若い女性が言った。「彼は、私には復職させないと言って、もみ手をしながら付け加えた。〝お気の毒ですが、ミスX、私は本当にあなたを雇うわけにはいかんのです。ほかで職を見つけるしかありませんね〟」。彼は私を粉砕したと思っているが、そうじゃない。私は彼に向き直って言った。「あなたの知ったことじゃない！　私は復職なんて望んでいない。もしあなたがこれで私がパンを得る道を絶ったと思っているなら、大きなまちがいです。覚えておくことね！」

「これからどうしようと考えていますか?」

「私は縫い物が得意だし、清書もじょうずです。私には、正直に生活していく方法がいくつもあります」。

ニューヨークのウェスタン・ユニオン社のオペレーター室長ウィリアム・J・ディーリーは、明らかに、この再雇用の機会に組合シンパや不平分子を除去しようとした。『ニューヨーク・ワールド』記者のインタビューで、別のオペレーターはストライキの結末に失望しながらも、矜持を捨てようとはしなかった。

「私は二度と電信のキー（電鍵）を手にするつもりはない」と、ある女性電信手は言った。「失敗に終わったストライキとともに、私の電信生活は終わったのです。復職を嘆願する屈辱よりも、私はキーを握る自分の右腕を切り落とすことをえらぶでしょう。私が希望すれば復職できるはずですが、そんなことはしません。ウェスタン・ユニオン社の本社で私はどの電信手よりも高給でした。けれども、決して戻ろうとは思いません。洗濯、掃除、料理、縫い物、子どもの教育、私は何でもできます。私はどんなことにも対処できますから、職は見つかるでしょう」(29)。

一八八三年九月七日の『ニューヨーク・タイムズ』に、再雇用を拒否した女性電信手を援助する拠金の記事が掲載された。「ウェスタン・ユニオン社に対する先ごろのストライキに参加して再雇用を拒否された女性電信手のための基金が、募集中である……とくに、動揺した男性を励ました女性が復職を拒絶されているので、支援が要請されている。これらの女性はしかし、無為に過ごそうとしているのではなく、得られる職ならば何でもするつもりで、共感する人たちからの連絡を待っている」。拠金した人々の中に、トーマス・エジソンもいた。彼は、女性電信オペレーターを低く見ていたのであるが、賃金と労働条件の改善という電信オペレーターの願望を以前から支持していた。葉巻製造工組合も拠金した。ストライキをした電信手たちには他業種の労働者を見下すところがあったが、葉巻製造工組合のメンバーは寛大にもそれをとがめずに、危急にある彼らをたすけたのである[30]。

電信手保護同盟（ＴＰＬ）の場合と同様に、電信手友愛会はまもなく消滅した。電信手友愛会への信頼は、ストライキの失敗によって損なわれた。電信手友愛会は、ストライキ中に労働騎士団が財政支援しなかったことを非難し、一八八三年九月に労働騎士団から脱退した。『ニューヨーク・ワールド』記者に、ジョン・ミッチェルは次のように苦々しく語った。「われわれが労働騎士団から去ったのは、驚くにはあたらない。彼らはわれわれを恥ずべきやり方で扱った。そこでわれわれは脱退を決定したのである。労働騎士団は、われわれのストライキの失敗の原因であった。われわれは、労働騎士団への分担金をきちんと納めつづけてきたのに。われわれの脱退決定を国民は納得するであろう。今後、われわれの会合は、ストライキ前と同様に、秘密会として行われるであろう[31]」。

女性電信オペレーターと婦人運動

ストライキは、電信業における女性の地位改善や賃金差別の縮小に役立たなかった。しかし、ストライキは婦人参政権運動団体と女性オペレーターとの連携のきっかけをつくった。まず、婦人参政権運動支持者たちが、電信手友愛会の男女同一賃金と参政権という主張に注目した。同時に、投票権を持って立法府の議員を選出することが、法的手段を通じて労働条件の改善や賃金差別の撤廃をはかるのに役立つと、女性電信手たちは気がついたのである。

一八九八年にノルウェーで女性オペレーターが議会（ストーティング）に賃上げを求めたとき、米国の場合と同様の連携ができた。ノルウェー婦人連合（kvinnesaksforening）は、女性電信手を支持する声明を議会に送った。ノルウェーの女性オペレーターは電信手組合（Telegraffunksjonaerenes Landsforening）のメンバーであったにもかかわらず、彼女たちの運動は電信手組合の支持を得ていなかった。この組合は、男性組合員の賃上げを要求してこれをかちとっていたのに、女性電信手の賃上げには反対の態度を表明した。同組合は、女性電信手が「技術、根気、自主性」に欠けると主張した。ノルウェーの女性電信手たちは、電信手組合の支援を得られなかったので、結局、一九一四年に自分たちの労働組合を結成した。この組合は、すぐにノルウェー女性評議会（Norsk Kvinders Nationalraad）に加盟した。[32]

鉄道電信手騎士団

鉄道電信手たちは、自分たちの利益が電信手友愛会によって適切に代表されていないと感じて、一八八六年に鉄道電信手の労働組合をつくった。それ以来、鉄道電信手は自分たちを大きな電信会社で働く商業電信手とは別な職業であるとみなすようになった。鉄道電信手騎士団（Order of Railway Telegraphers / ORT）は、この年にアイオワ州シーダーラピッズで結成された。これは、もっぱら鉄道電信手の利益のためにつくられた最初の労働組合であった（一八九一年に、名称のRailwayはRailroadに変更された）。ORTの政治的立場は、戦闘的な商業電信手たちとちがって、機関士友愛会（Brotherhood of Locomotive Engineers）のような保守的な鉄道労働組合に近かった。ORTの憲章には、特別な場合をのぞいてストライキを禁じる条項があった。これは、不成功に終わった一八七〇年と八三年のストライキの影響でもあった。一九〇三年にメキシコのデュランゴでマ・カイリーがORTに入会したとき、ORTは二万の会員を擁していた。おそらく、米国の鉄道電信手の半数がORT会員であった。ORTは主として相互扶助の親睦団体として活動し、失業中の会員に補助金を出して、働き口さがしを手伝った。

図21　鉄道電信手騎士団（ORT）メンバー，1907年にオハイオ州コロンバス・グローヴで．『レイルロード・テレグラファー』1907年5月号，816頁．米国議会図書館のコレクションから再使用．

ORT地方支部のいくつかは女性の入会に難色を示したが、一九〇五年頃にはORT入会を希望する女性鉄道電信手が増加した。一九〇五年には、ORT地方支部長の少なくとも一人――キャサリン・デーヴィッドソン――が女性であった[33]。

アメリカ商業電信手労働組合（CTUA）と一九〇七年のストライキ

一九世紀から二〇世紀に変わるころ、商業電信手たちは再び労働組合をつくろうとした。一九〇二年に、アメリカ商業電信手労働組合（Commercial Telegrapher's Union of America / CTUA）が結成された。これは、ORTが商業電信手を組織しようとしてできた組合である。CTUAは翌年に、別個にできていた同様のグループである商業電信手国際組合（International Union of Commercial Telegraphers）と合流して、アメリカ労働総同盟（American Federation of Labor / AFL）に加盟した。CTUAは、ウェスタン・ユニオン社従業員中の同組合員を増やして、同社従業員の代表としてウェスタン・ユニオン社と交渉することを目標として掲げた。このときまでに大きな電信会社はウェスタン・ユニオン社とポスタル・テレグラフ社の二つだけになっており、両社が米国の電信を支配していたのである。CTUAは、サミュエル・J・スモール委員長の指揮下に、一九〇四年には一万人のメンバーを擁していた[34]。

それまでの電信手の労働組合とちがって、CTUAの憲章は非白人を加入させないとはっきりと謳っていた。これは、働き口を外国人およびマイノリティの侵入から守ろうとする当時の労働組合の傾向を反映していた。組合内部の改革派はこのホワイトオンリー条項撤廃の議決を何度も試みたが、そのたびに「社会主義」の蔓延を助けると非難されて否決された。

鉄道電信手の多くもCTUAのあけすけな人種主義に賛成であったようだが、ORTへの入会規則は差別主義でなく、とくにヒスパニック系の姓を持つ者については寛大であった。これは、一つには、ORTがメキシコに強大な支部を持っていたことによる。メキシコのORT幹部の写真が、ORT機関誌

『レイルロード・テレグラファー』に掲載されている。

一九〇七年のストライキの背景

一九〇七年には電信手たちの不満がひろがり、ストライキの可能性が出てきた。争点は以前のストライキの場合と同じく、低賃金、長時間労働、劣悪な労働条件であった。シカゴでは一九〇七年に、電信手の賃金は月給二五～八二・五〇ドルであった。労働時間は、ふつう、一日一〇時間、週六日で、日曜労働もひんぱんにあり、オペレーター室はたいてい照明も換気も悪かった。女性オペレーターの四分の三は、月給四五ドル以下しか得ていなかった。物価が上昇して購買力が低下したにもかかわらず、賃金は一八八〇年代以来増えておらず、賃金額は一八六〇年代よりも減っていた(35)。

電信オペレーターの不満の一つが、タイプライターの費用であった。多くの電信オフィスで、タイプライターはオペレーターが自前で用意した。一九〇九年に、ピッツバーグの労働者の研究『女性と職業』(*Women and the Trades*)でエリザベス・バトラーは、電信手とタイプライターについて次のように述べている。タイプライターが初めて電信オフィスに導入されたころ、これを習得して使用する電信手にはボーナスが支給されて、タイプライター使用は急速にひろがった。しかし、オペレーターは自分のタイプライターを購入しなければならず、大きな負担であった。

バトラーはまた、一九〇七年に男性オペレーターを低賃金の女性オペレーターで置き換えるときにスライディング・スケール〔七九頁参照〕が行われたと、次のように述べている。

スライディング・スケールの廃止は、核心というべき重要な点である。男性と女性では仕事の出来がちがうとされ、不当な差別が行われて、スライディング・スケールが導入されるという苦情申し立てがある……

女性は男性よりも早く退職するかもしれず、女性の方が仕事の能率が低い場合もあるかもしれない。それでも女性は、低賃金で男性にとってかわりつつある。女性は自ら賃金低下に手を貸しているのである。(36)

一九〇七年までにウェスタン・ユニオン社は、電信オペレーターの組合活動が活発になっているのに気づいた。同年四月に、ウェスタン・ユニオン社はニューヨーク市のCTUAメンバー二人を馘首した。一人は、照明について不満を言ったソフィー・アナカーである。もう一人であるカミラ・パワーズに対してウェスタン・ユニオン社の事務部長T・ブレナンは「お前は組合のアジテーターだから、わが社にいなくてよい」と言った。パワーズは、オペレーターたちによく知られて尊敬されている人物であった。彼女は、ニューヨークとシカゴでオペレーターをしていたサミュエル・L・ウェルプの娘で、電信オペレーターの二代目でもあった。五月にCTUAは苦情申し立てをウェスタン・ユニオン社長R・C・クローリーに提出し、会社が一〇パーセント賃上げの約束を守らなかったこと、組合のボタンを着けた従業員を即時解雇したことを弾劾した。(37)

一九〇七年六月に、サンフランシスコの電信オペレーターが同地の地震による生活費の高騰を訴えて、二五パーセントの臨時賃上げを求めた。ニューヨークでひらかれたCTUAの中央執行委員会は、サンフランシスコのオペレーターの要求を正当と認め、ウェスタン・ユニオン社が要求を拒絶した場合のスト入りを決定した。CTUAは、状況調査にスモール委員長をサンフランシスコに派遣した。スモールは、中央執行委員会からストライキ入り発動権を持たされて、六月一四日にニューヨークを出発した。この間に、ニューヨークで中央執行委員シルベスター・J・コーネンカンプが、米国労働局コミッショナーであるチャールズ・P・ニールと折衝を開始していた。ニールは、ウェスタン・ユニオン社のクローリーと接触があった。ニールは、一〇パーセント賃上げというウェスタン・ユニオン社の以前の約束が実行されるという案をつくり、この案をCTUAとニール間で合意し、同じくウェスタン・ユニオン社とニール間で合意する協定を結ぼうとしていた。ウェスタン・ユニオン社が同社の認めていないCTUAと直接交渉しなくてよいように、このブリッジ協定方式が採用されたのである[38]。

スモールはサンフランシスコで、女性電信オペレーターの賃金問題を訴え、次のように指摘した。電信オペレーターが平均して月給七〇ドルを得ているのに、「いまウェスタン・ユニオン社のために働いている女性オペレーターの月給は四〇ドルに過ぎず、しかも、タイプライター使用料として二ドルから五ドルを毎月払わなければならない。タイプライターなしには仕事ができない[39]」。サンフランシスコのウェスタン・ユニオン社首脳は、二五パーセント賃上げの要求を拒否した。CTUAの交渉は、サンフランシスコとニューヨークとでうまく連携していなかった。サンフランシスコのスモールは、ニューヨークのコーネンカンプ協定を知らなかったか、あるいはこの協定を有効と考えなかったかである。CTUAは、電文が盗聴・妨害されることを恐れて、サンフランシスコにいるスモールとの連絡に電信を使用しなかった。大陸横断電話線は、まだ存在しなかった。組合のサンフランシスコ支部の投票でストライキ入り決定権がスモールに与えられ、彼は六月二一日にストライキを宣言した。おおよそ二〇〇人の電信手（ウェスタン・ユニオン社の一五〇人、ポスタル・テレグラフ社の五〇人）が、オークランドでストライキに参加した。『サンフランシスコ・クロニクル』紙によれば、以前のストライキの時と同じように、ストライキに参加した女性オペレーターたちは「会社のビルを取り囲んだ男性オペレーターたちから拍手で迎えられた」。同紙は同情的な調子で、このストライキは一地域の「山猫スト」ではなく、電信を中断させてウェスタン・ユニオン社から譲歩をかち取ろうとする全国的な、オーケストラのように整然とした戦略があるとして、「組合指導者はストライキはこの地域に限定されていると言っているが、これがよく練りあげられた戦略の一部であることは明らかであり、同様の争議が当地からニューヨークまでのすべての都市で勃発しようとしている」と書いた(40)。

CTUA、ウェスタン・ユニオン社、コミッショナーのニールとの間の交渉が、七月一二日に始まった。ニールはまもなく、彼の助手であるエセルバート・スチュアートに交代した。七月一九日には予備的な合意ができ、ウェスタン・ユニオン社は六月二一日以来ストライキに入っていたオペレーターを再雇用すること、業務が完全に復旧したら賃上げを検討することになった。サンフランシスコの組合支部はこの合意を受け入れることにし、初めは全国ストイライキになりそうな気配であったこの争議は終わるように見えた(41)。

しかし、その直後に起こった事件が、交渉による解決の希望を打ち砕いた。サンフランシスコのストライキ中に、非組合員でカリフォルニア州サンフランシスコの初級オペレーターであったセイディー・ニコルズがロサンジェルス回線に配置された。この回線は一級オペレーターに任されるのがふつうであり、彼女はストライキに参加しなかった見返りとしてここに配置されたのである。ロサンジェルスの組合員オペレーターたちは、彼女が「スト破り」をしたと知って、嫌がらせを始めた。パディ・ライアンというロサンジェルスのオペレーターが、ニコルズと仕事をするのを拒否し、「彼女は、サンフランシスコのみだらな悪名高い家にいるのがふさわしい」と電信で彼女に送った。彼女はライアンに「うそつき」とやり返した。彼女は七月二三日にライアンの行為を上司に告げ、彼の電文の着信テープが彼女による告発の証拠となって、彼は解雇された（受信テープが残っていることは、会社が送受信の実態を知ろうとして記録電信機を取り付けたことを示している）。八月七日に、ロサンジェルスのオペレーターたちはライアンを支持してストライキに入った。[42]

女性電信オペレーターにとって、カリフォルニアにおけるこの事件を女性差別と見るか、不当解雇と見るか、二つの立場があった。ほとんどの女性オペレーターは組合の側に立ったようで、一級オペレーターの能力のないニコルズをこの職に配置したウェスタン・ユニオン社を非難した。シカゴのオペレーターたちは、ライアンのかわりに配置された非組合員オペレーターと仕事をすることを拒否して、八月九日にストライキに入った。CTUAは、現場から生じた事態に直面して、八月一五日にこのストライキを認めた。八月一一日には、ウェスタン・ユニオン社の電信を取り扱わないよう、ORTがメンバーに指示していた。同日に、アソシエーテッド・プレス社の電信オペレーターが賃上げを求めてストライキに入った。一九〇七年の夏には全国で一万から一万五千人の電信オペレーターがストライキをしていた。[43]

アメリカ商業電信手労働組合（CTUA）と全国女性労働組合連盟（WTUL）との連携

シカゴは、米国のほぼ中央に位置し、経済の中心でもあったので、一九〇七年の争議の中心地になった。シカゴの女性オペレーターたちは、ジェーン・アダムズ、エレン・M・ヘンロティン、メアリー・マグダウェル、マーガレット・ドライアー・ロビンズから「経済的および道徳的支援」を得た。彼女たちは全国女性労働組合連盟（National Women's Trade Union League / NWTUL. WTULと略称されることも多か

図22　メアリー・ドライアー（左）とマーガレット・ドライアー・ロビンズ（右）．フロリダ大学地域研究・特別研究コレクションのマーガレット・ドライアー・ロビンズ・コレクションの許諾による．

った）の指導者であり、一九〇七年八月一一日の『シカゴ・トリビューン』でストライキ支持を表明した。アメリカ商業電信手労働組合（CTUA）のシカゴ支部のコーラ・タルメッジとディーリア・リアドンがNWTULとの協議担当者になった。

ちょうどこのころ、NWTULは活動の中心地をニューヨークからシカゴへ移した。当時、NWTULの指導者のほとんどがシカゴに住んでいたからである。ジェーン・アダムズは長い間、シカゴでセツルメントであるハルハウスに関係していた。ハルハウスは、移民と低所得の労働者の生活状態の問題だけでなく、労働問題にも取り組んでいた。一九〇三年に、アダムズはNWTULの副会長になっていた。エレン・M・ヘンロティンはシカゴの改革家で、一九〇五年にNWTUL会長に選任された。マーガレット・ドライアー・ロビンズはニューヨークのブルックリンの改革家で、裕福な商人の娘であり、一九〇三年に改革派政治運動に参加した。彼女は、とくに移民女性の労働条件改善に熱心で、この改善には労働組合運動が最良の方法であることをよくわかっていた。マーガレット・ドライアー・ロビンズは、一九〇七年にNWTUL会長に選ばれ、一九二二年までこの地位にあった(44)。

NWTULとCTUAの連携は、ストライキの前から始まっていた。CTUAの第16支部のメンバーとNWTULメンバーは、一九〇七年七月一四日にニューヨーク市で会い、共通の問題を確認し、全米で五百万人の女性賃労働者を単一の労働運動に組織するという共同の目的に向かって協力することにした。ニューヨークに本部を置く第16支部は、全国最大の支部であり、二千人以上のメンバーがいて、女性メンバーの比率も高かった。CTUA機関誌『コマーシャル・テレグラファーズ・ジャーナル』は、この支部を「ビッグ16」と呼んだ。NWTUL側の代表者には、ローズ・パスター・ストークス、ローズ・シュナイダーマン、ハリエット・スタントン・ブラッチがいた。ストークスは、もと葉巻工であり、クリーヴランドのスラムから出て結婚によって米国最大の富豪の家族となった出世譚によって、当時の米国で最も有名な女性の一人になった。シュナイダーマンは、もと製帽工で、衣料産業の女性労働者の組織化に大きな役割を果たした。ブラッチは、女性権利運動の指導者エリザベス・キャディー・スタントンの娘であり、また、ノラ・ブラッチ（コーネル大学を卒業して工学士の学位を得た女性で、無線技術の開拓者リー・デフォレストと短期間結婚していた）の母であった。一九〇七年七月一四日の会合には、全米で最高給の女性電信オペレーターと言われたメイジー・リー・クックもいて、ポスタル・テレグラフ社従業員を代表してヒルダ・スヴェンソン、ウェスタン・ユニオン社オペレーターを代表してフローレンス・ワージントンがいた。

ローズ・パスター・ストークスは演説で、この会合で最も重要な点は全米で五百万人の女性賃労働者を組織化する運動に電信手たちを参加させることであると指摘した。彼女は、これが「労働運動における最も重要な一歩の一つ」であると述べた。WTULの目的は女性だけの労働組合を別個につくることではなく、すべての男性および女性の労働者の賃金と労働条件の改善を目指して協働することであると、彼女は強調した。「男性たちは、女性が自分たちよりも少ない報酬で働くのを好まない。彼らは、女性の賃金を男性と同等にまで引き上げることを望んでいる」と彼女は述べ、また、労働組合運動と婦人参政権運動との関係を論じ、働く女性と共闘する重要性を説いて、次のように主張した。「労働組合運動は女性のための最も重要な運動の一つであり、これが婦人の普通選挙権獲得に直接つながると私は信じる。なぜならば、投票権とこれに伴う政治的な力なしには女性が苦しんでいる労働と生活の条件を改善できないということを、労働組合運動によって女性が認識するからである。婦人参政権獲得のための活動が労働者階級の女性に支持されて、彼女たちの参加を得るならば、今までのような富裕階級や有閑クラブの女性運動よりもはるかに効果的になるであろう」。

ハリエット・スタントン・ビーチャーも、労働者階級の女性の方が上流階級の女性よりも婦人参政権獲得にずっと役立つと、次のように説いた。「本当に参政権を求めているのは、有閑婦人クラブの会員ではなく、工場の女工である」。さらに、「婦人参政権はまもなく実現するにちがいない。労働者階級の女性によって実現するのである。彼女たちは毎日、生活の必要とたたかっていて、このたたかいに勝利するには投票権が不可欠であることを知っている」と述べた。

ローズ・シュナイダーマンは、労働組合の会合が酒場で開かれることがあることを指摘した。だからといって女性も欠席するわけにはいかない。「私は、売春宿を五軒通り抜けなければならなくても会合の場所に行く」。彼女は宣言した。「私たちは、自分のことを男性にまかせて座って待っていてはいけない。自分のやり方で自分の戦いをするのです。勇気を出せ、ひるむな！」

メイジー・リー・クックは、女性が男性といっしょに労働運動に参加する意義を述べた。彼女は、週給四二ドルを取って、全国で最高給の女性電信手と言われた人物である。「男性は、自分たちよりも安い賃金で働く女性を好まない。彼らは、女性の賃金を男性と同等レベルに引き上げることを熱望している」。クックは、一六歳のときにニューヨークでウェスタン・ユニオン社に初めて勤めた経験を話した。週給は一二・五〇ドルで、同じ回線の男性同僚は仕事が同一なのに週給一七・五〇ドルであった。同一労働同一賃金を主張して、彼女は「女性は、一級オペレーターの賃金をもらわないで一級オペレーター回線の仕事をする必要はない」と述べた(45)。

WTULは、ストライキ宣言の後もCTUA支持を続けた。八月二五日にCTUA本部のエヴェレット・ホールでローズ・パスター・ストークスがストライキ中の電信手に演説し、電信手にタイプライターを用意させる電信会社の不当を指摘した。初めに「わが友および同志たち――ここには社会主義者もいると思うので〝同志〟という語を使う――」と呼びかけ、彼女は「健全な精神を持った労働者と雇用者のすべては、八時間労働を支持しなければならない。あなた方電信手は自分でタイプライターを買うと会社が信じている限り、あなた方の仕事から生じる利潤をあなた方が取るのが当然である。葉巻製造でもどこでも、作業工具を使うところでは同じことが言える」と続けた(46)。

シカゴでは、ストライキ中の電信手たちはWTULイリノイ支部の書記でオーストラリアの改革家であるアリス・ヘンリーの支持の言葉を受けた。彼女は、シカゴのCTUA集会所であるブランドホールで、次のように演説した。

この数年間に、私は何度もストライキに参加して、同一労働同一賃金について米国の労働者たちの素晴らしい一致団結を経験しました。誰もがこれに感動するでしょう。
私はあなた方の勝利に賭けます！　あなた方の努力は世界をより良くするでしょう(47)。

図23　ポスタル・テレグラフ社ストライキの指導者ミセス・ルイーズ・H. フォーシー（右）と女性ストライカーたちが「電信手をやめても私たちには職がいくらでもある，と笑顔でポーズ」，『シカゴ・トリビューン』1907 年 8 月 15 日.

ストライキの女性リーダーたち

争議は、女性オペレーターたちをストライキのリーダーとして市民の眼の前に押し出した。シカゴのCTUAメンバーであるルイーズ・フォーシーは、電信手たちを組合に合流させる熱心な活動家として『シカゴ・トリビューン』紙上に登場した。彼女は、八月九日にポスタル・テレグラフ社の電信手たちを説いてスト入りのウォークアウトをさせた。

このストライキは、八月九日の六時一〇分にシカゴのポスタル・テレグラフ社の従業員によって開始された。組合支部の委員長M・J・ポールソンと書記長E・M・ムーアが、オペレーター一五〇人（男性一二〇人と女性三〇人）が忙しく働いているオペレータールームに入って行った。『トリビューン』によれば、ポールソンが笛を吹くと、「オペレーター約一五〇人が、鋼鉄のバネに弾かれたようにイスから跳び上がった」。このとき――『トリビューン』の説明は続く――フォーシーが先頭に立って、他局の呼び出し符号一覧の「掲示板」を取り去るようストライカーに命令した。スト破りが作業しにくくするためである。彼女は、『トリビューン』記者の表現によれば、「このストライキのジャンヌ・ダルク」になった。次にフォーシーは、ストライキ参加を拒んでいる何人かのオペレーターに向かった。

部屋の東端では、六人のオペレーターが電信操作机についたままで、これを何人もの男性が取り囲んでいた。ミス《〔ママ〕》・フォーシーは、その人垣に割って入り、頑固な六人に「ウォークアウトしよう」と熱心に呼びかけた。彼女の燃えるような訴えの一区切りごとに、ストライカーたちは歓声をあげた。彼女は、説得の効果がないと見ると、狂ったように飛び上がって演説を始めた。他の女性たちは、ウォークアウトしようとしない男性の姓名を大きな声で叫んで、フォーシーを助けようと全力を尽した(48)。

一九〇七年のストライキでは、女性もピケットラインに加わった。ウェスタン・ユニオンとポスタル・テレグラフの両方の本社があるシカゴのラサール・ストリートに、女性のピケット員が一人いた。『トリビューン』は彼女を「歓迎されざるスト破りの女性から両社のドアを守るはずの、おとなしい小さい生き物」と表現した。「ミス・ミルナー」とだけ名乗って〔ミルナーの元である語 mill には、粉砕機のほか、工場、搾取装置といった語感がある〕、彼女は次のように新聞記者に語った。「われわれ女性は、勝利を目指してストライキをしています。……男性ストライカーは、われわれ女性が彼らと同一賃金を得るべきだと主張し、会社がこの要求をのむまで職場に戻らないと宣言して、われわれのために非常に努力しているのです。ピケットでもなんでも、われわれができるだけのことをするのは当然です(49)」。

女性の要求が係争点になるにつれて、シカゴ以外のところでも女性の争議リーダーが現れた。セント

図24　ポスタル・テレグラフ社ストライキの指導者ヒルダ・スヴェンソン，1907年．『コマーシャル・テレグラファーズ・ジャーナル』1907年10月号，1076頁．米国議会図書館のコレクションから再使用．

ルイスのイーヴァ・E・トレーシーは、すでにCTUA第3支部主催の大音楽舞踏祭で寸劇の道化役をしたことで『コマーシャル・テレグラファーズ・ジャーナル』六月号に登場していたが、同誌九月号ではもっと堅い記事にCTUAの執行委員の一人として書かれた。(50)

ヒルダ・スヴェンソンは、ニューヨーク市のポスタル・テレグラフ社のストライキでリーダーになった。『ニューヨーク・ジャーナル』のインタビューは、彼女を「ヤングレディ三四五人の指揮者」と紹介した。ネリー・E・パールは、スヴェンソンのウェスタン・ユニオン版であった。(51)『ニューヨーク・ワールド』は、パールを写真入りで紹介し、ピケットラインの彼女の一日を報じた。

女性ストライカーに対する新聞の扱い方

『トリビューン』の記者はこのストライキを熱心に報道したが、その記事はしばしば浅薄であって、すてきな女性の「グラマー・ショット」や「涙をさそう」話が中心であった。初めのうちは、記事は女性の要求には言及しなかった。『トリビューン』の記者が女性ストライカーをわけのわからないヒステリー女と描くことも、何度もあった。CTUA本部における集会を報じた記事は、「これら女性にとってストライキは初めてのことであり、彼女たちのストライキ参加は経験を積んだ男性たちの強い語調と議論に刺激されてヒステリー狂騒を起こしただけなのかもしれない」と書いた。(52)

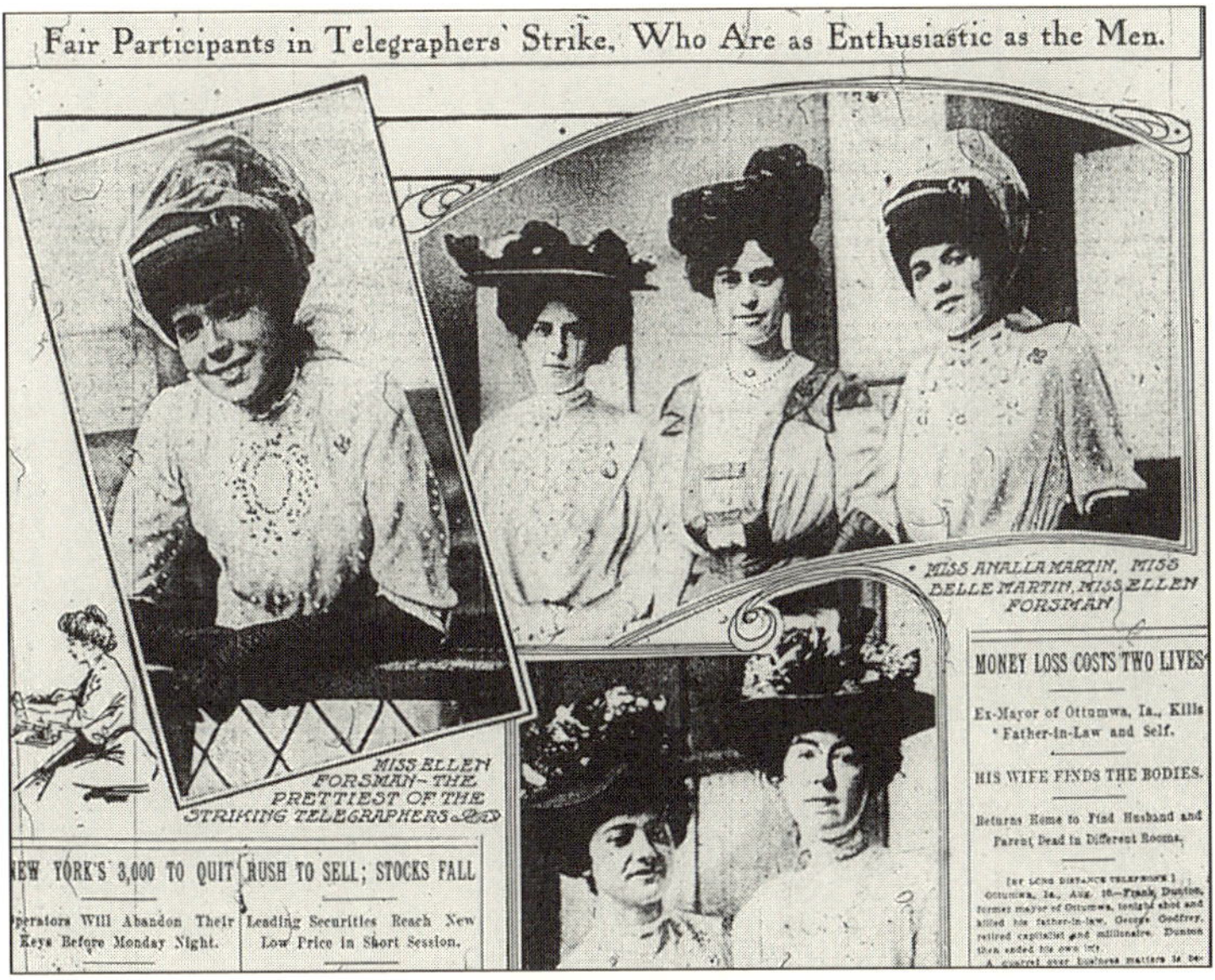

図25 『シカゴ・トリビューン』のストライキ報道の紙面，同紙 1907 年 8 月 11 日．「美人ストライカーたち」とある．

『トリビューン』記者はストライキ報道を「美人コンテスト」にしてしまい、リリアン・サリヴァンの「ストライキング（びっくりするほど素敵な、という意味もある）・スマイル」や、「ストライキ中の女性電信手でいちばん美人」のエレン・フォースマンについて書き立てた。女性ストライカーたちは、まじめに扱われないのに抗議した。女性ストライカーのグループが組合ホールに来たとき、写真用に外に出てポーズをとるようにと、男性役員から言われた。八月一三日の『シカゴ・トリビューン』は、次のように書いている。

男性オペレーターとともにこの電信ストライキに加わったガールたちのほとんどは、まじめに扱われていないと感じた。昨日の午後早く、ストライキガール一〇〇人余りが現れて、四時からの集会が始まるのを陰気な廊下で辛抱強く待っていた。しかし、集会で女性関係の議題の審議が始まったとき、男たちはピクチャーハット〔羽や花で飾ったつばの広い婦人帽〕とふわふわしたサマードレスを見てニヤニヤするだけであった。

部外者がこの若い女性たちは着飾って楽しんでいると誤解して、声をかけた。ミス・ケート・ワトキンズが憤慨して言った。「しかたがない、きれいにしている私たちが悪いわけじゃない」。彼女たちが盛装しているのには、わけがあった。「今このホールに来る途中で、私たちは何を言われたと思います?」

「ハリー・ライクス〔ストライカーの要求事項委員会の委員長〕が前列に立っていて、私たちを見て言ったんです。「外にカメラマンがいてきみたちの写真を何枚か撮りたいと言っているから、行きなさい。みんなどうかね? 写真をたくさん撮られるほど、たたかいの助けになるんだ。わかっているね」。

「こういうわけで、男性を残して、私たちは外に出た。フン! 彼ら男性は、こんなことだけでしか私たちは役立たないと思っているんだ!」(53)

ヘレン・グールドへの手紙

八月一八日の『シカゴ・トリビューン』は、女性ストライカーたちからヘレン・グールドへの手紙を掲載した。女性ストライカーは、この手紙で「道徳問題」(『トリビューン』の命名である)を提起したのである。ヘレン・グールドは、金ぴか時代の大立者ジェイ・グールドの娘である。ウエスタン・ユニオン社は、ジェイ・グールドの支配下にあった。ヘレン・ミラー・グールド・シェパード(一八六八〜一であった。

九三八年）は、女性の問題に関心を持つ博愛家として知られており、ウェスタン・ユニオン社の大株主

この手紙は、ウェスタン・ユニオン社の上級管理職と取締役会が会社の本当の状況についてうそをついていると主張した。女性ストライカーたちは、自分たちの行動をストライキというよりも「反乱」と呼び、差別行為の一覧を挙げて、これが反乱の原因になったと述べた。

女性たちが挙げた第一項はトイレほかの状況で、「私たちの休憩室とその設備は、人間を侮辱するような状態」であった。ストライカーの言によれば、会社は保健省が出した改善勧告を無視した。また、ウェスタン・ユニオン社のビルに裏口から入らなければならないことを、彼女たちは不都合な点として指摘した。裏口に行くには「酒場とごみの集まった道を通るほかない」のであった。手紙の署名者たちは、会社が「非常に年少の女の子」を雇って、仕事として「あらゆる階級の男たちに個人的に接触させ」ていて、「規律もなにもあったものでない」状態で、性的不祥事の可能性があると書いた。彼女たちはさらに、会社が道徳的に問題のある男性を、女性と年少者を監督する地位につけていると指摘した。手紙は、つぎのようなヘレン・グールドへの個人的呼びかけで結ばれている。「私たちはアメリカ女性であるあなたに、この争議問題に介入し、われわれが決して耐え忍ぶことができない複数の人物に関して私たちに公正をもたらすよう懇願します――調査していただければ彼らについての私たちの申し立てが全く真実だとわかるはずです」[54]。

賃金の不平等は、ここでは言及されなかった。女性オペレーターたちは、女性特有の職場の問題の方がグールドの同情を呼び起こすであろうと考えて、こちらに重点を置いたのである。女性従業員が裏口から入るよう強制されていることは、すでに一年前の一九〇六年に問題になっており、シカゴでは電話

交換手が改善をもとめてストライキをした。ＷＴＵＬは、この電話交換手のストライキも支持した[55]。

全米女性労働組合連盟（ＷＴＵＬ）会長マーガレット・ドライアー・ロビンズは、電信手たちへの親族の支持をとりつけた。彼女は一九〇七年九月六日に、ニューヨークにいる妹メアリー・ドライアーに手紙を書いた。三番目の妹でウェスタン・ユニオン社株主であるキャサリンに説いてウェスタン・ユニオン社の経営陣あてに手紙を書かせる可能性があり、これをメアリーに相談したのである。ＷＴＵＬ関係者であるマーガレットやメアリーよりもキャサリンの声明の方が偏見のない中立的意見に聞こえると、マーガレットは考えた。調停受諾を拒否すると社会の信用を失うだろうとキャサリンが会社に警告するという方法を、マーガレットは提案した。さらに、「男性と同一の労働をする女性は男性と同一の賃金を得るべきであること、タイプライターは会社が備え付けるべきであること、そして、コミッション・オフィスの悪弊（ストライカーたちの要求には入っていないが）についてキャサリンが強い語調で書くならば、効果のある手紙になるであろう」と、マーガレットは述べた[56]〔コミッション・オフィスとは、オペレーターの収入のほとんどが歩合給である電信局のこと。たとえば鉄道駅の小さな電信所では、鉄道電信の仕事にわずかな固定給が支払われ、個人電信の依頼に対する手数料がオペレーターの主要な収入になる。一四七頁参照〕。

マーガレット・ロビンズは、女性電信オペレーターをコミッション・オフィスに入れる慣行を問題にした。コミッション・オフィスでは、低賃金のせいもあって「男性との遊び」の誘惑にさらされるのである。彼女は、ヘレン・グールドにも直接手紙を書いて、電信手たちの要求について論じ、賃金問題をとりあげた。マーガレット・ロビンズは、妹メアリーあて一九〇七年九月一二日付の手紙で、グールドへの手紙について次のように書いている。

電信手たちのことで忙しくしています。電信手援助のために毎週二五セントを四週間にわたりカンパするよう要請する手紙を、連盟（WTUL）加入者に発送しています。女性の職場の実情を明らかにした公開状を連盟が印刷して発表するよう、私はやってみるつもりです。これらの実行中の事項を、私はヘレンへの手紙のなかで強調しました。

電信オペレーターの仕事は身体にきついので、この点からだけでも一日の労働時間は短くすべきであると言えます。神経は極度に緊張し、右手のけいれんを起こしますし、これで神経衰弱になり、時には精神異常に至ります。

政府による調査の数字によれば、平均賃金は月に三九ドルで、週一〇ドルにも満たないのです。米国の大都市に住む女性がきちんとした生活をするのは、この額では全く不可能です。(57)

ヘレン・グールドとウェスタン・ユニオン社経営陣への訴えは、しかし、効果を生じなかった。ストライキは八月なかばには持久戦になり、長引くストライキを戦い抜く資金を組合が持たないことが明らかになった。スモール委員長は二百万ドルの闘争資金を集める大計画を唱えたが、当てにしていたアメリカ労働総同盟（AFL）ほか友好団体からの支援は実現しなかった。組合の執行委員会のメンバーたちは、スモールの衝動的でまちがいの多い指導に疑問を持ち始めた。電信手のなかにはストライキから離脱する者があらわれて、鉄道電信に職を求めたり、ウェスタン・ユニオン社やポスタル・テレグラフ社に戻ったりした。経済の景況はこの年に何度も上下していたが、夏には不況のきざしが見えた。株式投機の結果としていくつかの大銀行が倒産に追い込まれ、不安に駆られた人々が銀行の前に預金引き出しの列をつくった。一〇月一二日にスモールは、ストライキ中止の電報を送った。CTUA執行委員会は、この一方的な行為に怒り、彼の職務権限を停止した[58]。

一九〇七年一〇月の中ごろに、全米女性労働組合連盟会長マーガレット・ドライアー・ロビンズは、CTUAシカゴ支部のディーリア・リアドンとともにイリノイ州ロックフォードに行き、同地で一〇月一五日から一八日まで開催されていたイリノイ州AFLの年大会で演説した。AFLは、女性の労働運動についての討議に大会のまる一日を当てた。ここで、マーガレット・ドライアー・ロビンズらは「とてつもない大歓迎」（ロビンズの言葉）を受けた。しかし、この時までに電信手ストライキは事実上終わっていた。電信手たちは、職を見つけられない者のために他の労働組合の資金援助を求めるほどに追いつめられていた。ディーリア・リアドンは、イリノイ労働組合連合（State Federation of Labor）で、電信手のストライキと電信手の労働条件について演説した。彼女は、電信手がタイプライターを自弁で備えなければならないこと、男女に賃金不平等があること、ストライキ後の復職でストライカーは以前よりも劣った等級の仕事を強要されることを訴えた。『ロックフォード・デイリー・レジスター＝ガゼット』によれば、「電信手の状態についての彼女の熱弁は、代議員の同情心に響いた」。しかし、資金カンパの要請に対し、代議員たちはわずか一三三・二〇ドルの申込みをしただけであった[59]。

ストライキの終末――女性にとっての結果

電信手のストライキは、一九〇七年九月九日に公式に停止された。失敗の理由は従来の電信手のストライキと同じで、四つあった。闘争資金の用意がなかったこと、十分な予見と洞察に基づく計画がなかったこと、電信会社の財政力を見くびったこと、ストライカーにかわって仕事につく非組合員電信手が大量に存在したこと、である。このあとも電信手たちは一九一九年、二九年、四六年にストライキをしたが、どれも小規模なものであった。一九〇七年のストライキは、電信会社から譲歩をかちとるために電信網の全国規模の停止にまで起こした最後の闘争であった[60]。

一八八三年と一九〇七年のストライキについては、もう一つの要素があったことを指摘しておこう。他の労働組織が電信手を助けなかったことである。これは、労働騎士団とAFLが長年にわたって対立していたからであった。また、純然たる労働者階級の諸組合が電信手の「エリート主義」の匂いを感じ取っていたからでもあった。たとえば配管工やボイラー工から見て、電信手は労働者階級のルーツを忘れた「キッドの手袋をはめた労働者」であった。『ブラックスミス・ジャーナル』の一九〇七年一〇月号に掲載された記事は、この点を次のように指摘している。「われわれ労働者は、まるで召使いのように毎日が服従、服従である。服従を強いられているという気分を、電信手たちは味わった経験がなかった。電信手たちはこんな服従の気分に耐えられなかったので、電信会社に反対するストライキは敗北したのである。電信手たちは、訓練を受けて技術を持ったエリートと自任するよりも、自分たちも賃労働者であって、他の賃労働者が耐え忍んでいるすべてを受忍するほかないと悟るべきであり、権利と労働条件を守るには労働組合の組織と団結によるしかないと知るべきであった[61]」。

このストライキは目的を達成しなかった。しかし、女性電信オペレーターたちについて言えば、ストライキ後に労働条件の改善という結果を得た。議会の調査があったおかげで、女性の労働時間は短縮された。ウェスタン・ユニオン社は賃上げを容認しなかったが、ポスタル・テレグラフ社は従業員に一〇パーセントの賃上げを行い、男性と同一賃金になった女性オペレーターもいた。ストライキ後に再雇用されなかった男性のかわりに多数の女性が雇われたので、一九〇八年には電信会社従業員中の女性の比率が上昇した[62]。

図26 電信手の労働運動のリーダーから労働ジャーナリストになったオーラ・ディライト・スミス．『レイルロード・テレグラファー』1911年5月号，1018頁．米国議会図書館のコレクションから再使用．

皮肉なことに、ストライキの二年後の一九〇九年に労働条件は改善された。これはストライカーの抗議によって実現したのではなく、AT&T社（アメリカ電話電信会社）とウェスタン・ユニオン社の合併にともなう改革によるものであった。AT&T社長セオドア・ヴェールがウェスタン・ユニオン社の経営管理法を変更し、労働条件と環境設備の改善もこの変更に含まれていた。CTUAでさえ、ヴェールを「リベラルで広い見識」の人の『コマーシャル・テレグラファーズ・ジャーナル』と称えた[63]。

ストライキの女性参加者のうちには、ストライキによって新しい立場や職を得ることになった者もいた。ヒルダ・スヴェンソンは、女性労働組合連盟（WTUL）の専従活動家になった。メアリー・マコーリーは、CTUAのバッファロー第1支部副委員長を務めた経験を生かして、一九一九年にCTUAの国際副委員長になった。ジョージア州アトランタでは、組合活動のゆえにウェスタン・ユニオン社のブラックリストにのったオーラ・ディライト・スミスが、土地の労働新聞『ジャーナル・オブ・レイバー』の記者になった[64]。

マ・カイリーの場合は、一九〇七年のストライキ中に自己の信念を曲げなかったので、職を失った。彼女は、この時に「私の生涯では一度だけ」本当に馘首された。オクラホマ州ウォーリカでシカゴ・ロックアイランド・パシフィック鉄道の電信オペレーターをしていた彼女はORTメンバーであり、ウェスタン・ユニオン社の電文の送信を拒否するようORTから指令されていた。男の一団がまず買収で、次に力ずくで、彼女に送信させようと強制した。彼女は、「私はその電文を送信しない」と突っぱねた。鉄道会社に報告が行き、彼女はフォートワースの本社で査問されて解雇された。[65]

一九一九年のストライキ

アメリカ合衆国が第一次世界大戦に参戦すると、ウッドロー・ウィルソン大統領は電信電話業を国有化し、郵便総監アルバート・S・バーレソンの管理下に置いた。バーレソンは、多くの電信手からはウエスタン・ユニオン社経営陣寄りだと見られていた。ウェスタン・ユニオン社は、バーレソン時代の一九一八年にウェスタン・ユニオン従業員協会（Association of Western Union Employees / AWUE）という企業組合の設立を認可され、従業員がCTUAに加入するのをこれによって妨げようとした。ウェスタン・ユニオン社はCTUAメンバーであるオペレーター数人を解雇し、CTUAは一九一九年六月一一日にストライキに入った。CTUAの要求事項は、賃上げと男女同一賃金であった。CTUA会員数は、すでに約三千五百人に落ちていた。ピケットへの動員数はわずかであった。電信業の女性従業員の増加を反映して、ピケット員の約三〇パーセントが女性であった。女性労働組合連盟（WTUL）からのピケット員が電信手たちに加わった、婦人参政権運動の著名なスポークスマンであり、WTULの主導的オーガナイザーになったローズ・シュナイダーマンが、ストライキ中の電信手たちに激励演説をした。[66]

女性によるピケットは、もう珍しくはなかった。スト破りとピケットとの対決は、警察が介入してピケット員逮捕で終わった。オクラホマのオクラホマシティでは、三人のマルチプレックス・オペレーターのミセス・A・R・ペイン、エセル・オズボーン、マートル・ディヴァーが逮捕され、ウェスタン・ユニオン社員を「脅して侮辱した」として訴追された。(67)

以前と同じく、このストライキも電信手たちの屈服で終わった。CTUA委員長S・J・コーネンカンプは辞職した。これに伴い、国際副委員長メアリー・J・マコーリーを含むCTUA新役員が選出された〔CTUAはもともと米国だけでなくカナダやメキシコも含む組織なので、副委員長の職名にも「国際」がつく〕。彼女は、労働組合の全国執行部に選ばれた最初の女性であった。彼女の最初の活動の一つは、オクラホマシティで逮捕された電信手への援助基金の設立であった。彼女の努力が実を結んで、一九二〇年初めに連邦政府がストライカー訴追をすべて取り下げた。(68)

マコーリーは、一九二一年まで副委員長を務めた。彼女は、交渉を静かに進める術を身に着けていた。『コマーシャル・テレグラファーズ・ジャーナル』は「彼女は、交渉が暗礁に乗り上げた際にことをすすめる手腕を何度も発揮した」と書いて、彼女を称賛した。(69)

オーストリアにおける一九一九年のストライキ

第一次世界大戦後のヨーロッパでも、ストライキがいくつも発生した。専制体制から民主主義的な政府へ変わったからであり、女性が職場における平等を主張し始めたからである。一九一九年一月に、オーストリアの電信郵便労働者が男女従業員の賃金不平等に抗議し、労働条件の改善を訴えて、ストライキをした。ストライキ以前には、女性電信手は結婚したら退職しなければならず、男性よりも低賃金であり、監督電信手の職にはつけなかった。ストライキの結果、郵便電信庁には男女平等の原則が行われることになった。男女の賃金表は同一になり、女性も管理職に任命されるようになった。結婚退職した女性も復職できることになった。[70]

その後のアメリカ商業電信手労働組合

アメリカ商業電信手労働組合（CTUA）は、先行の電信手保護同盟や電信手友愛会とちがって、失敗した二度のストライキの後も生き残った。しかし、CTUAが一九〇七年以前と同じ力を発揮することはなかった。一九一九年のストライキのあと、CTUAは長い低落期に入った。一九二〇年代は経済繁栄の時代であったが、電信手とその組合はこれにあずかれなかった。CTUAメンバー数は、一九二〇年代初めにはわずか約二千人であった。一五年後の一九三五年にも、大不況の後で機械化の波が電信手たちに襲いかかっていたにもかかわらず、CTUAメンバー数は増加せず、ほぼ同じであった。電信会社はモールス機をテレタイプに替え、電信手のうちで自動電信・多重電信のオペレーターの比率が上昇した。このような状況のもと、組合の地方支部では女性役員が目立って増加した。『コマーシャル・テレグラファーズ・ジャーナル』の一九三七年三月号の表紙は、CTUAのワシントンDC支部（第55支部）の書記兼会計アンナ・ファロンがCTUAとポスタル・テレグラフ社役員との協定締結をしている写真である。[71]

図27　ポスタル・テレグラフ社との協定書にサインするアンナ・ファロン．『コマーシャル・テレグラファーズ・ジャーナル』1937年3月号表紙．米国議会図書館のコレクションから再使用．

一九三七年に、CTUAのライバルであるアメリカ無線電信士協会（American Radio Telegraphers Association / ARTA）が、産業別労働組合会議（Congress of Industrial Organizations / CIO）に加入を認められた。当初はARTAのメンバーは、無線局のオペレーターで、ほとんど男性だけであった。ARTAはまもなく憲章を改訂して、有線電信手をふくむようにメンバーを拡大し、アメリカ通信協会（American Communications Association / ACA）と改称した。ACAは、ポスタル・テレグラフ社従業員を組織することに力を入れ、同社のCTUA会員を脱退させるキャンペーンを開始した。CTUAはACAを「共産主義浸透分子」と呼んで対抗し、ポスタル・テレグラフ社の電信手の支持を保持する努力を始めた。

一九三七年九月にCTUAが第一七回通常総会を開催したときには、どのようにACAに対抗するかが主要議題であった。一九二一年（マコーリーが国際副委員長であった時期）以来初めて、ＣＴＵＡ総会に二名の女性代議員が参加した。インディアナ州インディアナポリスから来たアイリーン・マキャリーと、カンサスシティから来たセレスト・オグレーディである。二人とも、ポスタル・テレグラフ社第55区の代表で、決議起草委員会のメンバーに任命された。この委員会は、ＡＣＡがポスタル・テレグラフ社の電信手を支配する危険を警告する決議文を発表した。決議文は、「ポスタルの電信手を組織するというわれわれの目標を達成するための方策の実施が絶対に必要であるということが、本総会出席のポスタル・テレグラフ代議員の見解である。こういう方策がとられないと、われわれは土俵から追い出されてしまい、ＣＩＯ〔Congress of Industrial Organization. 産業別組合会議〕が通信労働運動の分野を握ることになるであろう[72]」。

しかし、この警告は遅すぎた。ＣＴＵＡの努力にもかかわらず、ＡＣＡは一九三九年にポスタル・テレグラフ社とＡＣＡ組合員だけを雇用するクローズドショップ協定を結び、同社からＣＴＵＡを締め出してしまった。

ポスタル・テレグラフ相手にたやすく勝利して、ＡＣＡの関心はウェスタン・ユニオンに向かった。ＡＣＡは全国労働関係委員会（National Labor Relations Board）を説得して、会社が後援する組合であるウェスタン・ユニオン従業員協会（ＡＷＵＥ）を調査させた。その結果、不当労働行為が摘発された。ウェスタン・ユニオン社は、ＡＷＵＥの独占・後援を止めること、および、経営者との交渉にあたって従業員代表をどの労働組合から出すか、従業員の自由選択にまかせることを余儀なくされた。

ここで、最大の戦略目的を達成する機会が到来したと見たＣＴＵＡは、長い沈滞からついに立ち上がった。ほとんど休眠状態であったＣＴＵＡは、ウェスタン・ユニオン社のオペレーター代表権獲得に向けて活発なキャンペーンを開始し、「アメリカ」というルーツを強調し、ＡＣＡは共産主義者が支配していると攻撃した。ＣＴＵＡのフルタイム専従になっていたアイリーン・マキャリーは、ワシントンのウェスタン・ユニオン社のオペレーターを組織する活動を展開した。その結果ＣＴＵＡが、代表権選択投票に勝利して、ウェスタン・ユニオン社の電信手を代表する労働組合になった。一九四三年にウェスタン・ユニオン社とポスタル・テレグラフ社が合併したとき、二度目の代表権組合決定投票が行われ、またもＣＴＵＡが勝った。ＡＣＡの戦闘的な拠点であったニューヨーク市以外では、どの地区でもＣＴＵＡの勝利であった。休眠していたＣＴＵＡは復活し、一九四四年までに二万の会員を持つようになった。

ＡＣＡは、ニューヨーク市では第二次世界大戦後まで強く、一九四六年にはウェスタン・ユニオン社に対してストライキをした。このとき、ニューヨークの電信手七千人がウォークアウトした。一九四八年にはケーブル会社に対してストライキを行い、マッケイ・ラジオ、コマーシャル・ケーブルズ社、およびウェスタン・ユニオン・ケーブル社から約二万人のオペレーターがウォークアウトした。これら第二次世界大戦後の争議では、女性に関する争点はなく、少数の女性がＡＣＡのストライキに参加しただけであった。問題の中心は、労働時間と賃金であった。賃金は「主要産業のうちで最低」と言われていた。これは、電信業の地盤沈下の反映であった。[73]

ＡＣＡは、マッカーシーの反共狂騒時代の一九五一年にＣＩＯから除名され、労働組合としての存在を終えた。ＣＴＵＡの方は、減少を続ける電信手たちを代表する組合として一九六〇年代までつづいた。ＣＴＵＡは、一九六八年に電信労働者連合（United Telegraph Workers）と改称した。

鉄道電信手騎士団（ＯＲＴ）は、鉄道電信手がコンピューターによる列車制御に変わるにつれて凋落し、メンバー数も減少した。ＯＲＴは一九六五年に運輸通信従業員組合（Transportation Communications

Employees Union）と改称し、一九六九年にはこれに鉄道電信手の組合が合流して運輸通信国際組合（Transportation-Communications International Union）となった。(74)

米国の女性電信手の多くは献身的な労働組合員であり、その後も長く電信手の労働団体と連携して、男性電信手と共通の要求を掲げて共闘した。女性電信手が労働運動に熱心であったのは、彼女たちの利益がそれにかかっていたからにほかならない。電信手の労働運動における女性の位置は、利害の錯綜する多角関係にあった。女性たち自身にとっては、電信は体を汚す仕事ではなく、熟練労働であり、女性がつくことのできた他の職に比べて高賃金であった。電信会社から見ると、女性を雇用すれば人件費節約になったし、のちには、テレタイプ導入により非熟練化と女性雇用・賃金削減がさらに進んだ。労働組合は、女性を正式メンバーとして加入させて女性に関する問題を要求事項に入れれば、会社との交渉において立場を強くするし、非組合員女性が組合員男性の職を奪う可能性も減らすことができた。女性オペレーターにとっては、組合加入を認められれば男女同一賃金と労働条件の改善を要求するうしろだてが得られ、代表を出して要求を主張することもできたのである。

電信手の労働運動に女性が熱狂的に参加したのは、こういった純粋に理性的な理由があったのだが、家族や親族関係の理由もあった。キャロル・タービンが「家族、労働、労働運動組織についての再考——トロイにおける働く女性、一八六〇〜一八九〇年」（Reconceptualizing Family, Work, and Labor Organizing Working in Troy, 1860-1960）で指摘したように、アイルランド系労働者には家族と友人の「ネットワーク」をつくる傾向があり、これが電信労働組合員を増やすのに役立ったと思われる。電信手にはアイルランド系が非常に多かったからである。親族やコミュニティのきずなおよび職場を共にする連帯意識は、組合組織の強固な基盤となった。

電信手の労働運動に女性オペレーターが参加して、女性の権利を擁護する他のグループとの強い結合が生じた。米国の婦人参政権運動との関係は、一八八三年のストライキ以来始まった。このとき、電信手友愛会が男女同一権利・同一賃金を主張したのを、婦人参政権運動家リリー・デヴェルー＝ブレークが称揚したのである。一九〇七年のストライキ時のWTULとCTUAの交流においても、女性労働者の地位向上のために婦人参政権が必要であることが確認された。ローズ・パスター・ストークスとハリエット・ブラッチが一九〇七年にさとったように、女性が投票権を得れば、これに伴って政治的力も生じて、女性労働者が職場での平等を獲得するための強力な手段となるはずであった。永年にわたって婦人参政権論者であったメアリー・マコーリーが一九一九年にCTUA副委員長に選出されたことは、女性電信手たちと婦人参政権運動との共通の利益を象徴している。

一九二〇年の米国憲法修正第一九条の成立によって、女性の普通選挙権が実現した。皮肉なことに、これは女性による改革運動の時代の終焉を意味した。電信ジャーナルでは、一八六〇年代以来、女性に関する問題の議論は主要トピックであったが、一九二〇年代にはこれはほとんどなくなった。労働組合運動で女性は依然として大きな役割を果たし、地方支部には女性役員もいた。しかし、一九三〇年代中ごろまで、労働組合の全国レベルの活動家や全国大会の代議員には女性がいない時期が続いた。

今日からふりかえって見ると、電信手たちが賃上げと職場での自治の維持のためにストライキ等でたたかったのは、ドンキホーテのようで結局は失敗だったと言えるであろう。電信手たちのとった戦略は、自動化と人件費削減を目指す産業経営との衝突になった。そして、低賃金で喜んで働く多数の非組合員の存在が、労働組合から最も重要な武器——全員が団結して労働を停止し、雇用者と交渉する——を奪った。電信手の労働組合は、電信という熟練技術労働を盾にとるよりも、他の産業の労働者と同じようにひたすら団結を固めるべきであったのかもしれない。

メロディー・アンドルーズが初期の米国の電信業における女性についての論文で指摘したように、労働史研究者と社会史研究者たちは電信オフィスでの女性の労働を研究せずに見逃してきた。これは一つには、労働史研究者の関心が、工業化の結果として生じた女性労働——性別に割り当てられた仕事——に集中したからである。このような職場への女性の参入はだいたいのところ一八七〇年以後に起きたのだが、電信の場合は女性の参入はこれよりもずっと早く、電信機の自動化以前から始まっていた。

本当のところ、電信そのものが一九世紀のビジネスと労働の工業化に大きな役割を果たした。電信は、経済市場で買い手と売り手が距離を越えて素早くかつ効率的に契約交渉することを可能にし、大企業の成立をたすけた。電信は、株と財物の相場を国中のいたるところに——そして世界の果てまでも——知らせ、大規模資本制と市場経済の拡大成長を促進した。

電信も寄与して発達した工業化経済は社会の変動をもたらし、巨大な中流階層——電信手たちも含む——が形成された。この新中流層の価値観は、努力による自己改善と社会階層上向への志向であった。新中流層入りは、女性に家庭の外での意味のある仕事につくことと、独立生計を営むことを可能にした。

女性電信手は、手だけでなく頭脳を使う電信手の職につけば従来の女性の職業よりもずっと高い賃金を得られることを理解していた。米国では数多くの女性が電信手になった。電信を教える学校が設立されて、電信術を学ぶ道が開かれた。家庭の外で働く女性を新中流階層の道徳観が容認したという事情も、電信への女性の参入を助けた。ヨーロッパでは電信業が国有化されて郵便省の傘下に入り、女性のために電信訓練コースがつくられた。

電信オフィスで女性に男性と同等の地位を与えるように男性電信手たちも何度か主張したが、低賃金の女性電信手の数は増加し、男女の賃金不平等が続いた。電信会社は、男性よりも賃金の安い女性電信手を好んで雇ったからである。女性オペレーターは、彼女たちの地位をめぐる論争に熱心に参加し、賃金と待遇の男女平等を要求した。

電信業の工業化

電信が最も早く工業化された産業の一つであったのは、驚くにあたらない。米国では、電信業の工業化には、商業電信手を雇う通信産業と、鉄道駅の電信を雇う鉄道産業という二つの面があった。工業化は、商業電信手の場合の方が早く、一八七〇年代に数百人のオペレーターを使う都市の電信オフィスから始まった。こういうオフィスで、女性は最初は特別の待遇を受けてレディーズ・デパートメントに隔離された。のち、女性も区別されずに男性と一緒に働くようになった。そこでは給料と地位において男女不平等があったが、仕事そのものが完全に男女別に階層化されたのは一九一五年ごろのテレタイプ導入後であった。このとき電信手は、賃金が高く圧倒的に男性の多いモールス・オペレーターと、ほとんど女性ばかりのテレタイプ・オペレーターに、性別で分かれたのである。

商業電信の工業化は、福利厚生の縮小、労働時間の増加と賃金低下、軍隊式統制といった変化にも明瞭にみられる。シャーリー・ティロットソンが論文「われわれは〝一級電信手〟になれるだろう」で指摘したように、都市の商業電信オフィスでは送受信作業の忙しさとストレスが並たいていではなかった。これは、電信手一人の田舎の電信所や鉄道駅の電信所とは大ちがいであった。労働運動における電信手たちの戦闘性は、この工業化の結果として生じた。彼らの賃上げと労働条件改善の要求から、一連のストライキ――獲得物がなく失敗に終わった――が一九世紀後半と二〇世紀前半に起きた(1)。

女性は、工業化以前の時期には電信手の組織から除外されていたが、のちには、急進化した労働組合に加入を許されて、一八七〇年、八三年、一九〇七年のストライキに熱心に参加した。電信手の労働組合は、彼らの職が非組合員の女性オペレーターによって奪われる可能性を認識して、次第に女性に関する問題をとりあげるようになり、一八八三年に男女同一賃金を要求事項に盛り込んだ。労働運動への女性の参加は、また、他の分野の労働組合組織および婦人参政権運動との連携へと発展した。

鉄道電信では、工業化はずっと後になってから進行した。それゆえ、一八七〇年から二〇世紀前半まで、米国では電信手の職場として甚だしく異なる二種類があった。商業電信オフィスでは、狂ったような猛スピードで電文が気送管〔チューブを張りめぐらして、空気流で書類を送る〕であちこちへ送られ、事務係はローラースケートを履いてこの処理にあたった。鉄道では、駅の電信所の毎日はゆったりしていて、時間はすべて不規則であり、オペレーターはうたた寝することもできた。次の列車が到着するまでの長いあいだ、オペレーターは窓の外を見ているだけであった。ただし、賃金は安かった。ストライキの結果ウェスタン・ユニオン社のブラックリストにのったオペレーターや、軍隊式の統制に我慢できなくなった大都市のオペレーターの多くが、鉄道の電信所へ移った。

鉄道業においては、労働の工業化は機械化であった。電信による列車運行指令は、最後には電話とテレタイプによる指令になった。一九二〇年代に列車集中制御が導入されて、モールス電信手の必要は次第に減少した。運行指令は、もはや列車に「手渡す」のではなく、無線で伝えられるようになった。鉄道には依然として「電信手」という職種があったが、それはもうモールス符号の熟練を必要とするものではなかった。今日では、列車の運行線路割り当てはコンピューター化されていて、人の関与する部分は非常に少ない。

外国では、電信の工業化は米国よりも少し遅れて起き、米国とはちがう動機から行われた。一九世紀の末年に、各国の立法府は通信の発達とその大量利用を促進しようと、それぞれの電信庁に料金率を下げるよう求めた。電信庁はこれに応えて、事業の統合と、男性よりも低賃金の女性の雇用によってコスト削減をはかり、料率切り下げを可能にしようとした。フランスの場合、郵便と電信の統合と、郵便電信局への女性雇用が行われた。ノルウェーでは、電信と電話の事業が合体し、電信の職につこうとする女性は、一定期間まず低賃金の電話の仕事をするように定められた。このとき、男性電信手については、技術職及び管理職への昇進の機会が拡大した。女性の労働の非熟練化と低賃金化が進んだのであり、グロ・ハーゲマンによれば「雇用の職階が女性にとっては下へひろがり、男性には上へひろがった」のである。性別による隔離と差別が拡大し、男性は技術職及び管理職へ移り、そのあとは電信と電話の仕事を両方行う低賃金の女性で埋められた。他の国の郵便電信庁でも同じく経費削減が行われ、同様の結果となった(2)。

これら諸外国では、賃金と労働条件は政府によって定められていたので、女性オペレーターが労働組合に組織されることは少なく、賃金と労働条件の改善を要求することもあまりなかった。米国では賃金の額は労働者個別に決められたが、外国ではそうでなかったからである。ヨーロッパの政府事業では、賃上げにはふつう議会へ請願を提出し、そのあとに時間と手間のかかる立法の手続きが必要であった。男女同等の賃金と労働条件改善を求めた女性オペレーターが遭遇した反対と障害について、オーストリアのアンナ・ラーベンスアイフナーは一九一九年に次のように述べている。「政府事業の官僚による抵抗は、民間企業の場合よりももちろん甚だしい。官僚機構は反動の精神の塊であるから」。外国の女性オペレーターは、結婚すなわち退職といった理不尽な条件を法的に強制されることもあった(3)。

一般に米国の女性電信オペレーターには、結婚後も職業を続けたり、個別に賃金交渉をして、勤め先を変える自由度があった。これと同時に、米国の女性オペレーターは、ヨーロッパの場合とちがって、男性オペレーターと競合関係にあった。米国の女性オペレーターは労働組合活動とストライキに熱心に参加したが、運動が失敗したときに失業した。米国の電信手たちは、より大きな自由を求めて職の不安定という代価を支払ったということができる。

電信時代の終焉

一九二〇年代には、モールス電信手の時代は終わりに近づいていた。商業電信オフィスにおける工業化の最終段階は、モールス電信からテレタイプへの移行であった。一九二九年に始まる大不況とともに、多くのモールス電信手の終末が来た。モールス電信手多数が退職させられ、テレタイプ・オペレーターがあとを埋めた。アソシエーテッド・プレス社では、一九三四年に最後のモールス電信手がニューヨーク州で退職した。一九三四年七月二六日の新聞発表には、「最後の「真ちゅう（電鍵のこと）打ち」がニューヨーク州でアソシエーテッド・プレスの報道通信線からなくなった。いまや、ナイアガラからニューヨーク市まで、どこにもモールス電信手はいない。自動印刷電信機が最後のモールス機にかわった」とある。(4)

電話会社も着々と電信のビジネス領域に進出し、長距離電話サービスが始まった。米国では一九二六年から一九四三年までに、電信の利用は一一パーセント減少し、電話の利用は一九パーセント増大した。(5)電信利用の減少の理由は、電話との競争だけではなかった。電信産業の性格は技術革新的でなくなっていた。このことは、ファクシミリ導入の遅れに明瞭にあらわれている。ファクシミリについて、一八七〇年代にすでにナティー・ロジャーズの〈電信線に結ぶ恋〉がその可能性を書いている。ウエスタン・ユニオン社は、二〇世紀初めには民生用ファクシミリを可能にする技術を持っていた。ファクシミリ・サービスの実現可能性について、一九四五年に連邦通信委員会（Federal Communication Commission / FCC）の前委員キャリー・グラッサーが『アメリカン・エコノミック・レビュー』（同年九月号）に、次のように書いている。「ファクシミリは、電信手による符号化と復号化の作業を不要にして、通信速度を上げ、誤りの可能性を減少させた。ファクシミリは以前から知られていたが、最近になって、ウエスタン・ユニオン社によって商業ベースで実用化されることになった」(6)。しかし、ウエスタン・ユニオン社はファクシミリ・サービスの市場価値を理解できず、その実用化を推進しなかった。同社は、一九八〇年代後半の「ファックス・ブーム」を予見できなかったのであろうか。

技術労働者としての女性電信手

女性電信オペレーターの職業的および社会的ステータスはやや不確定なところがあり、それが彼女たちの存在を「例外」と見る傾向につながった。しかし、現代の眼から見ると、電信手は技術職あるいは技能工である。デスクワークであり、難しい電気機械を扱い、複雑な符号を使用するので、電信オペレーターは当時のふつうの労働者よりも今日の技術労働者に似ている。

電信手は、当然ながら、彼らの技術を誇りに思っていた。マ・カイリーは、「スイッチの役割をよく知って、接地の方法や線のつなぎ方や故障箇所発見の方法等々を習得してから、私は初めて電信オペレーターの仕事をさせてもらえた」と述べている。彼女のような熟達した電信手になるには、訓練と実地経験が必要であった。すべての女性オペレーターがマ・カイリーと同じ一級オペレーターの技術を身につけたわけではないが、どのようにしてモールス符号を送るか、電信機械をどのように接続し調整するかは、電信手全員が知っていたのである。(7)

われわれは一九世紀の電気技術は女性のいない「男の世界」であったと思っているが、電信技術の現場のようすはこの固定観念の再考を迫る。女性は、技術の発明から労働運動の指導まで、電信のすべての面に関わった。彼女たちは、職業と労働者としての連帯心および親族関係を通じて熟練技術を相互に交換し継承した。

電信とコンピューター・プログラミングの類似

電信手の仕事は、現代のコンピューター・プログラマーの場合と驚くほど似ている。コンピューターと同様に、モールス符号を使う電信はデジタル式であり（アナログ式である電話とちがう）。ドット（・）とダッシュ（ー）の二つを使うので、０と１を使うデジタル演算に似ている。電信機器は「ハードウェア」でモールス符号を「ソフトウェエア」であると考えることもできる。現代のコンピューター・プログラマーに似て、電信手の仕事は、英語（米国の場合）で書かれた文を、機械用の符号に変換することである。実際、モールス符号は今日のソフトウェア・プログラマーが使うアスキーコード（ＡＳＣＩＩ）の祖先である。コンピューターそのものは電信の直接の子孫であり、キャロリン・マーヴィンは『古いメディアが新しかった時――一九世紀末社会と電気テクノロジー』（*When Old Technologies Were New*）で次のように書いている。[(8)]「歴史の眼から見ると、コンピューターは強大な記憶装置をそなえた超高速瞬時電信機である。電信時代とコンピューター時代のあいだになされた通信技術の発明は、電信という出発点からの延長・改良にほかならない」。女性電信手と同じように、女性コンピューター・プログラマーがこの職業者のうちで相当の割合を占める。一九九五年には、コンピューター・プログラマーの二九・五パーセントが女性であった。[(9)]

これらの分野の労働市場への女性の進出が著しかったにもかかわらず、女性電信手と女性コンピューター・プログラマーのどちらも歴史家によってわずかしか扱われていない。ルース・ペリーとリーサ・グレーバーは、『サインズ』（*Signs*）の一九九〇年秋季号で、女性のコンピューターとのかかわりを論じて、次のように書いている。「コンピューターの歴史と女性との関係について、もっと研究されるべきである。初期の歴史の多くが失われつつある。いまの標準的な説ではコンピューターのルーツは男性が拓いたことになっているが、まだ書かれていない歴史はこれとちがうことを語るであろう[10]」。

サイバースペースにおけるジェンダー——電信からインターネットまで

コンピューターを瞬時電信と表現したキャロリン・マーヴィンのたとえは、インターネットとして現実になった。今日ではだれでも、モデムをつけたパソコンで、同じようにパソコンを持っている世界中のだれにでもｅメールを個人電信として送ることができる。インターネット使用がひろがって、相手の性別に関心を持ち、百年前に電信手が経験したのと同じジェンダーの問題が出現したのは、驚くにあたらない。過去の電信の出来事にくわしい人が、通俗出版物で「インターネット恋愛」を読むと、強い既視感を覚える。ｅメールの交換から始まった男女交際や、花嫁と花婿および牧師がそれぞれ別の場所でログインしている「バーチャル・ウェディング」もある。男性や女性が偽の性を名乗って、インターネットでチャットすることもある。インターネット上の「わいせつ行為」と公衆道徳への悪影響についても、激しい論議がある。

「サイバースペース」という語は、彼あるいは彼女が電子的手段で通信して入る心理的空間を意味する造語で、ウィリアム・ギブスンが一九八四年に書いたSF小説『ニューロマンサー』からきたものである[11]。サイバースペースは性別のない空間で、すべての発言は非肉体化される。サイバースペースの最古の住民というべき電信手は、非性別化されたサイバースペースの特徴を最初に経験した人である。

送信のスタイルに「女性型」があるかどうかが、電信手たちにとって最初のジェンダー問題の一つであった。黙示録風に言えば、サイバースペースには性別の発言法があるであろうか？　従来の「男女別の居場所」がこのサイバースペース発言法によって再生産されるのか？　ことは根本からイデオロギー的であり、どの発言が特権的で優先され、どの発言が軽視されるのかを発言法から判別するということである。電信では、「女性型」送信にはクリッピングやまちがいの多さや「いきなり結論を下す傾向」があるとされ、女性には下働きの仕事が与えられることが多かった。

しかし実は、電信サイバースペースの性別作用はそれほど単純ではなかった。これは、電信線を介する男女交際についてすでに見たところである。電信線上で男性が女性のふりをし、女性が男性のふりをして、電信線の受信側の人をたぶらかすのも容易であった。一級電信オペレーターのうちで女性は過半数ではないにしても相当数いて、男性オペレーターと区別できない送信スタイルをもち、新聞と市場の報道の専門職業人として活躍した。彼女たちは、性別だけで人の価値を決めるのはまちがいであることを示したのである。

このように電信は、男性のものである社会空間、女性のものである家庭空間のどちらでもない新しい空間——今日の言葉で言えばサイバースペースである——を創出し、当時の性別イデオロギーに疑問を呈した。女性電信手たちは、容姿よりも技量によって評価される空間をつくる試みをした。男性電信手も、電信線の向こうにいる一級オペレーターの「男性」が実は女性であることを知って驚き、現実に対する認識を改めなければならなかったのである。

まだ書かれていない歴史を求めて

電信によって、ふつうの人々でも速い通信を利用できるようになり、鉄道が安全に時刻通りに運行されるようになった。しかし、今日では、これに至った歴史をふりかえる人は少ない。まして、女性が電信業で果たした役割を知っている人はほとんどいない。

なぜ、この歴史は忘れられてしまったのだろうか？　女性電信手が忘却されたのは二〇世紀におきた現象であり、その原因の少なくとも一部は、産業史および労働史研究者の方法論における欠陥——イデオロギーによる欠陥とまで言わないとしても——である。電信史の資料を年代順に見ていくと、女性に関係する記述がまず現れて、次になくなり、最後にまた現れることがわかる。これは、大変に興味深い点である。一九世紀の電信史家は、電信業における女性についていつも論じていた。たとえば、一八七九年のジェームズ・D・リードの歴史書『アメリカの電信——その創始者、推進者、および重要人物』(*Telegraph in America: Its Founders, Promoters, and Noted Men*)は、副題にMen（人物）と書いたにもかかわらず、相当数の女性に言及し、著名な女性電信手何人かの経歴を掲載している。三年後に刊行されたウィリアム・プラムの『米国南北戦争における軍用電信』(*Military Telegraph during the Civil War in the United States*)は、女性電信手が南北戦争で果たした役割を明記している。

しかしながら、二〇世紀に入ったある時期に、電信産業における女性の役割は歴史に書かれなくなり、電信は完全に男性の職業として描かれるようになった。二〇世紀前半に書かれた産業史や、労働史のジョン・R・コモンズ学派は、どちらも、会社や労働組合といった組織のあいだの力関係に焦点を合わせ、経済および労働市場における女性の役割を軽視した。その例を挙げると、一九四七年のロバート・L・トンプソンの『大陸電信線——米国における電信産業の歴史、一八三二〜一八六六年』(*Wiring a Continent: The History of Telegraph Industry in the United states, 1832-1866*)は、一九世紀の電信史に関する必読の学術書であるが、電信手として働いた女性にはまったく言及していない。同様に労働史では、一九三三年のアーチボルド・マクアイザックの研究書『鉄道電信手騎士団——労働組合運動と集団交渉、一八三二〜一八六六年』（*The Order of Railroad Telegrapher: A study in Trade Unionism and Collective Bargaining*）は女性が演じた役割にはわずかしかふれていない。商業電信手についての一九五三年のヴィドカン・ウルリクソンの『電信手——その職業と組合』（*The Telehraphers: The Craft and Their Union*）も同様である。

四〇年ほどのちの一九八八年に、エドウィン・ゲブラーの『アメリカの電信手——一八六〇〜一九〇〇年の社会史』（*American Telegrapher: A Social History, 1860-1900*）が現れた。これは、女性電信手たちと一八八三年のストライキへの彼女たちの参加を含む総合的な研究書である。ゲブラーの本は、歴史学において社会史研究が盛んになったことを反映しているだけでなく、職場の労働条件や工業化に伴う労働の非熟練化に焦点を合わせる「新」労働史の影響も受けている。

女性労働への新たな関心が一九七〇年代の女性運動にも刺激されて生じ、電信業における女性をあつかう研究があらわれた。メロディー・アンドルーズの「〝女の子にできること〟——米国の職の電信業における女性雇用をめぐる論争」は、南北戦争以前の米国における電信業への女性の参入、および、彼女たちのステータスをめぐる一八六〇年代の『テレグラファー』誌上の論争について論じた。ジャクリーン・ダウド・ホールの論文「O・ディライト・スミスの進歩の時代——南部の都会における労働、フェミニズム、および改革」（O. Delight Smith's Progressive Era: Labor, Feminism, and Reform in the Urban South）は、フェミニズムと進歩主義運動と労働運動の相互関係を、アトランタの電信手オーラ・ディライト・スミスの生涯と仕事の例から明らかにした。

外国の歴史家たちも、フェミニストの視点から女性電信手の研究をするようになった。カナダの女性電信手についてのシャーリー・ティロットソンによる研究「われわれは〝一級電信手〟になれるだろう

——二〇世紀初期のカナダの田舎の電信業におけるジェンダーと熟練技術」（'We may all soon be "first-class men": Gender and Skill in the Canada's Early Twentieth Century Urban Telegraph Industry）や、ノルウェーのフェミニズムと電信の関係を研究したグロ・ハーゲマンの「フェミニズムと性別による労働の分業——世紀転換期ノルウェーの電信業における女性労働」（Feminism and the Sexual Division of Labour; Female Labour in the Norwegian Telegraph Service Around the Turn of the Century）などである。

女性電信手の労働の記録が乏しいのは、電信それ自体の命運にも関係している。一九世紀から二〇世紀に変わる頃に長距離電話が導入されて、それまで栄えていた電信は急速に衰退した。この頃はひたすら進歩を賛美する時代であり、電信は古くさいと思われてスクラップの代名詞のようになった。電信機器は二〇世紀前半に邪魔者扱いされ廃棄され、今日ではわずかに残った物が収集家の探索対象になっている。電信の初期の碍子《がいし》も稀少品で、一個数万円もの値がついている。

会社の記録保管

電信会社は、女性従業員の正確な雇用記録を保存していない。他の産業でも、女性労働者については、これと同様である。女性は正規の労働者とは考えられていなかったからである。大半の大企業で女性従業員の人員記録を本社が集中管理するようになったのは二〇世紀に入ってからであり、ウェスタン・ユニオン電信社も多くの鉄道会社もこの点で同じであった。ウェスタン・ユニオン社では、何人の従業員がいるかいつでもわかっていたが、各従業員の氏名と賃金は各事業所に行ってそこの原簿を見ないとわからなかった。こういった原簿は。今日ではわずかしか残っていない。現存する初期の原簿は、ことに少ない。鉄道会社の場合、その多くが一九六〇年代から八〇年代の事業縮小にともない路線廃止を行い、

このときに従業員記録を廃棄した

一九世紀の最初の一〇年間に八時間労働法が成立してから、鉄道会社は女性労働者の実際の勤務時間を正確に記録することを嫌った。女性労働者が日に八時間以上働かされていることがわかると罰金が科せられるので、女性を賃金台帳に記載しない鉄道会社さえあった。

電信雑誌が果たした役割

歴史書や会社の記録には女性電信手の情報がほとんどないが、電信雑誌や鉄道雑誌にはこれがある。一九世紀以来の『テレグラファー』、『テレグラフ・エイジ』や、『オペレーター』といった電信業界の雑誌は、女性電信手の労働、生活、意見について貴重な情報を提供している。CTUAの『コマーシャル・テレグラファーズ・ジャーナル』や、『レイルロード・テレグラファー』といった労働組合の雑誌も、欠落した歴史を埋めるのに役立つ。『レイルロード・マガジン』およびこれに先行した『レイルロード』（*Railroad*）、『レイルロード・ストーリーズ』（*Railroad Stories*）、『レイルロード・マンズ・マガジン』（*Railroad Man's Magazine*）は、男性および女性の鉄道電信手たちの生涯と回想をしばしば掲載した。これらのジャーナルには、女性オペレーターの投書や意見が数多く見られる。彼女たちは、電信業における女性のステータスに関する討論の場として電信雑誌を利用したのである。

電信手たちの仕事と生活を知るには

エイヴァ・バロンが「ジェンダーと労働の歴史――過去から学び将来を見る」（Gender and Labor History: Learning from the Past, Looking to the Future）で書いているように、一九世紀と二〇世紀初めの女性労働者

（女性電信手の場合も）の生活を研究するには、これらの時代の男性労働者についての研究とはちがったアプローチが必要である。ふつうの歴史とはちがう史料と手法を家系学から借用するのが、役立つ。女性電信オペレーターの足跡は、出生・死亡・結婚の記録にのこされることが多い。他方、男性は、ふつうは土地台帳、法廷記録、兵役記録といったものに記録される。「伝統的」なやり方では、出生・死亡・結婚記録は家系学者が利用し、歴史家は立法、司法、軍隊の記録に頼ってきた。しかし、社会史と女性史の研究の興隆とともに、状況は変わってきた。次に、研究の情報源の例を二、三挙げよう。[12]

女性電信オペレーターたちの事蹟は、電信ジャーナル、国勢調査、死亡記事に見られる。一九三五年以後に退職した鉄道電信手については、鉄道退職委員会（Railroad Retirement Board）（一九三五年設立）の記録も有用である。地方新聞や郷土史協会は、その土地の電信手の生涯について、情報を持っている。最も重要な情報源は、おそらく、電信オペレーター自身からの聞き取りであろう。退職した電信オペレーターの回想は、過去の事実と彼ら（彼女たち）による観察の豊かな情報源である。

なぜ歴史を再発見するのか

女性電信手の足跡は、一九世紀と二〇世紀初めにおけるテクノロジーの発達と拡大に女性がどんな役割を果たしたかについて、洞察の手がかりになる。在来の歴史記録だけを見ると、家庭が電化されるまでは女性は電気に無縁であったように思える。しかし、電信における女性の歴史は、電気通信というテクノロジーの発達において女性が重要な役割を果たしたことを示している。電信手である女性は、新しい雇用の場を見出して女性のための新たな地平を拓き、電信技術の発達をたすけた。これが、電気通信によって結ばれる現代の「世界村」の形成につながったのである。女性の雇用に対する偏見にもかかわらず、女性電信手たちは即時通信できる手段を地域コミュニティにもたらし、鉄道を安全かつ時刻通りに運行することを可能にした。電信業における女性の歴史の再発見には、二つのねらいがある。一つは、一九世紀における女性労働というあまり知られていない歴史に光を充てることである。そして二つ目に、テクノロジーにおいて女性がどんな役割を果たしたか、また、職業生活とステータスの確保をめざして女性が過去にどんな努力をしたかを深く考察することである。これら過去の歴史の再発見を通じて、われわれは未来をよりよく知ることができるであろう。

訳者あとがき

著者ジェプセンは、米国ノースカロライナ在住の情報通信アーキテクトであり、技術史家でもあって、とくに電信の歴史の研究に力を入れている。著書には、本書のほか、*Distributed Storage Networks: Architecture, Protocols and Management*, John Wiley & Sons, 2003 や、*Ma Kiley: The Life of a Railroad Telegrapher*, Texas Western Press, 1997 がある。後者の Ma Kiley（マ・カイリー）は本書にも出てくる女性鉄道電信手である。二〇一四年一月現在、電信史と電信で働いた女性の歴史を主題とするウェブサイト http://www.mindspring.com/~tjepsen/Teleg.html を持っている。

本書の内容と特色、背景などを述べておこう。

一八三七年のモールスの電信発明のあと、欧米では一八四〇年代から電信は大発展した。電信網は、鉄道の拡大にともなって建設された。鉄道では、列車の到着以前に運行スケジュールや変更を駅に知らせ、列車の機関士に駅で運行指令を渡した。電信を持たない時代の鉄道では、これらの連絡が不可能であったので、重大な衝突事故が珍しくなかった。電信は、鉄道に不可欠な設備となった。鉄道電信が民間の電報も送るようになり、電報の便利さが市民に理解され、民間電報や商業電報が増加した。大都市では、商業電報や株式や商品市場の電信を扱う大きな電信局ができた。地方には小さな町と村の電信所や駅の電信所があり、これらの電信所の数は多かったが、その多くは電信の送受信、事務、会計などのすべてをオペレーターが一人で行う「一人局」であった。電信は行政・軍事のツールでもあり、米国で民営（私企業）であったほかは、欧米諸国と非欧米諸国のほとんどで国営で始まったか、ある時期に国営に統合されたかであった。

電信史の早い時期（一八四〇年代）から、女性も電信オペレーターとして働いていた。南北戦争の期間（一八六一〜六五年）には、男性が出征して労働力が不足し、また、多数の軍用電信のオペレーターが求められたので、女性が電信手になることが歓迎された。南北戦争後には、夫が戦死して寡婦となった女性が、電信手として働いて自身と子どもの生計を立てることもあった。電信雑誌には、一八六〇年代から、女性電信手の是非をめぐって熱い論戦があった。女性に電信術を教える学校も現れ、一八七〇年代には、女性電信手の数が増加した。

女性電信手はタイピストや電話交換手より古い女性の職業であった。専門職の労働としては、電信手はタイピストや電話交換手に比べてずっと高度の技術を必要とする。電信オフィスでは、女性も男性と肩をならべて電信手として働いた。男女が同格で働く技術専門職という意味では、電信手はおそらく歴史上で最初であった。ただし、同じ職種であっても、女性電信手の賃金は男性電信手の場合よりも低かった。二〇世紀にテレタイプ電信が導入されると、テレタイプ・オペレーターは事実上は女性の職種になった。

本書は、女性電信オペレーターたちの出自とエスニシティ、どのようにして電信業に入ったか、訓練と学歴、その技術、電信オフィスにおける仕事と日常生活、女性電信手の数と地域分布、レジャー、結婚と家族、女性電信オペレーターの増加に対する職場および社会のリアクションや差別等を、一次史料ほかに依拠して記述する。

専門の訓練を受け、電気・電信・モールス符号という当時の人々には理解の容易でないハイテクを駆使する女性電信手は、人々から畏敬と珍奇の両方の眼で見られた。女性電信オペレーターは、小説や西部劇の映画で主人公としても描かれた。また、「男は外で仕事・女は家庭」というヴィクトリア朝時代の男女別空間のイデオロギーから見て、相当の教育を受けた女性が親の家を出て自活し、職業では男性と競争するという電信オペレーターの存在は危険であり、社会道徳を破壊するものであった。

男性電信オペレーターたちも、この職場への女性進出を喜ばなかった。女性電信手の賃金は男性電信手よりも安かったのが、その理由の一つであった。電信会社は、人件費を抑えようとして、女性オペレーターの雇用を推進した。本書は、電信雑誌の誌上で展開された男性電信手と女性電信手との熱い論争を詳細に紹介している。電信手の労働組合は、女性の加入を排除しようとした。しかし、低賃金の非組合員女性オペレーターはスト破りの予備軍であるので、女性オペレーターを組合に加入させて男女同一賃金を実現することがむしろ労働組合の闘争力強化につながる。これが次第に理解されて、性別に関係しない同一労働同一賃金を求める女性オペレーターの主張を、電信手の労働組合も支持するようになった。女性電信手たちは、婦人参政権グループとも連携して運動を展開した。本書は、巨大電信会社を相手とする何度かの電信手ストライキで女性オペレーターが果たした役割を相当克明に記述し、また、欧米および非欧米諸国の場合との比較も論じている。男女電信手の『テレグラファー』誌上論争およびストライキについての章は、本書の「読みどころ」であろう。また、これら電信業と電信手の世界のできごとを微細にわたって報じた電信雑誌の役割も注目にあたいする。

電信オペレーターは女性の「職場進出」史において非常に重要な存在であったが、電信オペレーターという職業の消滅とともに今日では忘れられている。しかし、コンピューターにより結ばれて社会が「世界村」化した今日からふりかえって見ると、距離と時間の障壁を乗り越えて通信を可能にした電信から「世界村」が始まったということができる。著者ジェプセンはこの点を論じて、電信オペレーターは、今日のコンピューター・ソフトウェアのプログラマーやアナリストの先取りであったと述べている。オペレーターたちがやりとりした電信線は、世界最初のサイバースペースであったと言うことができる。約一世紀を隔てた電信とコンピューターとの比較やジェンダーとの関係を、新鮮に感じる読者も多いことであろう。

産業史や労働史の研究者たちは、女性電信手の事蹟の意義を見過ごしてきた。ジェプセンは、なぜこれが研究されてこなかったのかを考察するとともに、今後この欠落を埋める研究の手法等も述べている。

訳者は、ジェンダー史や労働史、技術史の研究者だけでなく、ひろく一般の方々にも本書を読んでもらいたいと考えている。本書は学術書であるが、原書は読みやすさに配慮して書いてあるので、本訳書でもこの点をこころがけた。電信の実際と習慣などについて、多少の補足ないし訳注を〔 〕内に加えた。しかし、まだ分かりにくい点や訳者の力不足からくる誤りがあるかもしれない。読者諸賢からのご叱正をお願いしたい。

本訳書刊行につき、安達裕之、秋田公士の両氏に大変にお世話になった。河野照哉先生、千葉政邦氏、および近藤昭雄、塚原修一、岡本拓司、前島正裕、大熊康典、Dr. Andrew J. Butrica の各氏からご指導と有益な助言を得た。天野正子先生（東京家政学院大学学長）からは帯に推薦の辞をいただいた。ここに記して、各位にお礼申し上げる。

二〇一四年一月

高橋　雄造

著　者

トーマス・C. ジェプセン
(Thomas C. Jepsen)

米国ノースカロライナ在住の情報通信アーキテクトで，技術史家でもあり，とくに電信の歴史の研究に力を入れている．著書には，本書のほか，*Distributed Storage Networks: Architecture, Protocols and Management,* John Wiley & Sons, 2003, *Ma Kiley: The Life of a Railroad Telegrapher,* Texas Western Press, 1997 がある．2014 年 1 月現在，電信史と電信で働いた女性の歴史を主題とするウェブサイト http://www.mindspring.com/ ~tjepsen/Teleg.html を持っている．

訳　者

高橋雄造（たかはし ゆうぞう）

東京大学工学部電子工学科卒業．元・東京農工大学教授．元・日本科学技術史学会会長．電気通信大学コミュニケーションミュージアム学術調査員．
著訳書に，『ラジオの歴史――工作の〈文化〉と電子工業のあゆみ』（法政大学出版局，2011 年），『博物館の歴史』（同，2008 年），『ミュンヘン科学博物館』（編著，講談社，1978 年），『てれこむノ夜明け――黎明期の本邦電気通信史』（共編著，電気通信調査会，1994 年），『ノーベル賞の百年――創造性の素顔』（共同監修，ユニバーサル・アカデミー・プレス，2002 年），『岩垂家・喜田村家文書』（監修，創栄出版，2004 年），『電気の歴史――人と技術のものがたり（東京電機大学出版局，2011 年），『静電気を科学する』（同，2011 年），R. S. コーワン『お母さんは忙しくなるばかり――家事労働とテクノロジーの社会史』（訳，法政大学出版局，2010 年）などがある．

女性電信手の歴史　ジェンダーと時代を超えて

2014年 4 月10日　　初版第 1 刷発行

著　者　トーマス・C. ジェプセン
訳　者　高橋雄造

発行所　一般財団法人 法政大学出版局
〒102-0071 東京都千代田区富士見 2-17-1
電話 03 (5214) 5540／振替 00160-6-95814

組版：秋田印刷工房，印刷：平文社，製本：積信堂

ISBN 978-4-588-36417-4
Printed in Japan

索　引

ア　行

アーチャー，シンシア
Archer, Cynthia　176-77
アービーン
Ah-Bean　53
愛国奉仕連盟
Patriotic Service League　→ウェスタン・ユニオン婦人会（Women's League of the Western Union）を見よ.
アクロン（Akron, アイオワ州）鉄道駅　42
アジアにおける女性電信オペレーター　12
アシュリー
Ashley, J. N.　83, 125, 128, 135
アスキーコード
American Standard Code for Information Interchange / ASCII　39, 258
アソシエーテッド・プレス社
Associated Press　256
アダムズ，ジェーン
Addams, Jane　225-26
アダムズ，ジョージー・C.
Adams, Josie C.　43, 201
アトランティック・アンド・オハイオ・テレグラフ社
Atlantic and Ohio Telegraph Company　7, 8, 91
アトランティック・アンド・ガルフ鉄道
Atlantic and Gulf Railroad　43
『アトランティック・マンスリー』
Atlantic Monthly　32, 159
アナカー，ソフィー
Annaker, Sophie　222
アフリカ系米国人女性電信オペレーター　52-53
アフリカにおける女性電信オペレーター　12
アメリカ商業電信手労働組合
Commercial Telegraphers' Union of America / CTUA　30, 61, 80, 88, 220-29, 232-34, 237-38, 241-42
　凋落と復活　243-47
アメリカ通信協会
American Communications Association / ACA　244-46
アメリカ無線電信士協会
American Radio Telegraphers Association / ARTA　244
『アメリカン・エコノミック・レビュー』
American Economic Review　256
アメリカン・ディストリクト・テレグラフ社
American District Telegraph Company　208
アメリカン・テレグラフ社
American Telegraph Company　54, 82, 105, 109, 141, 144, 196-98, 202
アメリカン・ラピッド・テレグラフ社
American Rapid Telegraph Company　210
アラバマ女子ポリテクニック
Alabama Polytechnic Institute for Girls　70
アルゼンチンにおける女性電信オペレーター　13
アルビオン（Albion, ミシガン州）電

信局　5
アロン，シンディー
Aron, Cindy　106, 141
アンソニー，スーザン・B.
Anthony, Susan B.　89
アンソン・タイムズ（ノースカロライナ州ウェーズボロ）
Anson Times　69-70, 214
アンダーソン，マーゴ
Anderson, Margo　67
アンドルーズ，メロディー
Andrews, Melodie　125, 251, 262

イーソン，ジェームズ
Eason, Jas.　70
イギリスのケープ植民地における女性電信オペレーター　12
イギリス郵政庁
British Post Office　11, 50, 73, 206
育児（電信所での）　95f.
イタリアにおける女性電信手　63
イングランド：
　女性電信オペレーター　11
　電信オペレーターの給料　81
　電信オペレーターの訓練　62
　電信オペレーターの欠勤率　134
　電信オペレーターの出身階級　50
　電信オペレーターの平均年齢　75
インターネット　259
インド：
　女性電信手　12
　女性電信手の給料　81

ヴァイブロプレックス（バグキー）
Vibroplex　21f., 44
ヴァン・オールスティン，アイリーン
Van Alstine, Irene　42
ヴァンシロー，E. R.
Vanselow, E. R.　89
ヴィクトリア州（オーストラリア）における女性電信オペレーター　12
ウィニペグ（Winnipeg, カナダのマニトバ州）の電信局　73
ウィラード，フランシス
Willard, Frances　1
ウィルソン，ウッドロー
Wilson, Woodrow　241
ウィルソン，W. G.
Wilson, W. G.　77
『ヴィントン・イーグル』（アイオワ州）
Vinton Eagle　85
ウェインズバーグ（Waynesburg, ペンシルベニア州）のウェスタン・ユニオン社オフィス　180
ウェインライト，ウィリアム
Wainwright, William　13
ウェーズボロ（Wadesboro, ノースカロライナ州）電信局　70, 211
ヴェーゼー，リジー
Veazey, Lizzie　131
ヴェール，アルフレッド
Vail, Alfred　4, 21
ヴェール，セオドア
Vail, Theodore　240
ウェスタン・ユニオン・ケーブル社
Western Union Cable Company　246
ウェスタン・ユニオン従業員協会
Association of Western Union Employees / AWUE）　241, 245
ウェスタン・ユニオン・テレグラフ社
Western Union Telegraph Company
7, 10, 33, 48, 54-58, 62, 64, 70, 79, 83, 85, 88, 91-94, 105, 110-11, 125, 127, 131, 141, 143-44, 150, 154, 188,

196-217, 222-24, 227, 229, 231-32, 234-37, 239-41, 245-46, 256, 263
ウェスタン・ユニオン婦人会
Women's League of the Western Union 88
ウェストチェスター（West Chester, ペンシルベニア州）電信局　7, 76, 131
ウェルズファーゴ
Wells Fargo　97
ウェルチ，ネリー
Welch, Nellie　74
ウェルプ，サミュエル・L.
Welp, Samuel L.　222
『ヴォイス・オブ・インダストリー』
Voice of Industry　4, 9
ウォータールー（Waterloo, アイオワ州）電信局　85
ウォーバートン，エミリー
Warburton, Emily　71
ウォーリカ（Waurika, オクラホマ州）鉄道駅　240
ヴォーン，J. L.
Vaughan, J. L.　13, 94
ヴォーン，アビー・ストルーブル
Vaughan, Abbie Struble　13, 75, 94, 97, 102
ヴォルカー，ルイザ
Volker, Louisa　103, 190
ウッズクロス（Woods Cross, ユタ州）鉄道駅　18
ウッド，フィービー
Wood, Phoebe　5-6, 9
ウルリクソン，ヴィドカン
Ulriksson, Vidkunn　262
運輸通信国際組合
Transportation-Communications International Union　247
エイヴリー，ミス
Avery　82
映画のなかの女性電信手　184-93
ヨーロッパ映画　191-92
エヴァンズ，バーバラ
Evans, Barbara　61
エヴェラード，キャプテン
Everard, Captain　181-83
エジソン，トーマス
Edison, Thomas　2, 48, 50, 143, 192, 199
エジプトの電信における女性就業禁止　12
エッカート，トーマス・T.
Eckert, Thomas T.　142-44, 208-09
エマーソン，セシル
Emerson, Cecil　179
エリー・アンド・ミシガン電信線
Erie and Michigan Telegraph Line　5
エリー鉄道
Erie Railroad　7
『エレクトリカル・ワールド』
Electrical World　1, 71, 148, 169
『エレクトリック・エイジ』
Electric Age　145
エレクトリック・テレグラフ社
Electric Telegraph Company　62
エンジェル，エド
Angell, Ed　131

オーグル，ヘッティ・ムーラン
Ogle, Hettie Mullen　24-25, 94, 102-03, 131, 139
オーグル，ミニー
Ogle, Minnie　25, 139
オースティン（Austin, テキサス州）電信局　136
オーストラリアにおける女性電信オペ

カ　行

レーター 12
オーストリアにおける1919年のストライキ 242-43
オートン、ウィリアム
Orton, William 141-42
オーバーン (Auburn, ニューヨーク州) 29
オーマンド、メアリー
Ormand, Mary 210
オールマン、エマ・ジェーン
Allman, Emma Jane 95
「オーロラ」(電信オペレーターのペンネーム)
Aurora 110, 131
オクラホマシティ (Oklahoma City, オクラホマ州) におけるストライキ
電信オペレーター逮捕 242
オグレーディ、セレスト
O'Grady, Celeste 245
オコーナー、ミセス
O'Connor, Mrs. 86
オコーナー、ユージン・J.
O'Connor, Eugene J. 67
オシュコシュ (Oshkosh, ウィスコンシン州) のポスタル・テレグラフ 84
オズボーン、エセル
Osborne, Ethel 242
オフレーニガン、ケート
O'Flanigan, Kate 144
『オペレーター』
The Operator 32, 36, 38, 59, 135, 179, 264
オマハ (Omaha, ネブラスカ州) 電信局 85
オランダにおける電信オペレーターの欠勤率 134
オランダ領東インドにおける女性電信オペレーター 12
オリヴァー、ファニー
Oliver, Fanny 57
〈檻の中〉
In the Cage 180f., 192
オレゴン・ショートライン
Oregon Short Line 61, 95

カーヴァー、セーラ
Carver, Sarah 8
カーター、ケート
Carter, Kate 61
カーティス、ファイド・M.
Curtiss, Fide M. 201
カーネギー、アンドルー
Carnegie, Andrew 2, 48, 195
カーライル
Carlyle, Thomas 172
ガーランド、チャールズ
Garland, Charles 38, 50, 205
カイヴ、ジェフリー
Kieve, Jeffrey 50, 64
会社の記録保管 263
カイリー、マ
Kiley, Ma →マ・カイリーを見よ.
カグリー、エリザベス
Cogley, Elizabeth 7-9, 31, 60, 74-75, 94, 102
家族と結婚 90f.
カナダにおける女性電信オペレーター 10-11
カナダのガバメント・テレグラフ・サービス
Government Telegraph Service / GTS 10-11, 81
カナディアン・パシフィック鉄道
Canadian Pacific Railway / CPR 73
カミング、ジョージ

Cumming, George　140
カモン，H. M.
Cammon, H. M.　134
カラー，リダ
Culler, Lida　180
「ガラスアーム」（電信手けいれん）
44
カレン，イザベラ
Karren, Isabella　61
〈カンサス大平原〉（映画）
Kansas Pacific　189-91
カンサス・パシフィック鉄道
Kansas Pacific Railroad　189

キーファー，A. R.
Kiefer, A. R.　77
機関士友愛会
Brotherhood of Locomotive Engineers
218
起業家としての女性　138-40
キドニー，メアリー・H.
Kidnay, Mary H.　201
ギフォード，シドニー・E.
Gifford, Sidney E.　145
ギブスン，ウィリアム
Gibson, William　259
ギブソン，ヘレン
Gibson, Helen　186
キャロルトン（Carrolton, アイオワ州）
鉄道駅　62
キャンベル，ジョン
Campbell, John　208, 214
〈給水塔からの跳躍〉
The Leap from the Water Tower　186-
87
キューバ系米国人電信オペレーター
53
ギリシャの電信における女性就業禁止
11
ギルマン，エイミー
Gilman, Amy　159, 173
ギルモア，ヴァージニア
Gilmore, Virginia　188

クイーン・アンド・クレセント鉄道
Queen and Crescent Railroad　70
クイーンズランド州（オーストラリア）
における女性電信オペレーター　12
クインビー
Quimby　175-78
クーパー・インスティテュート
Cooper Institute　54f., 127, 154
クーパー，ピーター
Cooper, Peter　57
クーパー・ユニオン
Cooper Union　55, 57, 141
グールド，ジェイ
Gould, Jay　143, 190, 234
グールド，ヘレン
Gould, Helen　36, 234-37
クック，メイジー・リー
Cook, Mazie Lee　76, 227-28
グラッサー，キャリー
Glasser, Carrie　256
クラップ，リジー
Clapp, Lizzie　42
クラリッジ，エリザベス
Claridge, Elizabeth　29
クリーヴランド・ビジネス・アンド・
テレグラフィック・カレッジ
Cleveland Business and Telegraphic
College　58
『クリーヴランド・リーダー』
Cleveland Leader　59
グリーン，ノーヴィン
Green, Norvin　208

グリーンヴィル（Greenville, ペンシルベニア州）の電信局　7, 76
クリスチャニア（Kristiania, ノルウェー）電信局　137
クリッピング　28
グリフィス，D. W.
Griffith, D. W.　184, 193
クルー，アルバ・ジェドニー
Crew, Alva Gedney　98
グレート・ノースウェスタン・テレグラフ社（カナダ）
Great Northwestern Telegraph Company　73, 208
グレーバー，リーサ
Greber, Lisa　258
グレンソン，A. M.
Glenson, A. M.　140
クローフォーズヴィル(Crawfordsville, インディアナ州）のウェスタン・ユニオン社テレタイプ学校　62
クローリー，R. C.
Clowry, R. C.　212, 222
軍の電信隊
Military Telegraph Corps　102

ケスラー＝ハリス，アリス
Kessler-Harris, Alice　92, 205
結核　43
ケットリッジ（鉄道機関士）
Kettridge　163-64
ゲブラー，エドウィン
Gabler, Edwin　48-49, 52, 262
〈厳重に監視された列車（運命を乗せた列車）〉
Closely Watched Trains　191

工業化　252
　鉄道　252-54
　米国以外の場合　254-55
　米国の商業電信手　252-53
公共の空間　90
「紅灯の巷」（red light district）の語源　146
コーディ，エリザベス
Cody, Elizabeth　25
ゴードン，トム
Gordon, Tom　168-72
コーネル，エズラ
Cornell, Ezra　5, 9
コーネル大学　5, 227
コーネンカンプ，シルベスター・J.
Konenkamp, Sylvester J.　223
コーリア，フローレンス
Colyer, Florence　57
ゴーワンズ，バーバラ
Gowans, Barbara　28, 71
コーワン，ロバート・M.
Cowan, Robert M.　69
個人教授　60-61
コニオート（Conneaut, オハイオ州）
　電信局　8
ゴフ，ジョン・B.
Gough, John B.　112
コマーシャル・ケーブルズ社
Commercial Cables　246
『コマーシャル・テレグラファーズ・ジャーナル』
Commercial Telegraphers' Journal　227, 232, 240, 243, 264
コモンズ（Commons, John R.）学派（労働史）　261
コロンバス・グローヴ（Columbus Grove, オハイオ州）の鉄道駅　219
『コロンビア・ステート』（サウスカロライナ州）
Columbia *State*　53

コンコード（Concord, ノースカロライナ州）のウェスタン・ユニオン電信オフィス　210-11
『コンコード・レジスター』（ノースカロライナ州）
Concord Register　211
ゴンザレス，アンブローズ・エリオット
Gonzales, Ambrose Elliott　35-36, 53
ゴンザレス，ナルシソ
Gonzales, Narciso　43, 53
コンピューター・プログラミングと電信　258

サ　行

サイド，キャリー・パール
Seid, Carrie Pearl　16
サイバースペース：
語源　259
ジェンダーと　259-60
「サイン」（オペレーターの署名）　28
サウスオーストラリア州（オーストラリア）における女性電信オペレーター　12
サクラメント（Sacramento, カリフォルニア州）：
ウェスタン・ユニオン電信局　53
セントラル・パシフィック鉄道駅　53
サザン・テレグラフ社
Southern Telegraph Company　210
サザンパシフィック鉄道
Southern Paci?c Railroad　20, 97
サバンナ（Savannah, ジョージア州）の鉄道駅　43
サビナス（Sabinas, メキシコ）の鉄道駅　43
サリヴァン，リリアン
Sullivan, Lillian　233
サンタバーバラ（Santa Barbara, カリフォルニア州）電信局　85
サンディ（Sandy, ユタ州）鉄道駅　96
サンドバーグ，ミセス・S. E.
Sandberg, Mrs. S. E.　84
サンフランシスコ（San Francisco, カリフォルニア州）のウェスタン・ユニオン社オフィス　223-24
市内部　25
電信オフィス　85
『サンフランシスコ・クロニクル』
San Francisco Chronicle　223
サンベリー（Sunbury, ペンシルベニア州）の電信局　16
サンボーン，ミセス
Sanborn, Mrs.　77

ジーグラー，R. P. B.
Ziegler, R. P. B.　77
ジーメンス社
Siemens　12
ジェイムズ，ヘンリー
James, Henry　180-81, 192
シェパード，ヘレン・ミラー・グールド
Shepherd, Helen Miller Gould　→グールド，ヘレンを見よ．
ジェフリーズ，G. スコット
Jeffreys, G. Scott　180
シェルドン，ミセス
Sheldon, Mrs.　5
シカゴ：
ウェスタン・ユニオン社オフィス　33, 37-38, 85-86, 92, 131-32, 200-01, 210, 212 , 231
電信手友愛会（Brotherhood of Telegraphers）の会合　207
ポスタル・テレグラフ社オフィス

86, 230-31
ボルティモア・アンド・オハイオ電信の支社　208, 211-12
レディーズ・デパートメント　24, 33, 85
NTU 大会　116-17
WTUL 本部　226
『シカゴ・トリビューン』
Chicago Tribune　200, 207-09, 211-12, 230-34
シカゴ・ロックアイランド・パシフィック鉄道
Chicago, Rock Island, and Pacific Railroad　240
ジマーマン，ハリエット
Zimmerman, Harriet　61
『ジャーナル・オブ・ザ・テレグラフ』
Journal of the Telegraph　55-56, 92, 141
『ジャーナル・オブ・レイバー』
Journal of Labor　240
『シャーロット・ホーム・アンド・デモクラット』（ノースカロライナ州）
Charlotte Home and Democrat　210
ジャクソン（Jackson, ミシガン州）電信局　5
シャム（タイ）の電信における女性就業禁止　12
シャンクス，ウィリアム
Shanks, William　78
シュナイダーマン，ローズ
Schneiderman, Rose　227
『ジュルナル・アンテルナシオナル・テレグラフィーク』
Journal International Télégraphique　126
「ジョージー」（電信手）
Josie　123
ジョージ，ポール・R.
George, Paul R.　4
ジョーダン
Jordan, Mrs.　181, 183
ジョーンズ，サミュエル・S.
Jones, Samuel S.　95
商業電信局における毎日の業務　23f.
商業電信手国際組合
International Union of Commercial Telegraphers　220
植字工（女性）　115
女性電信手：　→電信手の統計，電信オフィスにおける女性の諸問題も見よ．
一家の稼ぎ手としての　91-92
移動　84-87
映画のなかの　184f.
カナダの　10-11
技術労働者としての　257f.
結婚　92-95
ストライキのリーダーとして　230-32
他の女性の職業との比較　78-81
非欧米世界の　12-13
婦人運動と　217f.
文学に描かれた　153f.
米国の電信業への進出　3-10
メキシコと中南米　13
ヨーロッパ　10-11
〈女性電信手の重いつとめ〉
The Girl and Her Trust　184-86
『女性と職業』
Women and the Trades　221
女性労働組合連盟
Women's Trade Union League　147, 225-29, 236-38, 240-41
「ジョン・スターリング」（電信手のペンネーム）
John Sterling　130

ジョンズタウン洪水　103, 139
ジョンズタウン（Johnstown, ペンシルベニア州）電信局　24, 139
ジョンストン，アリス・F.
Johnston, Alice F.　70, 211
ジョンストン，W. J.
Johnston, W. J.　135-36
ジョンソン，アイナ
Johnson, Ina　61
ジョンソン，アロン
Johnson, Aaron　61, 95
ジョンソン，メアリー・アン
Johnson, Mary Ann　61, 95
シラキュース（Syracuse，ニューヨーク州）：
電信局　29
ニューヨーク州中央鉄道電信局　145
人口統計，→電信手の統計を見よ．
シンシナティ（オハイオ州）：
ウェスタン・ユニオン社オフィス　30
ポスタル・テレグラフ社オフィス　23

スイスにおける女性電信オペレーター　11
スウィート，ブランチ
Sweet, Blanche　184
スウェーデン国家最高会議　65
スヴェンソン，ヒルダ
Svenson, Hilda　227, 232, 240
スカンディナヴィアにおける女性電信オペレーター　11
『スクリブナーズ・マガジン』
Scribner's Magazine　36
スコット，ランドルフ
Scott, Randolph　188
スコフィールド，ジョージー（ジョー）
Schofield, Josie　16, 166-67, 172
「スザンナー」（電信オペレーターのペンネーム）
Susannah　105
スタントン，エドウィン
Stanton, Edwin　142
スタントン，エマ
Stanton, Emma　201
スタントン，エリザベス・キャディ
Stanton, Elizabeth Cady　227
スチュアート，エセルバート
Stewart, Ethelbert　224
スチュアート，A. T.
Stewart, A. T.　121
スティーヴンソン，キティー
Stephenson, Kitty　84
スティーヴンソン，K. B.
Stephenson, K. B.　89
スティルウェル，メアリー
Stillwell, Mary　50
ストーヴァー，J. W.
Stover, J. W.　90, 117-24
ストークス，ローズ・パスター
Stokes, Rose Pastor　227-29, 248
ストーティング（ノルウェー議会）
Storting　137, 218
ストライキ：
イギリスの電信手ストライキ（1871 年）　206
オーストリアの電信手ストライキ（1919 年）　242-43
終末　238
女性への影響　238-41
女性リーダー　230-32
新聞の扱い　232-34
背景　221
ヘレン・グールドへの手紙

234f.
CTUA と WTUL の連携　225f.
1870 年の　200-05
1883 年の　208-17
1907 年の　220-41
1919 年の　241-42
1946 年の　246
1948 年の　246
スニーデール，ミルドレッド
Sunnidale, Mildred　16, 167-72
スノー，リディア・H.（リジー）
Snow, Lydia H. (Lizzie)　34, 48, 56, 82, 93-94, 139, 141-44, 150, 203
「スパーク」（電信オペレーターのペンネーム）
Spark　106-09, 111
スピード，ジョン・J.
Speed, John J.　5
スプリンガー，ミス
Springer, Miss　77
スプリングフィールド（Springfield, マサチューセッツ州）電信局　25-26
スポッツウッド，チャールズ・C.
Spottswood, Charles C.　9, 60
スミス，オーラ・ディライト
Smith, Ola Delight　70, 87-88, 145, 240
スミス，ジョン・A.
Smith, John A.　25
スミス，ミネルヴァ・C.
Smith, Minerva C.　84
スミス，ルイス・H.
Smith, Lewis H.　32, 106, 114-16, 124
スミス，M. L.
Smith, M. L.　140
スモール，サミュエル・J.
Small, Samuel J.　220, 223, 237
スライディング・スケール　79, 206, 221-22
スワン，ミニー
Swan, Minnie　30, 47, 154, 213-14

セアー，エラ・チーヴァー
Thayer, Ella Cheever　15, 74, 173-74, 192
性道徳と電信オフィス　145-49
西部劇　187
〈西部魂〉（映画）
Western Union　188
〈西部挺身隊〉
Overland Telegraph　189
セイロン（スリランカ）における女性電信オペレーター　12
セルー，イザベラ
Sellew, Isabella　57
全国消費者連盟
National Consumer's League　39
全国植字工組合
National Typographical Union　204
全国女性労働組合連盟
National Women's Trade Union League
→女性労働組合連盟を見よ.
全国電信トーナメント
National Telegraphic Tournament　89
セントラル・パシフィック鉄道
Central Pacific Railroad　53
セントルイス・アンド・アイアンマウンテン鉄道
St. Louis and Iron Mountain Railroad　190
セントルイス（St. Louis, モンタナ州）の CTUA 第 13 支部　231-32

ソア，ジャン
Thor, Jahn　32, 159-66

双頭の南部電信手騎士団クラブ
Dixie Twin Order Telegraphers' Club 88
〈ソースデール電信物語〉
The Thorsdale Telegraphs 32, 159f., 172
ソーンダーズ，メイ
Saunders, May 84
ソフトウェア・プログラマー／アナリスト 2, 258

タ 行

ターナー，ミス
Turner, Miss 82
タービン，キャロル
Turbin, Carole 90, 247
大恐慌（1929 年） 255
大衆文学（19 世紀） 153
タイプライター 14
オペレーター自弁の費用と 1907 年のストライキの要求 221, 223
電信オフィスへの導入 27, 39
大陸横断電信線 71
ダヴェリュー＝ブレーク，リリー
Devereux-Blake, Lillie 213
タスマニアにおける女性電信オペレーター 12
ダラス（Dallas, テキサス州）のウェスタン・ユニオン社印刷電信部のオペレーターたち 41
タルメッジ，ミセス・コーラ
Talmadge, Mrs. Cora 226
「誰かさん」（電信オペレーターのペンネーム）
Aliquae 129
「男女別の空間」（separate spheres）のイデオロギー 90, 99
団体組織活動：
社会 87-89
宗教 87-89
親睦 87-89

チェース，ジェニー
Chase, Jennie 84
チャーチル，リダ・A.
Churchill, Lida A. 179
チャップマン，E. G.
Chapman, E. G. 59
チャドック，ネリー
Chaddock, Mrs. Nellie 61
チュニジアの電信における女性就業禁止 12
チリ：
女性電信オペレーター 13
女性電信オペレーターの訓練 63
チリの国立学院
Chilean National Institute 13, 63
チルダーズ博士
Childers, Dr. 156-58, 173, 183
チンダル，J. B.
Tyndall, J. B. 77

ディアス，ポルフィリオ
Diaz, Porfirio 13
ディーヴァー，マートル
Dever, Myrtle 242
ディーリー，ウィリアム・J.
Dealy, William J. 216
ディック，A. L.
Dick, A. L. 145
ティプリング，アニー・ケーシー
Tipling, Annie Casey 43
ティルマン，ベンジャミン・R.

トンプソン，ロバート・L.
Thompson, Robert L.　261

ナ　行

ナイチンゲール，フローレンス
Nightingale, Florence　121
ナイルズ鉄道駅（Niles, ミシガン州）
18
ナショナル・テレグラフィック・ユニオン
National Telegraphic Union / NTU
52, 82, 104-06, 110-18, 125, 195-96, 199, 204
「名無しのニヒル」（電信手のペンネーム）
Nihil Nameless　128-30, 185
南北戦争　10

ニール，チャールズ・P.
Neill, Charles P.　223-34
ニコルズ，アーネスト
Nichols, Ernest　95
ニコルズ，セイディー
Nichols, Sadie　94-95, 224
日本における女性電信手　12
ニューエル，メドラ・オリーブ
Newell, Medora Olive　18, 75, 86
ニューサウスウェールズ州（オーストラリア）における女性電信手
12
ニュージーランドにおける女性電信手　12
ニュージャージー・セントラル鉄道
Central Railroad of New Jersey　83
ニューヨーク・アンド・ボストン・マグネティック・テレグラフ社
New York and Boston Magnetic Telegraph Company　4, 9
ニューヨーク市のウェスタン・ユニオン社：
市内部（レディーズ・デパートメント）　34-35, 48
テレタイプ学校　62
ブロードウェー 145 番地のオフィス　34, 105-06, 141, 200-04
ブロードウェー 195 番地のオフィス　34-35, 58, 209, 213-16, 222
ベッドフォード 599 番地のオフィス　149
マルチプレックス（テレタイプ）部　40
ニューヨーク市の CTUA 第 16 支部
226-29
『ニューヨーク・ジャーナル』
New York Journal　232
『ニューヨーク・タイムズ』
New York Times　118, 180, 216
ニューヨーク電信オペレーター・ドラマクラブ
New York Telegraph Operators' Dramatic Club　83-84
『ニューヨーク・ヘラルド』
New York Herald　67
『ニューヨーク・ワールド』
New York World　51, 93, 95, 136, 215-16, 232
ニューリスボン（New Lisbon，オハイオ州）電信局　9
『ニューロマンサー』
Neuromancer　259

ネフ，ベンジャミン・バー
Neff, Benjamin Barr　96
ネフ，メアリー・エレン
Neff, Mary Ellen　→ラブ，メアリー・

エレンを見よ．

ノースブリッジ（Northbridge, マサチューセッツ州）電信局　179
ノルウェー女性評議会
　Norske Kvinders Nationalraad　218
ノルウェー電信手組合
　Telegraffunksjonaerenes Landsforening　218
ノルウェーにおける電信オペレーターの出身階級　51
ノルウェー婦人連合
　Kvinnesaksvorening　218

　　ハ　行

パークス，エリザベス
　Parks, Elizabeth　29
ハーゲマン，グロ
　Hagemann, Gro　51, 254, 263
バーナード，ドロシー
　Bernard, Dorothy　184
『ハーパーズ・マガジン』
　Harper's Magazine　15, 154
バーハンズ，W. W.
　Burhans, W. W　199
パール，ネリー・E.
　Pearl, Nellie E.　232
バーレソン，アルバート・S.
　Burleson, Albert S.　241
肺病　→結核を見よ．
ハインズ，ミス
　Hinds, Miss　82
バグキー
　bug　→ヴァイブロプレックスを見よ．
バグリー，セーラ・G.
　Bagley, Sarah G.　4, 8-9, 50, 88
働く女性組合
　Working Women's Union　104, 204
働くようになった理由　63f.
バトラー，エリザベス
　Butler, Elizabeth Beardsley　221
パトリック，ジェームズ
　Patrick, James　116-17
葉巻製造工国際組合
　Cigar Makers' International Union　204, 217
ハムストーン，ウォルター・C.
　Humstone, Walter C.　67
パリ（フランス）：
　　電信オペレーターの労働時間 37f.
　　電信局の入所試験　63
ハリスバーグ（Harrisburg, ペンシルベニア州）電信局　74, 77
パリ中央電信局
　Central télégraphique　62, 74, 81
バロン，エイヴァ
　Baron, Ava　264
パワーズ，カミラ
　Powers, Mrs. Camilla　222
万国電信連合
　International Telegraphic Union / ITU　126
ハンター，エマ
　Hunter, Emma　7, 9, 29, 64, 76, 91, 131

ピーズ博士
　Pease, Dr. R. W.　145-46
ピーターズ，J. M.
　Peters, J. M.　199
ビーチャー，ヘンリ・ウォード
　Beecher, Henry Ward　87, 112
ヒスパニック姓の電信オペレーター　220
ビュール，メアリー・E.

Buell, Mary E. Smith　103
ヒル，G. W.
Hill, G. W.　97
ビルマ（ミャンマー）
Burma（Myanmar）：
給料　81
女性電信オペレーター　12

ファクシミリ（ファックス）
facsimile（fax）　176-77, 256
ファロン，アンナ
Fallon, Anna　244
フィッシュキル・ランディング（Fishkill Landing, ニューヨーク州）電信局　8
フィラデルフィア建国百年記念万国博覧会　165
フィリップス，バーネット
Phillips, Barnet　159
フィリップス，フランク・R.
Phillips, Frank R.　209
ブーヴィエ，ジャンヌ
Bouvier, Jeanne　126
ブーロック，アレクサンダー・H.
Bullock, Alexander H.　49
フェルドマン，ローズ
Feldman, Rose　89
フォーシー，ミセス・ルイーズ
Forcey, Mrs. Louise　230-31
フォースマン，エレン
Forsman, Ellen　233
フォーナー，フィリップ
Foner, Philip　104
婦人運動と女性電信手　217-18
婦人参政権運動と電信手　217-18
ブライアント・アンド・ストラットン・ビジネス・アンド・テレグラフィック・カレッジ
Bryant and Stratton Business and Telegraphic College　58
プライス，スターリング
Price, Sterling　103
ブラウン
Brown, Miss　136
ブラウン，メアリー
Brown, Mary　32, 159-167, 173
ブラウンズヴィル（Brownsville, ペンシルベニア州）電信局　180
『ブラックスミス・ジャーナル』
Blacksmith's Journal　239
ブラッケン，レベッカ・S.
Bracken, Rebecca S.　18
ブラッチ，ノラ
Blatch, Nora　227
ブラッチ，ハリエット・スタントン
Blatch, Harriet Stanton　227, 248
ブラッディーン
Bradeen, Lady　182-83
フラナガン，J. J.
Flanagan, J. J.　116-17
プラマー，P. S.
Plummer, P. S.　7-8
プラマー，ヘレン
Plummer, Helen　7, 76
プラム，ウィリアム
Plum, William　261
フランクリン．テレグラフ社
Franklin Telegraph Company　199
フランス：
女性電信手　11
女性電信手の給料　81
フランス領インドシナにおける女性電信手　12
フランス領西アフリカにおける女性電信手　12
ブランチャード，エリザベス・O.

Blanchard, Elizabeth O.　57
フランツ・ヨーゼフ（オーストリア＝ハンガリー皇帝）
Franz Joseph　86
フリーゼン，カール
Friesen, Carl　97-98
フリーゼン，ポール
Friesen, Paul　94
「プリシラ」（電信手のペンネーム）
Priscilla　132-33
フリスビー，フランク
Frisbie, Frank　149
ブリティッシュ・インディアン・テレグラフ社
British Indian Telegraph Company　12
ブリンカーホフ，クララ・M．
Brinkerhoff, Clara M.　140
ブレアズタウン（Blairstown, アイオワ州）電信局　24, 85
フレージー，アーミニア
Frazee, Armenia　57-58
ブレナン，T.
Brennan, T.　222
ブロム，ヴァージニア
Brom, Virginia　31, 62
ブロンソン，ネッティ
Bronson, Nettie　58

ベイカー（Baker, モンタナ州）鉄道駅　146
米国財務省
U.S. Treasury Department　106
米国における鉄道の工業化　253-54
米国における電信オペレーターの出身階級　48f.
米国の電信手のエスニック構成　52f
米国労働関係委員会
U.S. Commission on Industrial Relations　37
米国労働局
U.S. Bureau of Labor　68, 223
「ヘイゼルトン」（電信手の名）
Hazelton　132
ヘイドン，スターリング
Hayden, Sterling　190
ペイン，A. R.
Payne, A. R.　242
ペインター，ユーライア・ハンター
Painter, Uriah Hunter　9
ペニー，ヴァージニア
Penny, Virginia　9, 76, 103
ペラ（Pella, アイオワ州）鉄道駅　31, 62
ペリー，ルース
Perry, Ruth　258
ベルギーにおける女性電信手の勤続年数　75
ベルリン（ドイツ）における女性電信手の夜勤時間　38
〈ヘレンの危機〉（Hazards of Helen）シリーズ　186-87
ペンシルベニア鉄道
Pennsylvania Railroad　8, 102, 211
ヘンリー，アリス
Henry, Alice　229
ヘンロティン，エレン・M.
Henrotin, Ellen M.　225-26

ホイートストン電信機
Wheatstone telegraph　210
ホイーラー，ファニー
Wheeler, Fannie　24, 64, 85-86
ポイントアレナ（Point Arena, カリフォルニア州）電信局　74
ポーツマス（Portsmouth, ニューハンプシャー州）電信局　7

ボードー (Baudot) 符号　39
ポープ，フランク
Pope, Frank　83, 125, 135
ポープ，ラルフ
Pope, Ralph　199
ホームズ，ヘレン
Holmes, Helen　186
〈ポーリーンの冒険〉
Perils of Pauline　186
ホール，ジャクリーン・ダウド
Hall, Jacquelyn Dowd　145, 262
ポールソン，M. J.
Paulson, M. J.　230
ホール，ヘンリー
Hall, Henry　61
ポスタル・テレグラフ社
Postal Telegraph Company　84, 86, 220, 223, 227, 231-32, 237, 239, 244-46
ボストン・アンド・プロヴィデンス鉄道
Boston and Providence Railroad　42
ボスニア・ヘルツェゴヴィナの電信における女性就業禁止　11
ホッブス，アディー・M.
Hobbs, Addie M.　201
「ボヘミアン」電信手たち　177-79
ポラック，B. R.
Pollack, B. R.　89
ボルチモア・アンド・オハイオ鉄道
Baltimore and Ohio Railroad　30, 102, 211
ボルチモア・アンド・オハイオ電信社
Baltimore and Ohio Telegraph Company　38, 208, 211-12
ポルトガル植民地における女性電信オペレーター　12
ホワイト，パール
White, Pearl　186
ホワイト，ミセス・L. C.
White, Mrs. L. C.　84

マ　行

マーヴィン，キャロリン
Marvin, Carolyn　258-59
〈マイ・ガールズ〉
My Girls　179
マイノット，チャールズ
Minot, Charles　7
マイヤー，スティーヴン
Meyer, Stephen　131
マウント・ホールヨーク・セミナリー
Mount Holyoke Seminary　49
「マ・カイリー」(マティー・コリンズ・ブライト 'Mattie Collins Brite' の通称)
Ma Kiley　13, 20, 22, 41, 43, 60, 76, 87, 94-95, 97-98, 131, 136, 138, 146, 219, 240-41
マカッチェン，ジョージ・W.
McCutcheon, George W.　148
マカッチェン，マギー
McCutcheon, Maggie　148
マカロック，ミスター
McCullough, Mr.　208, 211
マキャリー，アイリーン
McCallie, Irene　245-46
マクアイザック，アーチボルド
McIsaac, Archibald M.　262
マグダウェル，メアリー
McDowell, Mary　225
「マグネッタ」(電信オペレーターのペンネーム)
Magnetta　111
マクラーレン，マリオン
McLaren, Marion　84
マクルーハン，マーシャル
McLuhan, Marshall　47

マコーリー，メアリー
Macaulay, Mary　29-30, 61, 75, 87, 89, 94, 240, 242, 244-45, 248
マッカーシー，ジャスティン
McCarthy, Justin　154
マッケイ・ラジオ
Mackay Radio　246
マッジ，ミスター
Mudge, Mr.　181-83
マディソン・スクエア・ガーデン
Madison Square Garden　214
マルチプレックス（テレタイプ）　39-40

ミシガン・セントラル鉄道
Michigan Central Railroad　18, 201
「ミズパ」（電信手のペンネーム）
Mizpa　38
ミスX（電信手のペンネーム）　215
ミッチェル，ジョン
Mitchell, John　214, 217
ミッチェル，ミニー・スワン
Mitchell, Minnie Swan　→スワン，ミニーを見よ．
南アフリカにおける女性電信オペレーター　12
ミネラルポイント（Mineral Point, モンタナ州）電信局　103
ミューチュアル・ユニオン・テレギラフ社
Mutual Union Telegraph Company　208
ミラー，イヴ
Miller, Eve　189
ミルナー，ミス（ストライキのピケット）
Millner, Miss　231
ミンタ（電信手のペンネーム）
Minta　197-98

ムーア，E. M.
Moore, E. M.　230

メキシコ国有鉄道　13, 94
メキシコにおける女性電信オペレーター　13
メンツェル，イジー
Menzel, Jiri　191

モアヘッド，スー・R.
Morehead, Sue R.　20
モールス，サミュエル
Morse, Samuel　4, 21, 82, 142, 154
モールス電鍵と「バグキー」　21-22
モールス符号　14, 98, 107, 258
モルクラム（Morkrum）テレタイプ　40-41
モンテネグロの電信における女性就業禁止　11

ヤ　行

ヤング，ブリガム
Young, Brigham　71-72
ヤング，ロバート
Young, Robert　188

ユーシービア
Eusebia　162-63
ユタ・セントラル鉄道
Utah Central Railroad　96
ユナイテッドステーツ・テレグラフ社
United States Telegraph Company　196

ヨーロッパ映画に見る女性電信手　191-92
ヨーロッパの女性電信オペレーター

11

ラ 行

ラーベンザイフナー，アンナ
Rabenseifner, Anna 255
「雷」(電信手のペンネーム)
Lightning 109
ライアン，パディ
Ryan, Paddy 224
ライアン，C. J.
Ryan, C. J. 199
ライクス，ハリー
Likes, Harry 234
雷撃による労働災害 42-43
ラブ，エレン・メアリー
Love, Mary Ellen 29, 96
ランガー，ミセス
Lunger, Mrs. 77
ラング，フリッツ
Lang, Fritz 188
ラングレー，アネット
Langley, Annette 156-59, 161, 166, 183
ランドルフ，ミセス・M. E.
Randolph, Mrs. M. E. 87, 102

リアドン，ディーリア
Reardon, Delia 226, 238
リード，ジェームズ・D.
Reid, James D. 91, 141, 261
リーハイ (Lehi, ユタ州) 電信局 61
リカーズ，ネリー
Reckards, Nellie 8
リン (Lynn, マサチューセッツ州) 電信局 8

ルイス，ミセス・M. E.
Lewis, Mrs. M. E. 82, 90, 99, 118-23, 138, 202
ルイスタウン (Lewistown, ペンシルベニア州) 電信局 7, 31, 60
ルクセンブルグの電信における女性就業禁止 11
ルロイ (Leroy, ニューヨーク州) 鉄道駅 61, 75

レイトン，アン・バーンズ
Layton, Anne Barnes 17, 92, 173
『レイルロード・テレグラファー』
Railroad Telegrapher 221, 264
『レイルロード・マガジン』
Railroad Magazine 20, 22, 264
レイン，マーサ・L.
Rayne, Martha L. 64, 79, 86, 134
列車集中制御
Centralized Train Control / CTC 14, 254
列車の運行指令 17-21
レッドヴィル (Readville, マサチューセッツ州) 鉄道駅 42-43
レディーズ・デパートメント 24, 33-34, 85, 203, 252
レファーツ，マーシャル・K.
Lefferts, Marshall K. 109, 112, 198

労働運動と女性電信手 195f.
ヨーロッパの場合 205-06
労働騎士団
Knights of Labor 207, 214, 217, 239
ローウェル女性労働改革協会
Lowell Female Labor Reform Association 4, 89
ローウェル (Lowell, マサチューセッツ州) 電信局 4, 50
ローズヴィル (Roseville, カリフォルニア州) 鉄道駅 97

ワ　行

英数字

ロートン，エレン
　Laughton, Ellen　7
ローリー・ニューズ・アンド・オブザーバー（ノースカロライナ州）
　Raleigh News and Observer　210
ローリー（Raleigh）のウェスタン・ユニオン社オフィス（ノースカロライナ州）　31
〈ローンデールの電信オペレーター〉
　The Lonedale Operator　184
ロサンジェルス（カリフォルニア州）電信局　85
ロシアにおける女性電信オペレーター　11
ロジャーズ，ナティー
　Rogers, Nattie　15, 47, 51, 74, 174f., 256
ロチェスター（Rochester, ニューヨーク州）電信局　29
『ロチェスター・ポスト・エクスプレス』（ニューヨーク州）
　Rochester Post Express　89
ロックフォード（Rockford, イリノイ州）でのイリノイ州 AFL の大会　238
『ロックフォード・レジスター＝ガゼット』（イリノイ州）
　Rockford Register-Gazette　238
ロビンズ，マーガレット・ドライアー
　Robins, Margaret Dreier　147-48, 225-26, 236-38
ロング，キャサリン
　Long, Catherine　145-46
ロンドン中央電信局　134

ワーゲンハウザー，リリアン
　Wagenhauser, Lillian　41
ワージントン，フローレンス
　Worthington, Florence　227
ワート，ジュリア・J.
　Wirt, Julia J.　201
ワシントン DC の CTUA 支部　243
〈私の 20 世紀〉
　My Twentieth Century　192
ワトキンズ，ケート
　Watkins, Kate　234

AFL（アメリカ労働総同盟．American Federation of Labor）　220, 238
AT & T 社（American Telephone and Telegraph Company）　240
「C」（クレム）(Clem)　174-78
CIO（産業別組合会議）
　Congress of Industrial Organization　244-45
「J. C.」（医学博士）　93
「S. W. D.」（電信マネジャーのイニシアル）　112-13, 134
「T.A.」（電信オペレーターのイニシアル）　109-12, 125

134（電信オペレーターのペンネーム）　107-09, 111
1907 年のストライキ　→ストライキを見よ．

原　注

第 1 章　電信業ではたらく女性

（1）Frances E. Willard, *Occupations for Women* (New York, 1897), 132, Edwin Gabler, *The American Telegrapher: A Social History, 1860–1900* (New Brunswick, N.J: Rutgers University Press, 1988), 108 に引用.

（2）"Women as Telegraph Operators," *Electrical World,* June 26, 1886, 296.

（3）Shirley Tillotson, "'We may all soon be "first-class men"': Gender and Skill in Canada's Early Twentieth Century Urban Telegraph Industry," *Labour/Le Travail* 27 (spring 1991): 98.

（4）Bernice Selden, *The Mill Girls* (New York: Atheneum, 1983), 174. Helena Wright, "Sarah G. Bagley: A Biographical Note," *Labor History* 20 (summer 1979): 398–413 も見よ.

（5）J. J. Speed から Ezra Cornell への書簡，July 13, 1849, Box 10, Folder 3, Ezra Cornell Papers, Division of Rare and Manuscript Collections, Cornell University, Ithaca, New York.

（6）Phoebe Wood から Ezra Cornell への書簡，September 23, 1849, Box 10, Folder 8, ibid.

（7）Phoebe Wood から Ezra Cornell への書簡，November 24, 1849, Box 10, Folder 11, ibid.

（8）"The First Woman Operator," *Telegraph and Telephone Age,* October 1, 1910, 659–60; James D. Reid, *The Telegraph in America: Its Founders, Promoters, and Noted Men* (New York: Derby Brothers, 1879), 170–71; West Chester (Pa.) *Daily Local News,* December 22, 1904.

（9）*The American Railway: Its Construction, Management, and Appliances,* intro. Thomas M. Cooley (1897; reprint, New York: Arno Press, 1976).　次も見よ：Ian R. Bartky, "Running on Time," *Railroad History* 159 (autumn 1988), 18–38; および Robert L. Thompson, *Wiring a Continent: The History of the Telegraph Industry in the United States, 1832–1866* (Princeton: Princeton University Press, 1947), 206–9.

（10）"Aged Lady's Fall Causes Death," *Lewistown (Pa.) Sentinel,* March 24, 1922; "The Oldest Lady Telegrapher," *Telegraph Age,* September 16, 1897; ibid., August 16, 1907, 445.

（11）"The First Woman Operator"; *Telegraph and Telephone Age,* October 1, 1910, 659–60; March 1, 1907, 142; "Woman Ran First Lynn-Boston Wire," *Boston Herald,* December 8, 1907.

（12）Virginia Penny, *How Women Can Make Money* (Springfield, Mass.: Fisk, 1870), 100–101.

（13）カナダの電信業における女性の雇用については，次を見よ：Shirley Tillotson, "The Operators along the Coast: A Case Study of the Link between Gender, Skilled Labour

and Social Power, 1900–1930," *Acadiensis* 20 (1990): 72–88; Tillotson, "We may all soon be 'first-class men.'"

(14) イングランドとヨーロッパの電信業における女性の雇用は，次に記述されている：Jeffrey Kieve, *The Electric Telegraph: A Social and Economic History* (Newton Abbot, Devon: David & Charles, 1973), 39, 85; Charles Garland, "Women as Telegraphists," *Economic Journal,* June 1901, 252, 255; Jeanne Bouvier, *Histoire des dames employées dans les postes, télégraphes et téléphones de 1714 à 1929* (Paris: Presses Universitaires de France, 1930), 128–30.

(15) 海底電信ケーブルの歴史については，次がある：Jorma Ahvenainen, "The Far Eastern Telegraphs: The History of Telegraphic Communications between the Far East, Europe and America before the First World War," *Suomalaisen Tiedeakatemian Toimituksia,* Sarja-Ser. B, Nide-Tom 216 (1981): 32–35, 39, 41; Erik Baark, *Lightning Wires: The Telegraph and China's Technological Modernization, 1860–1890* (Westport, Conn.: Greenwood Press, 1997). シーメンス・ブラザーズ社によるアジアへの陸上電信線建設については，A. Karbelashvily, "Europe-India Telegraph 'Bridge' via the Caucasus," *Telecommunications Journal* 56 (1989): 719–23. インドにおける電信手としての女性雇用については, Krishnalal Shridharani, *Story of the Indian Telegraphs: A Century of Progress* (New Delhi: Government of India Press, 1953), 65. Garland, "Women as Telegraphists," 252 も見よ.

(16) Griffith Taylor, *Australia: A Study of Warm Environments and Their Effect on British Settlement* (New York: Dutton, 1932), 373; Garland, "Women as Telegraphists," 252.

(17) Ahvenainen, "Far Eastern Telegraphs," 17; Gouvernement Général de L'Afrique Occidentale Française, *Les postes et télégraphes en Afrique Occidentale* (Corbeil, France: Ed. Crete, Imprimerie Typographique, 1907), 6–28; *Encyclopedia of Southern Africa,* ed. Eric Rosenthal (London: Frederick Warne, 1973), 574; Garland, "Women as Telegraphists," 252.

(18) "Mrs. Abbie Vaughan 'Mother of Code Telegraphy' Dies at Home Here," *Long Beach (Calif.) Press,* August 19, 1924; Thomas C. Jepsen, *Ma Kiley: The Life of a Railroad Telegrapher* (El Paso: Texas Western Press, 1997).

(19) John J. Johnson, "Pioneer Telegraphy in Chile, 1852–1876," *Stanford University Publications University Series, History, Economics, and Political Science* 6, no. 1 (1948): 88; Garland, "Women as Telegraphists," 252.

(20) Roger Fison, "Is Morse Telegraphy Doomed to Extinction?" *Railroad Man's Magazine* 3 (May 1917): 60–77; Elizabeth Faulkner Baker, *Technology and Women's Work* (New York: Columbia University Press, 1964), 244.

第２章　電信オフィスにおける毎日の業務

(1) "The Telegraph," *Harper's Magazine,* August 1873, 347.

(2) Ella Cheever Thayer, *Wired Love* (New York: W. J. Johnston, 1880), 12; Josie Schofield,

"Wooing by Wire," *Telegrapher,* November 20, 1875, 277.

（3）さまざまな種類の電報が Ralph Edward Berry, *The Work of Juniors in the Telegraph Service* (Berkeley: University of California Division of Vocational Education, 1922), 134–35 に記述されている．

（4）"The Story of Telegraphy," comp. Kate B. Carter, *Our Pioneer Heritage* (Salt Lake City: Daughters of Utah Pioneers, 1961), 4:549–50 に所蔵．

（5）"Miss Medora Olive Newell, Postal Manager in Chicago," *Telegraph Age,* June 1, 1909, 396; ibid., August 1, 1905, 300.

（6）Jepsen, *Ma Kiley,* 97.

（7）Sue R. Morehead, "Woman Op," *Railroad Magazine,* January 1944, 89–90.

（8）Roger Reinke, "Telegraph Equipment Classification," *Antique Wireless Association Old Timer's Bulletin* 32 (May 1991): 35–37.

（9）Jepsen, *Ma Kiley,* 47.

（10）職掌区分は Berry, *Work of Juniors in the Telegraph Service,* 25–56 による．

（11）Richard O'Connor, *Johnstown: The Day the Dam Broke* (New York: J. B. Lippincott, 1957), 60; *Johnstown (Pa.) Daily Tribune,* February 27, 1940.

（12）Gabler, *American Telegrapher,* 122; *Journal of the Telegraph,* May 1, 1869, 134; *Telegrapher,* April 3, 1875, 80.

（13）"New Western Union Chief Operator at Springfield, Mass.," *Telegraph Age,* May 1, 1905, 180.

（14）たとえば，*Telegrapher,* November 28, 1864, 20.

（15）Carter, "Story of Telegraphy," 561.

（16）*West Chester (Pa.) Daily Local News,* December 22, 1904; Carter, "Story of Telegraphy," 553–54.

（17）Gabler, *American Telegrapher,* 113, 140; Vidkunn Ulriksson, *The Telegraphers: Their Craft and Their Unions* (Washington, D.C.: Public Affairs Press, 1953), 101; *New York Times,* July 21, 1944.

（18）Gabler, *American Telegrapher,* 55 に引用．

（19）Barnet Phillips, "The Thorsdale Telegraphs," *Atlantic Monthly,* October 1876, 401.

（20）"Lady Operators," *Telegrapher,* February 27, 1865, 58.

（21）Lee Holcombe, *Victorian Ladies at Work: Middle-Class Working Women in England and Wales, 1850–1914* (Hamden, Conn.: Archon Books, 1973), 166.

（22）*Telegrapher,* November 18, 1871, 99.

（23）Ibid., March 6, 1875, 59.

（24）Ibid., February 13, 1875, 38.

（25）Ambrose Gonzales から Willie への書簡，October 15, 1881, quoted で，次に引用されている：Thomas C. Jepsen, "Two 'Lightning Slingers' from South Carolina," *South Carolina Historical Magazine* 94 (October 1993): 276; Charles Buckingham, "The Tele-

graph of To-Day," *Scribner's Magazine,* July 1889, 8.

(26) *Operator,* August 15, 1882, 343.

(27) *Chicago Tribune,* August 18, 1907.

(28) Gabler, *American Telegrapher,* 111; Ulriksson, *Telegraphers,* 99.

(29) William R. Plum, *The Military Telegraph during the Civil War in the United States,* 2 vols. (Chicago: Jansen, McClurg, 1882), 1:345–46; *Telegrapher,* February 26, 1876, 51.

(30) Garland, "Women as Telegraphists," 258–59.

(31) *Operator,* April 15, 1882, 155.

(32) いくつかの鉄道では，一日 8 時間労働に制限される従業員で列車運行を行うよりも女性の雇用を止めるほうがよいと考えた．*Railroad Telegrapher* of November 1910 (page 1705) は，「すべての鉄道会社がボルティモア・アンド・オハイオ鉄道にならって，女性従業員を締め出すだろうといううわさがある」と書いている．しかし，鉄道会社が雇用する女性従業員は増加し続けた．1920 年代になって，自動化の進行にともない女性電信手の数が減少した．

(33) テレタイプとテレタイプ・プリンターは，今日のコンピューターとそのプリンターの直接の祖先である．初期のコンピューターの設計者たちは，コンピューターの入出力装置としてテレタイプ機器をそのまま利用した，それゆえ，コンピューターは人間とのやりとりに電信の言語を利用したと言うこともできる．

(34) Fison, "Is Morse Telegraphy Doomed to Extinction?" 71.

(35) Ibid., 67.

(36) Lucile Ross, "Railroads," *Our Life,* 1882–1982, *Akron, Iowa* (Akron, Iowa: *Akron Register-Tribune* and *Le Mars Daily Sentinel* Job Printing, 1982), 30 所収.

(37) *Telegrapher,* July 15, 1876, 173; July 22, 1876, 180.

(38) N. G. Gonzales から Emily Elliott への書簡，Jepsen, "Two 'Lightning Slingers' from South Carolina," 272; *Telegraph Age,* September 1, 1897, 316 に引用．

(39) *Telegrapher,* September 15, 1869, 272; September 23, 1876, 234; Jepsen, *Ma Kiley,* 58.

(40) Martha L. Rayne, *What Can a Woman Do? or, Her Position in the Business and Literary World* (Petersburgh, N.Y.: Eagle, 1893), 140–41. Elizabeth Beardsley Butler, *Women and the Trades: Pittsburgh, 1907–8* (Pittsburgh: University of Pittsburgh Press, 1984), 293 も見よ．

第 3 章　社会における電信オペレーターの位置

(1) Thayer, *Wired Love,* 25; Minnie Swan Mitchell, "Lingo of Telegraph Operators," *American Speech,* April 1937, 155.

(2) Gabler, *American Telegrapher,* 173.

(3) "Female School of Telegraphy," *Journal of theTelegraph,* November 1, 1869, 271.

(4) Alexander H. Bullock, "The Centennial Situation of Woman," *Address of Hon. Alexander*

H. Bullock at the Commencement Anniversary of Mount Holyoke Seminary, Massachusetts, June 22, 1876 (Worcester, Mass.: C. Hamilton, 1876), 6.

(5) Edwin Gabler は，*The American Telegrapher,* 85–91 and 123 で電信手の社会階級を論じている．Stephen Meyer は，職場における「粗野な男っぽさ文化」の概念を "Work, Play, and Power: Masculine Culture on the Automotive Shop Floor," a paper presented at "Boys and Their Toys? Masculinity, Technology, and Work," a conference held at the Center for the History of Business, Technology, and Society, Hagley Museum and Library, in Wilmington, Delaware, on October 3, 1997 で論じている．

(6) Sarah Bagley の出身階級については，次を見よ：Wright, "Sarah G. Bagley," 398–413, および Hannah Josephson, *The Golden Threads: New England's Mill Girls and Magnates* (New York: Duell, Sloan and Pearce, 1949), 250–74. Mary Stillwell の出身については Robert Conot, A Streak of Luck (New York: Seaview Books, 1979), 46–48, 219 に記述がある．

(7) Kieve, Electric *Telegraph,* 85; Garland, "Women as Telegraphists," 251.

(8) Gro Hagemann, "Feminism and the Sexual Division of Labour: Female Labour in the Norwegian Telegraph Service around the Turn of the Century," *Scandinavian Journal of History* 10 (1985): 151.

(9) Thayer, *Wired Love,* 54; "The Lady Operators," *New York World,* July 27, 1883, 2.

(10) Gabler, *American Telegrapher,* 119.

(11) *Telegrapher Supplement,* November 6, 1865, 13; Jepsen, "Two 'Lightning Slingers' from South Carolina," 264–82; *Telegrapher,* February 1, 1873, 32.

(12) *1890 Census,* vol. 2, pt. 2, table 82, "Total Persons 10 Years of Age and Over in the United States Engaged in Each Specified Occupation, Classified by Sex, General Nativity, and Color," 356.

(13) Ibid., table 111, "White Persons 10 Years of Age and Over in the United States Engaged in Each Specified Occupation, Classified by Sex and Birthplace of Mothers," 504.

(14) Margery Davies, *Woman's Place Is at the Typewriter* (Philadelphia: Temple University Press, 1982), 57; 同書 table 2, appendix も見よ．

(15) *Journal of theTelegraph,* January 15, 1869, 42.

(16) "The Cooper Union—Telegraph School for Women: Rules and Regulations for Its Government," *Journal of the Telegraph,* February 15, 1869, 70.

(17) Ibid., November 1, 1869, 271.

(18) Ibid., October 16, 1871, 267.

(19) Gabler, *American Telegrapher,* 113–14, 132–33.

(20) *Annals of Cleveland,* vol. 48, 1865 (Cleveland: Works Progress Administration in Ohio, 1938), 47; *Telegrapher,* March 27, 1865, 70.

(21) Ibid., December 20, 1873, 309.

(22) *Annals of Cleveland,* vol. 57, 1874 (Cleveland: Works Progress Administration in Ohio,

1937), 742.
(23) *Operator,* April 15, 1882, 156.
(24) Jepsen, *Ma Kiley,* 56.
(25) *Lewistown (Pa.) Sentinel,* March 24, 1922; Jepsen, *Ma Kiley,* 55–56.
(26) Carter, "Story of Telegraphy," 566.
(27) Lynne Belluscio から本書の著者への通信，Le Roy Historical Society, January 14, 1993.
(28) Fison, "Is Morse Telegraphy Doomed to Extinction?" 66; 本書の著者によるインタビュー，July 3, 1997.
(29) Kieve, *Electric Telegraph,* 85; "Young Women at the London Telegraph Office," *New York Times,* June 17, 1877.
(30) Bouvier, *Histoire des dames employées dans les postes, télégraphes et téléphones,* 130–32.
(31) Garland, "Women as Telegraphists," 254–55.
(32) Johnson, "Pioneer Telegraphy in Chile," 88–89.
(33) Rayne, *What Can a Woman Do?* 139.
(34) Kieve, *Electric Telegraph,* 87.
(35) Garland, "Women as Telegraphists," 251.
(36) 表 1 と表 2 のデータは，次の職業統計表から得た：The U.S. Census for 1870–1960. 北東部および大西洋岸中部は次の州：Massachusetts, Connecticut, Maine, Ohio, Maryland, New Hampshire, Vermont, the District of Columbia, New Jersey, New York, Pennsylvania, Rhode Island, Delaware, and West Virginia; 南部は Alabama, Florida, Georgia, Kentucky, Louisiana, Mississippi, North Carolina, South Carolina, Tennessee, and Virginia; 中西部は Indiana, Illinois, Minnesota, Iowa, Missouri, Wisconsin, and Michigan; 大平原地帯および西部は North Dakota, South Dakota, Nebraska, Kansas, Oklahoma, Arkansas, Texas, Idaho, Utah, Nevada, California, Colorado, Wyoming, Montana, Oregon, Washington, Arizona, New Mexico, Alaska, and Hawaii.
(37) Margo Anderson, "The History of Women and the History of Statistics," *Journal of Women's History* 4 (spring 1992): 22. 国勢調査員は，この欠陥をはっきり意識しており，1870 年国勢調査第 1 巻 (p.663) には次のようにある：「欠陥は，次の一例だけからも明らかである．職業統計表ではウールとウステッド製造に 2 千人強しか従事していないことになっているが，製造業統計表によるとこれが 4 万人以上になる」．
(38) *Chicago Tribune,* August 15, 1883; New York Herald, July 28, 1883.
(39) Archibald M. McIsaac, *The Order of Railroad Telegraphers: A Study in Trade Unionism and Collective Bargaining* (Princeton: Princeton University Press, 1933), 3.
(40) Leo Wolman, *The Growth of American Trade Unions, 1880–1923* (New York: National Bureau of Economic Research, 1929), 99.
(41) "Lady Clerks," *Anson Times* (Wadesboro, N.C.), April 17, 1884; 南北戦争後の南部

における女性雇用については，Edward L. Ayers, *The Promise of the New South* (New York: Oxford University Press, 1992), 77–79.

(42) *Anson Times,* July 6, 1882 を見よ．

(43) Jacquelyn Dowd Hall, "O. Delight Smith's Progressive Era: Labor, Feminism, and Reform in the Urban South," in *Visible Women: New Essays on American Activism,* ed. Nancy A. Hewitt and Suzanne Lebsock (Champaign: University of Illinois Press, 1993) 169.

(44) "Women as Telegraph Operators," *Electrical World* 8 (June 26, 1886): 296.

(45) Carter, "Story of Telegraphy," 534, 541, 546. デザレット電信は 1867 年に会社組織で設立され，1900 年にウェスタン・ユニオンに買収されるまで存続した．

(46) Tillotson, "'We may all soon be "first-class men,"'" 98–99.

(47) Bouvier, *Histoire des dames employées dans les postes, télégraphes et téléphones,* 128.

(48) Ibid., 132.

(49) Anna Rabenseifner, "Die Frau im oeffentlichen Dienst," *Handbuch der Frauenarbeit in Oesterreich* (Vienna: Carl Ueberreuter, 1930), 228–29.

(50) Thayer, *Wired Love,* 28; Gabler, *American Telegrapher,* 108–9; *Lewistown (Pa.) Sentinel,* March 24, 1922; *Long Beach (Calif.) Press,* August 19, 1924.

(51) "Miss Medora Olive Newell, Postal Manager in Chicago," *Telegraph Age,* June 1, 1909, 396; Belluscio から本書の著者への通信，Le Roy Historical Society, January 14, 1993; *New York Times,* July 21, 1944, 19.

(52) Garland, "Women as Telegraphists," 259.

(53) Louise R. Moreau, "The Feminine Touch in Telecommunications," *AWA Review* 4 (1989): 73; *Telegraph and Telephone Age,* October 1, 1910, 659–60; Penny, *How Women Can Make Money,* 101.

(54) 電信手の賃金の男女差にについては，次が論じている：Gabler, *American Telegrapher,* 71, 94–95, 109, 112; Rayne, *What Can a Woman Do?* 143; Butler, *Women and the Trades,* 294; Jepsen, *Ma Kiley,* 82; "The Convention Attended by Delegates from Local No. 16, C. T. U. A.," *Commercial Telegraphers' Journal: The Official Organ of the Commercial Telegraphers' Union of America* 5 (August 1907): 848.

(55) *Harrisburg Ledger,* Series 3, Subseries 1, Box 11, Folder 2, Western Union Collection, National Museum of American History, Smithsonian Institution, Washington, D.C.

(56) Gabler, *American Telegrapher,* 124–25; William F. G. Shanks, "Women's Work and Wages," *Harper's Magazine,* September 1868, 546–53; Penny, *How Women Can Make Money,* 38, 181, 426; Rayne, *What Can a Woman Do?* 18.

(57) John Brooks, *Telephone: The First Hundred Years* (New York: Harper & Row, 1976), 134, 66; Paul H. Douglas, *Real Wages in the United States, 1890–1926* (Boston: Houghton Mifflin, 1930), 331; *Commercial Telegraphers' Journal* 43 (January 1945): 4.

(58) Gabler, *American Telegrapher,* 135; Baker, *Technology and Women's Work,* 68; Butler, *Women and the Trades,* 294; Rayne, *What Can a Woman Do?* 137.

(59) Rayne, *What Can a Woman Do?* 139–41; *Report of the Michigan State Commission of Inquiry into Wages and the Conditions of Labor for Women and the Advisibility of Establishing a Minimum Wage* (Lansing, Mich.: Wynkoop Hallenbeck Crawford, 1915), 136.
(60) *Commercial Telegraphers' Journal* 35 (December 1937): 142.
(61) Tillotson, "Operators along the Coast," 79; Tillotson, "'We may all soon be "first-class men,"'" 107.
(62) Kieve, *Electric Telegraph,* 87; Garland, "Women as Telegraphists," 253．1 ポンドが 4.86 ドルという 1866 年の換算率を使用した．
(63) Bouvier, *Histoire des dames employées dans les postes, télégraphes et téléphones,* 132．7 フランが 1.00 ドルという 1869 年の換算率を使用した．
(64) Shridharani, *Story of the Indian Telegraphs,* 65.
(65) *Telegrapher,* April 25, 1865, 83; February 26, 1876, 49; July 29, 1876, 181.
(66) *Telegraph Age,* March 16, 1893, 107; April 1, 1893, 119–22; April 16, 1893, 188; August 16, 1894, 325.
(67) Minerva C. Smith, "Does It Pay a Girl to Learn Telegraphy?" *Commercial Telegraphers' Journal* 5 (November 1907): 1191–92.
(68) *Vinton (Iowa) Eagle,* December 2, 1874; *Telegrapher,* January 2, 1875, 1 に再録；ibid., September 4, 1875, July 1, 1876.
(69) *Telegrapher,* March 6, 1875, 57; November 6, 1875, 267; Rayne, *What Can a Woman Do?* 139.
(70) "Miss Medora Olive Newell, Postal Manager in Chicago," *Telegraph Age,* June 1, 1909, 396.
(71) "Mrs. M. E. Randolph," *Telegraph Age,* March 9, 1893, 85; Belluscio から本書の著者への通信，Le Roy Historical Society, January 14, 1993.
(72) "The Women's League of the Western Union Telegraph Company: Report for the Year 1918–1919," Box 47, Folder 3, Western Union Collection.
(73) Hall, "O. Delight Smith's Progressive Era," 173–74; *Railroad Telegrapher,* May 1909, 700; *Telegraph Age,* June 1, 1909, 396.
(74) Wright, "Sarah G. Bagley," 398–413; *New York Times,* July 21, 1944, 19.
(75) *New York Times,* April 11, 1890.
(76) "Sketches of Some of the Champions of the Philadelphia Tournament," *Telegraph Age,* January 1, 1904, 14.
(77) Carole Turbin, "Reconceptualizing Family, Work, and Labor Organizing: Working Women in Troy, 1860–1890," *Hidden Aspects of Women's Work,* ed. Christine Bose, Roslyn Feldberg, Natalie Sokoloff (New York: Praeger, 1987), 181 所収；*Telegrapher,* February 1, 1866, 42.
(78) "The Telegraphic Education of Women," *Journal of the Telegraph,* December 15, 1870, 22.
(79) Alice Kessler-Harris, *A Woman's Wage: Historical Meanings and Social Consequences* (Lex-

ington: University Press of Kentucky, 1990), 42; Carter, "Story of Telegraphy," 549–50; "The Lady Operators," *New York World,* July 27, 1883, 2.

(80) "The Western Union Female Telegraphers Done in Rhyme by One of Themselves," *Telegrapher,* March 6, 1875, 57; *New York World,* July 24, 1883; *Telegrapher,* March 23, 1872, 242.

(81) *Long Beach (Calif.) Press,* August 19, 1924.

(82) *Johnstown (Pa.) Daily Tribune,* February 27, 1940; Jepsen, *Ma Kiley,* 53–55; *Washington Post,* August 10, 1907.

(83) Carter, "Story of Telegraphy," 566, 562.

(84) "The Lady Operators," *New York World,* July 27, 1883, 2.

(85) Carter, "Story of Telegraphy," 554–55.

(86) Shirley Burman, curator, "Women and the American Railroad: 135 Years of Womens' Association with the Railroad"; correspondence, William Strobridge, Research Associate, Wells Fargo Bank, December 1, 1992.

(87) *Long Beach (Calif.) Press,* August 19, 1924.

(88) Jepsen, *Ma Kiley,* 59, 66–67.

第４章　電信オフィスにおける女性の諸問題

(1) Philip Foner, *Women and the American Labor Movement: From Colonial Times to the Eve of World War I* (New York: Free Press, 1979), 109.

(2) *Lewistown (Pa.) Sentinel,* March 24, 1922; *Long Beach (Calif.) Press,* August 19, 1924.

(3) *Telegraph Age,* March 9, 1893, 85; April 16, 1909, 301.

(4) *Johnstown (Pa.) Daily Tribune,* February 27, 1940; David McCullough, *The Johnstown Flood* (New York: Simon and Schuster, 1968), 97.

(5) Moreau, "Feminine Touch in Telecommunications," 73. 南部連合の電信使用の記述は，J. Cutler Andrews, "The Southern Telegraph Company, 1861–1865: A Chapter in the History of Wartime Communication," *Journal of Southern History* 30 (1964): 319–44 が良い．

(6) Plum, Military *Telegraph during the Civil War in the United States,* 2:218–19; David Homer Bates, *Lincoln in the Telegraph Office* (New York: Century, 1907), 14–37; *Congressional Record,* vol. 29, pt. 2 (January 28, 1897), 1243; *Telegraph Age,* June 1, 1909, 380; July 1, 1909, 498.

(7) Penny, *How Women Can Make Money,* 101.

(8) Foner, *Women and the American Labor Movement,* 110–14.

(9) Thompson, *Wiring a Continent,* 389–90, 392; Gabler, *American Telegrapher,* 150.

(10) *Telegrapher,* October 31, 1864, 16. Melodie Andrews は，南北戦争期における女性の電信への参入とこの参入をめぐって *Telegrapher* に現れた論争について述べている："'What the Girls Can Do': The Debate over the Employment of Women in the Ear-

ly American Telegraph Industry," *Essays in Economic and Business History* 8 (1990): 109–20.

(11) *Telegrapher,* November 28, 1864, 20; see also Cindy Sondik Aron, *Ladies and Gentlemen of the Civil Service: Middle-Class Workers in Victorian America* (New York: Oxford University Press, 1987), 70–78.

(12) *Telegrapher,* December 26, 1864, 32.

(13) Ibid., January 30, 1865, 49; *Rules and Instructions for the Information and Guidance of the Employees of the Western Union Telegraph Company* (New York: Russell Brothers, 1870), 21; *Telegrapher,* January 30, 1865, 48.

(14) *Telegrapher,* February 27, 1865, 61, 62, 58.

(15) *Telegrapher Supplement,* November 6, 1865, 12–13.

(16) *Telegrapher,* November 1, 1865, 184; New York Times, November 26, 1865.

(17) *Telegrapher,* January 15, 1866, 33.

(18) Ibid., February 1, 1866, 42.

(19) Ibid., March 1, 1866, 68.

(20) Ibid., September 21, 1867, 32; June 13, 1868, ibid., August 3, 1872, 396 にも引用.

(21) Ulriksson, *Telegraphers,* 18–20.

(22) Andrews, "'What the Girls Can Do,'" 109–20.

(23) Bouvier, *Histoire des dames employées dans les postes, télégraphes et téléphones,* 127–30.

(24) *Telegrapher,* January 9, 1875, 9.

(25) "The Telegraph and the Business Depression—Reduction of Salaries and Over Supply of Operators," *Telegrapher,* November 29, 1873, 292. この編集者のメッセージは，電信手の供給過剰と求職競争を嘆いているにもかかわらず，不思議なことに，働き口をめぐる男性と女性の競争にはふれていない.

(26) Ibid., January 9, 1875, 9.

(27) Ibid., January 23, 1875, 20.

(28) Ibid., March 27, 1875, 74.

(29) Stephen Meyer, "Work, Play, and Power: Masculine Culture on the Automotive Shop Floor."

(30) *Telegrapher,* January 30, 1865, 49; Jepsen, Ma Kiley, 91.

(31) *Rules and Instructions for the Information and Guidance of the Employees of the Western Union Telegraph Company,* 21.

(32) "A Fallen Angell," *Telegrapher,* November 6, 1875, 266; ibid., December 4, 1875, 290.

(33) Ibid., November 6, 1875, 266.

(34) Ibid., December 4, 1875, 290.

(35) *Chicago Tribune,* August 6, 1883.

(36) Rayne, *What Can a Woman Do?* 138; *Telegrapher,* February 27, 1865, 58.

(37) Garland, "Women as Telegraphists," 257.

(38) H. M. Cammon, "Women's Work and Wages," *Harper's Magazine,* April 1869, 665–70.

(39) *Telegrapher,* August 3, 1872, 396.

(40) *Operator,* May 15, 1882, 198.

(41) *New York World,* July 27, 1883, 2.

(42) Jepsen, *Ma Kiley,* 66.

(43) Hagemann, "Feminism and the Sexual Division of Labour," 143–47.

(44) *Telegrapher,* February 1, 1866, 42.

(45) McCullough, *Johnstown Flood,* 93–105; O'Connor, *Johnstown, The Day the Dam Broke,* 60–61; Robin Rummel から本書の著者への通信，Johnstown Area Heritage Association, 1991.

(46) *Telegrapher,* July 22, 1871, 382. Melodie Andrews は "'What the Girls Can Do.'" で，電信業におけるこの女性企業家の例について述べている．

(47) Paul Israel, *From Machine Shop to Industrial Laboratory: Telegraphers and the Changing Context of American Invention, 1830–1920* (Baltimore: Johns Hopkins University Press, 1992), 82.

(48) Aron, *Ladies and Gentlemen of the Civil Service,* 144.

(49) *Telegrapher,* June 17, 1871, 337–40.

(50) Ibid., February 19, 1870, 208.

(51) Ibid., March 23, 1872, 242.

(52) Ibid., March 6, 1875, 59.

(53) "Woman Is First of Sex to Win Executive Post in Western Union," *New York Herald Tribune,* July 3, 1925, 3.

(54) Gabler, *American Telegrapher,* 131–32.

(55) Hall, "O. Delight Smith's Progressive Era," 171.

(56) *Telegrapher,* March 25, 1876, 75.

(57) Jepsen, *Ma Kiley,* 75.

(58) Margaret Dreier Robins から Mary Dreier への手紙，September 12, 1907, *The Papers of the Women's Trade Union League and Its Principal Leaders* (microfilm), ed. Edward T. James (Woodbridge, Conn.: Research Publications, 1981), reel 20.

(59) Mara Keire, "The Vice Trust: A Reinterpretation of the White Slavery Scare in the United States, 1907–1917," Research Seminar Paper 48, Center for the History of Business, Technology, and Society, Hagley Museum and Library, November 6, 1997.

(60) "The Dangers of Wired Love," *Electrical World,* February 13, 1886, 68–69. Carolyn Marvin は *When Old Technologies Were New* (New York: Oxford University Press, 1989), 74 で Maggie McCutcheon について述べている．

第５章　文芸と映画に見る女性電信手

(１) Amy Gilman は，19 世紀において働く女性が小説等でどのように扱われているかを論じている："'Cogs to the Wheels': The Ideology of Women's Work in Mid-

19th-Century Fiction," *Hidden Aspects of Women's Work,* ed. Christine Bose, Roslyn Feldberg, and Natalie Sokoloff (New York: Praeger, 1987), 116–34 所収.

(2) Mitchell, "Lingo of Telegraph Operators," 154–55.

(3) Justin McCarthy, "Along the Wires," *Harper's New Monthly Magazine,* February 1870, 416–20.

(4) 働く女性の女性性と道徳性を職場が侵す危険という推測について，Davies が論じている：*Woman's Place Is at the Typewriter,* 80–81.

(5) Gilman, "'Cogs to the Wheels,'" 119.

(6) Phillips, "Thorsdale Telegraphs," 400–417.

(7) Schofield, "Wooing by Wire," *Telegrapher,* November 20, 1875, 277–78, November 27, 1875, 283–84. この小説は，*Lightning Flashes and Electric Dashes: A Volume of Choice Telegraphic Literature, Humor, Fun, Wit, and Wisdom* (New York: W. J. Johnston, 1882), 95 に再録された．ここでは，著者は Miss M. J. Schofield とある．Josie Schofield は「Dominion Telegraph Company のトロント・オフィスでただ一人の女性電信オペレーターである」：*Telegrapher,* January 16, 1875, 15.

(8) "Women as Telegraph Operators," *Electrical World* 8 (June 26, 1886): 296.

(9) *Telegrapher,* January 30, 1875, 27.

(10) Ella Cheever Thayer, *Wired Love* (New York: W. J. Johnston, 1880). Gabler, *American Telegrapher,* 80, 112, 120, 128, 179 も見よ.

(11) "The Peculiarities of Telegraphers in the Early and Later Periods," *Telegrapher,* August 23, 1873, 205.

(12) Lida A. Churchill, *My Girls* (Boston: D. Lothrop and Co., 1882).

(13) *Operator,* October 14, 1882, 437.

(14) *Telegrapher,* January 15, 1876, 13.

(15) *New York Times,* October 11, 1884.

(16) Henry James, *In the Cage* (Chicago: Herbert S. Stone, 1898).

(17) Hall, "O. Delight Smith's Progressive Era," 171.

第６章　女性電信手と労働運動

(1) Gabler, *American Telegrapher,* 146–48.

(2) *Telegrapher,* April 18, 1868, 274.

(3) Ibid, July 15, 1876, 169.

(4) Andrews, "What the Girls Can Do," 116.

(5) *Telegrapher,* January 22, 1870, 173; Gabler, *American Telegrapher,* 148–49; Ulriksson, *Telegraphers,* 20–28.

(6) News Clippings 1869–72, Series 7, Box 35, Folder 5, Western Union Collection; *Chicago Tribune,* January 4, 1870.

(7) *Journal of the Telegraph,* May 1, 1869, 134. *Telegrapher,* September 23, 1876, 234.

(8) *Telegrapher,* January 15, 1870, 168, 165.
(9) Ibid., January 22, 1870, 173.
(10) Ibid., February 19, 1870, 208; January 29, 1870, 184.
(11) Foner, *Women and the American Labor Movement,* 114, 146; Andrews, "'What the Girls Can Do,'" 114.
(12) Diane Balser, *Sisterhood and Solidarity: Feminism and Labor in Modern Times* (Boston: South End Press, 1987), 27 に引用あり.
(13) Garland, "Women as Telegraphists," 251–52.
(14) Kieve, *Electric Telegraph,* 186–87.
(15) Foner, *Women and the American Labor Movement, 163; Gabler, American Telegrapher,* 71–72, 159–63.
(16) *Chicago Tribune,* July 15, 16, 1883.
(17) Gabler, *American Telegrapher,* 6–7; Ulriksson, *Telegraphers,* 33.
(18) *Chicago Tribune,* July 17, 1883.
(19) Ibid., July 18, 1883.
(20) Gabler, *American Telegrapher,* 9.
(21) Ibid., 137–40; *Chicago Tribune,* July 20, 21, 1883.
(22) *Charlotte (N.C.) Home and Democrat,* August 3, 1883; *Raleigh (N.C.) News and Observer,* August 10, 1883; Concord (N.C.) Register, August 17, 1883.
(23) *Chicago Tribune,* July 20, 1883.
(24) *New York World,* July 20, 1883.
(25) Ibid., July 19, 23, 28, 1883.
(26) *New York Times,* July 25, August 9, 1883; Gabler, *American Telegrapher,* 143.
(27) Gabler, American Telegrapher, 164.
(28) *Anson Times* (Wadesboro, N.C.), August 16, 1883.
(29) *New York World,* August 19, 1883.
(30) *New York Times,* September 7, 1883; Foner, *Women and the American Labor Movement,* 192.
(31) *New York World,* August 19, 1883.
(32) Hagemann, "Feminism and the Sexual Division of Labour," 143–46.
(33) McIsaac, *Order of Railroad Telegraphers,* 5–19; *Railroad Telegrapher,* May 1905, 607.
(34) Ulriksson, *Telegraphers,* 67–70.
(35) *Chicago Tribune,* August 10, 1907.
(36) Butler, *Women and the Trades,* 293–94.
(37) Ulriksson, *Telegraphers,* 71; *Telegraph Age,* June 1, 1905, 235.
(38) *San Francisco Chronicle,* June 20, 1907.
(39) Ibid., June 21, 1907.
(40) Ibid., June 22, 1907.

(41) Ulriksson, *Telegraphers,* 72–77.
(42) *Commercial Telegraphers' Journal,* August 1907, 810; Ulriksson, *Telegraphers,* 78; *San Francisco Chronicle,* August 8, 1907; *Washington Post,* August 10, 1907.
(43) Ulriksson, *Telegraphers,* 80; *Chicago Tribune,* August 9–10, 1907.
(44) *Chicago Tribune,* August 11, 1907, Foner, *Women and the American Labor Movement,* 219–20, 299, 304–5.
(45) *Commercial Telegraphers' Journal,* August 1907, 847–88.
(46) Ibid., September 1907, 974; *New York Times,* August 26, 1907.
(47) *Chicago Tribune,* August 18, 1907.
(48) Ibid., August 10, 1907.
(49) Ibid., August 11, 1907.
(50) *Commercial Telegraphers' Journal,* June 1907, 606; September 1907, 944.
(51) Ibid., September 1907, 977.
(52) *Chicago Tribune,* August 11, 1907.
(53) Ibid., August 10, 11, 13, 1907.
(54) Ibid., August 18, 1907.
(55) Foner, *Women and the American Labor Movement,* 316.
(56) Margaret Dreier Robins から Mary Dreier への書簡， September 6, 1907, Papers of the WTUL, Section 3, Reel 20.
(57) Ibid., September 12, 1907.
(58) *Chicago Tribune,* August 19, 1907; Ulriksson, *Telegraphers,* 83.
(59) Margaret Dreier Robins から Mary Dreier への書簡， October 24, 1907, Papers of the WTUL, section 3, reel 20; *Rockford (Ill.) Daily Register-Gazette,* October 17, 1907.
(60) Ulriksson, *Telegraphers,* 83.
(61) *Commercial Telegraphers' Journal,* October 1907, 1061.
(62) Butler, *Women and the Trades,* 294; Ulriksson, *Telegraphers,* 89.
(63) Ulriksson, *Telegraphers,* 91.
(64) Foner, *Women and the American Labor Movement,* 477; Lynne Belluscio から本書の著者への通信， January 14, 1993; Hall, "O. Delight Smith's Progressive Era," 171– 74.
(65) Jepsen, *Ma Kiley,* 70.
(66) Ulriksson, *Telegraphers,* 111–13; *New York Times,* June 12, 1919.
(67) *Commercial Telegraphers' Journal,* August 1919, 387.
(68) Ibid., September 1919, 458–59; February 1920, 55.
(69) Ibid., November 1919, 529.
(70) Rabenseifner, "Die Frau im oeffentlichen Dienst," 227–28.
(71) "Postal Telegraph Company Signs Union Agreement," *Commercial Telegraphers' Journal,* March 1937.
(72) Ibid., August–September 1937, 75.

(73) Gary M. Fink, ed., *The Greenwood Encyclopedia of American Institutions: Labor Unions* (Westport, Conn.: Greenwood Press, 1977), 373–75; Ulriksson, *Telegraphers*, 175–89; *New York Times*, January 8, 9, 1946.

(74) Fink, ed., *Greenwood Encyclopedia of American Institutions*, 373–75; "History of Transportation-Communications International Union (TCU)," http:// members.aol.com/ tcucarmen/tcuhist.htm.

第７章　むすび

(１) Tillotson, "'We may all soon be "first-class men,"'" 103.

(２) Bouvier, *Histoire des dames employées dans les postes, télégraphes et téléphones*, 121–26; Hagemann, "Feminism and the Sexual Division of Labour," 149.

(３) Rabenseifner, "Die Frau im oeffentlichen Dienst," 226.

(４) Ulriksson, *Telegraphers*, 129; Alvin F. Harlow, *Old Wires and New Waves* (New York: Appleton-Century, 1936), 506.

(５) Ulriksson, *Telegraphers*, 169.

(６) Carrie Glasser, "Some Problems in the Development of the Communications Industry," *American Economic Review* 35 (September 1945): 598.

(７) Jepsen, *Ma Kiley*, 47.

(８) Carolyn Marvin, *When Old Technologies Were New* (New York: Oxford University Press, 1989), 3.

(９) U.S. Bureau of the Census, *Statistical Abstract of the United States: 1996* (Washington. D.C., 1996), 406.

(10) Ruth Perry and Lisa Greber, "Women and Computers: An Introduction," *Signs* 16 (1990): 85–87.

(11) William Gibson, *Neuromancer* (New York: Ace Books, 1984).

(12) "Gender and Labor History: Learning from the Past, Looking to the Future," in *Work Engendered: Toward a New History of American Labor*, ed. Ava Baron (Ithaca, N.Y.: Cornell University Press, 1991), 4.

文　献

Adams, Ramon F. *The Language of the Railroader.* Norman: University of Oklahoma Press, 1977.

Ahvenainen, Jorma. "The Far Eastern Telegraphs: The History of Telegraphic Communications between the Far East, Europe and America before the First World War." *Suomalaisen Tiedeakatemian Toimituksia,* Sarja-Ser. B, Nide-Tom 216 (1981).

Anderson, Margo. "The History of Women and the History of Statistics." *Journal of Women's History* 4 (spring 1992): 14–36.

Andrews, Melodie. "'What the Girls Can Do': The Debate over the Employment of Women in the Early American Telegraph Industry." *Essays in Economic and Business History* 8 (1990): 109–20.

Annals of Cleveland. Cleveland: Works Progress Administration in Ohio, 1938.

Aron, Cindy Sondik. *Ladies and Gentlemen of the Civil Service: Middle-Class Workers in Victorian America.* New York: Oxford University Press, 1987.

Baark, Erik. *Lightning Wires: The Telegraph and China's Technological Modernization, 1860–1890.* Westport, Conn.: Greenwood Press, 1997.

Baker, Elizabeth Faulkner. *Technology and Women's Work.* New York: Columbia University Press, 1964.

Baron, Ava, ed. *Work Engendered: Toward a New History of American Labor.* Ithaca, N.Y.: Cornell University Press, 1991.

Bartky, Ian R. "Running on Time." *Railroad History* 159 (autumn 1988): 18–38.

Berry, Ralph Edward. *The Work of Juniors in the Telegraph Service.* Berkeley: University of California Division of Vocational Education, 1922.

Blondheim, Menahem. *News over the Wires: The Telegraph and the Flow of Public Information in America, 1844–1897.* Cambridge, Mass.: Harvard University Press, 1994.

Bouvier, Jeanne. *Histoire des dames employées dans les postes, télégraphes et téléphones de 1714 à 1929.* Paris: Presses Universitaires de France, 1930.

Brock, Gerald W. *The Telecommunications Industry: The Dynamics of Market Structure.* Cambridge, Mass.: Harvard University Press, 1981.

Brodie, Janet Farrell. *Contraception and Abortion in Nineteenth-Century America.* Ithaca, N.Y.: Cornell University Press, 1994.

Brooks, John. *Telephone: The First Hundred Years.* New York: Harper & Row, 1976.

Buckingham, Charles. "The Telegraph of To-day." *Scribner's Magazine,* July 1889, 3–22.

Burman, Shirley. "Women and the American Railroad—Documentary Photography." *Journal of the West,* April 1994, 36–41.

Burman, Shirley, curator. "Women and the American Railroad: 135 Years of Women's Association with the Railroad." Wilmington, N.C., Railroad Museum, April 2–May 31, 1995. A photographic and interpretive exhibition of women's association with the railroads.

Butler, Elizabeth Beardsley. *Women and the Trades: Pittsburgh 1907–8.* Pittsburgh: University of Pittsburgh Press, 1984.

Cammon, H. M. "Women's Work and Wages." *Harper's Magazine,* April 1869, 665–70.

Carnegie, Andrew. *Autobiography.* Boston: Houghton Mifflin, 1920.

Carter, Kate. "The Story of Telegraphy." *Our Pioneer Heritage,* vol. 4. Salt Lake City: Daughters of Utah Pioneers, 1961 所収.

Charlotte (N.C.) Home and Democrat.

Chicago Tribune.

Churchill, Lida A. *My Girls.* Boston: D. Lothrop and Co., 1882.

Clarke, Thomas Curtis, et al. *The American Railway: Its Construction, Management, and Appliances.* 1897; reprint, New York: Arno Press, 1976.

Coe, Lewis. *The Telegraph: A History of Morse's Invention and Its Predecessors in the United States.* Jefferson, N.C.: McFarland, 1993.

Commercial Telegraphers' Union of America Journal.

Compendium of the Tenth Census: 1880. Washington, D.C.: U.S. Government Printing Office, 1888.

Conot, Robert. *A Streak of Luck.* New York: Seaview Books, 1979.

Cranch, C. P. "An Evening with the Telegraph Wires." *Atlantic Monthly,* September 1858, 490–94.

"The Dangers of Wired Love." *Electrical World,* February 13, 1886, 68–69.

Davies, Margery. *Woman's Place Is at the Typewriter.* Philadelphia: Temple University Press, 1982.

Douglas, Paul H. *Real Wages in the United States, 1890–1926.* Boston: Houghton Mifflin, 1930.

Dye, Nancy Schrom. "The Women's Trade Union League of New York, 1903–1920." Ph.D. dissertation, University of Wisconsin, 1974; Ann Arbor, Michigan: University Microfilms International, 1984.

The Eighth Census of the United States: 1860. Washington, D.C.: U.S. Government Printing Office, 1864.

Ezra Cornell Papers. Division of Rare and Manuscript Collections, Cornell University, Ithaca, N.Y.

"The First Woman Operator." *Telegraph and Telephone Age,* October 1, 1910, 659–60.

Fison, Roger. "Is Morse Telegraphy Doomed to Extinction?" *Railroad Man's Magazine,* May 1917, 60–77.

Foner, Philip. *Women and the American Labor Movement: From Colonial Times to the Eve of World War I.* New York: Free Press, 1979.

Gabler, Edwin. *The American Telegrapher: A Social History, 1860–1900.* New Brunswick, N.J.: Rutgers University Press, 1988.

Garland, Charles. "Women as Telegraphists." *Economic Journal* 11 (June 1901): 251–61.

Gilman, Amy. "'Cogs to the Wheels': The Ideology of Women's Work in Mid-19th-Century Fiction." *Hidden Aspects of Women's Work,* edited by Christine Bose, Roslyn Feldberg, and Natalie Sokoloff. New York: Praeger, 1987 所収.

Gouvernement Général de L'Afrique Occidentale Française. *Les Postes et télégraphes en Afrique Occidentale.* Corbeil, France: Ed. Crete, Imprimerie Typographique, 1907.

Hagemann, Gro. "Feminism and the Sexual Division of Labour: Female Labour in the Norwegian Telegraph Service around the Turn of the Century," *Scandinavian Journal of History* 10 (1985): 143–54.

Hall, Jacquelyn Dowd. "O. Delight Smith's Progressive Era: Labor, Feminism, and Reform in the Urban South." *Visible Women: New Essays on American Activism,* edited by Nancy A. Hewitt and Suzanne Lebsock. Champaign: University of Illinois Press, 1993 所収.

Handbuch der Frauenarbeit in Oesterreich. Herausgegeben von der Kammer fuer Arbeiter und Angestellte in Wien. Vienna: Carl Ueberreuter, 1930.

Harlow, Alvin F. *Old Wires and New Waves.* New York: Appleton-Century, 1936.

History of Tooele County. Salt Lake City: Tooele County Daughters of Utah Pioneers, 1961.

Holcombe, Lee. *Victorian Ladies at Work: Middle-Class Working Women in England and Wales, 1850–1914.* Hamden, Conn.: Archon Books, 1973.

Israel, Paul. *From Machine Shop to Industrial Laboratory: Telegraphers and the Changing Context of American Invention, 1830–1920.* Baltimore: Johns Hopkins University Press, 1992.

James, Edward T., ed. *The Papers of the Women's Trade Union League and Its Principal Leaders.* Woodbridge, Conn.: Research Publications, 1981. Microfilm.

James, Henry. *In the Cage.* Chicago: Herbert S. Stone, 1898〔青木次生訳「檻の中」,『ヘンリー・ジェイムズ作品集 2』, 国書刊行会, 1984 年所収〕.

Jepsen, Thomas C. *Ma Kiley: The Life of a Railroad Telegrapher.* El Paso: Texas Western Press, 1997.

———. "The Telegraph Comes to Colorado: A New Technology and Its Consequences." *Essays and Monographs in Colorado History* no.7 (1987): 1–25.

———. "Two 'Lightning Slingers' from South Carolina." *South Carolina Historical Magazine* 94 (October 1993): 264–82.

———. "Women Telegraphers in the Railroad Depot." *Railroad History* 173 (autumn 1995): 142–54.

———. "Women Telegraph Operators on the Western Frontier." *Journal of the West* 35 (April 1996): 72–80.

Johnson, John J. "Pioneer Telegraphy in Chile, 1852–1876." *Stanford University Publications, University Series, History, Economics, and Political Science* 66, no. 1 (1948).

Josephson, Hannah. *The Golden Threads: New England's Mill Girls and Magnates.* New York: Duell, Sloan and Pearce, 1949.

Josserand, Peter. "Lap Orders." *Railroad Magazine,* September 1942, 89.

Journal of the Telegraph.

Karbelashvily, A. "Europe-India Telegraph 'Bridge' via the Caucasus." *Telecommunications Journal* 56 (1989): 719–23.

Kessler-Harris, Alice. *A Woman's Wage: Historical Meanings and Social Consequences.* Lexington: University Press of Kentucky, 1990.

Kieve, Jeffrey. *The Electric Telegraph: A Social and Economic History.* Newton Abbot, Devon: David & Charles, 1973.

Kiley, Ma. "The Bug and I." Parts 1–4. *Railroad Magazine,* April–July 1950.

Lewistown (Pa.) Sentinel.

Long Beach (Calif.) Press.

Mabee, Carleton. *American Leonardo: A Life of Samuel F. B. Morse.* New York: Knopf, 1944.

Marvin, Carolyn. *When Old Technologies Were New.* New York: Oxford University Press, 1989〔キャロリン・マーヴィン／吉見俊哉・水越伸・伊藤昌亮訳『古いメディアが新しかった時—— 19 世紀末社会と電気テクノロジー』，新曜社，2003 年〕.

McCarthy, Justin. "Along the Wires." *Harper's New Monthly Magazine,* February 1870, 416–21.

McCullough, David. *The Johnstown Flood.* New York: Simon and Schuster, 1968.

McGaw, Judith A., ed. *Early American Technology: Making and Doing Things from the Colonial Era to 1850.* Chapel Hill: University of North Carolina Press, 1994.

McIsaac, Archibald M. *The Order of Railroad Telegraphers: A Study in Trade Unionism and Collective Bargaining.* Princeton: Princeton University Press, 1933.

Mitchell, Minnie Swan. "The Lingo of Telegraph Operators." *American Speech* 12 (April 1937): 154–55.

Moreau, Louise R. "The Feminine Touch in Telecommunications." *Antique Wireless Association Review* 4 (1989): 70–83.

Napa (Calif.) Register.

Nevada State Journal.

New York Times.

The Ninth Census of the United States: 1870. Washington, D.C.: U.S. Government Printing Office, 1872.

Norwood, Stephen H. *Labor's Flaming Youth: Telephone Operators and Worker Militancy, 1878–1923.* Urbana: University of Illinois Press, 1990.

Oates, Stephen B. *Confederate Cavalry West of the River.* Austin: University of Texas Press, 1992.

O'Connor, Richard. *Johnstown: The Day the Dam Broke.* New York: J. B. Lippincott, 1957.

"The Oldest Lady Telegrapher." *Telegraph Age,* September 16, 1897, 382.

Operator.

Our Life, 1882–1982, Akron, Iowa. Akron, Iowa: *Akron Register-Tribune* and *Le Mars Daily Sentinel* Job Printing, 1982.

Penny, Virginia. *How Women Can Make Money.* Springfield, Mass.: Fisk, 1870.

Perry, Ruth, and Lisa Greber. "Women and Computers: An Introduction." *Signs* 16 (autumn 1990): 85–87.

Phillips, Barnet. "The Thorsdale Telegraphs." *Atlantic Monthly,* October 1876, 400–417.

Plum, William R. *The Military Telegraph during the Civil War in the United States.* 2 vols. Chicago: Jansen, McClurg, 1882.

Prescott, George B. *History, Theory, and Practice of the Electric Telegraph.* Boston: Ticknor and Fields, 1860.

Rabenseifner, Anna. "Die Frau im oeffentlichen Dienst." *Handbuch der Frauenarbeit in Oesterreich.* Vienna: Carl Ueberreuter, 1930.

Railroad Retirement Board. Record of Employee's Prior Service for Mattie C. Kuhn, August 1941.

Railroad Telegrapher.

Rayne, Martha L. *What Can a Woman Do? or, Her Position in the Business and Literary World.* Petersburgh, N.Y.: Eagle, 1893.

Reid, James D. *The Telegraph in America: Its Founders, Promoters, and Noted Men.* New York: Derby Brothers, 1879.

Report of the Michigan State Commission of Inquiry into Wages and the Conditions of Labor for Women and the Advisability of Establishing a Minimum Wage. Lansing, Mich.: Wynkoop Hallenbeck Crawford, 1915.

Rosenthal, Eric, ed. *Encyclopedia of Southern Africa.* London: Frederick Warne, 1973.

Ruiz, Ramon Eduardo. *Triumphs and Tragedy: A History of the Mexican People.* New York: Norton, 1992.

Rules and Instructions for the Information and Guidance of the Employees of the Western Union Telegraph Company. New York: Russell Brothers, 1870.

San Francisco Chronicle.

Schofield, Josie. "Wooing by Wire." *Telegrapher,* November 20, 1875, 277–78; November 27, 1875, 283–84.

Selden, Bernice. *The Mill Girls.* New York: Atheneum, 1983.

Shanks, William F. G. "Women's Work and Wages." *Harper's Magazine,* September 1868, 546–53.

Shridharani, Krishnalal. *Story of the Indian Telegraphs: A Century of Progress.* New Delhi: Government of India Press, 1953.

Shiers, George, ed. *The Electric Telegraph: An Historical Anthology.* New York: Arno Press, 1977.

Statistical Abstract of the United States: 1996. Washington, D.C.: U.S. Bureau of the Census, 1996.

"The Telegraph." *Harper's Magazine,* August 1873, 332–60.

Telegraph Age (*Telegraph and Telephone Age* after 1909).

Telegrapher.

Thayer, Ella Cheever. *Wired Love.* New York: W. J. Johnston, 1880.

Thompson, Robert L. *Wiring a Continent: The History of the Telegraph Industry in the United States, 1832–1866.* Princeton: Princeton University Press, 1947.

Tillotson, Shirley. "The Operators along the Coast: A Case Study of the Link between Gender, Skilled Labour and Social Power, 1900–1930." *Acadiensis* 20 (1990): 72–88.

———. "'We may all soon be "first-class men"': Gender and Skill in Canada's Early Twentieth Century Urban Telegraph Industry." *Labour / Le Travail* 27 (Spring 1991): 97–125.

Towers, Walter Kellogg. *From Beacon Fire to Radio: The Story of Long-Distance Communication.* New York: Harper & Brothers, 1924.

Turbin, Carole. "Reconceptualizing Family, Work, and Labor Organizing: Working Women in Troy, 1860–1890." *Hidden Aspects of Women's Work,* ed. Christine Bose, Roslyn Feldberg, and Natalie Sokoloff. New York: Praeger, 1987.

Ulriksson, Vidkunn. *The Telegraphers: Their Craft and Their Unions.* Washington, D.C.: Public Affairs Press, 1953 所収.

Weingarten, Ruthe. *Texas Women: A Pictorial History from Indians to Astronauts.* Austin: Eakin Press, 1985.

West Chester (Pa.) Daily Local News.

Western Union Telegraph Company Collection, 1848–1963. Archives Center, National Museum of American History, Smithsonian Institution, Washington, D.C.

Withuhn, William L., ed. *Rails across America: A History of Railroads in North America.* New York: Smithmark, 1993.

Wolff, Michael F. "The Marriage That Almost Was." *IEEE Spectrum* 13 (February 1976): 40–51.

"Women as Telegraph Operators." *Electrical World,* June 26, 1886, 296.

Wright, Carroll D. *The Working Girls of Boston.* Boston: Wright and Potter, 1889.

Wright, Helena. "Sarah G. Bagley: A Biographical Note." *Labor History* 20 (summer 1979): 398–413.